机械设计学习与考试指导

(第3版)

主　编　王黎辉　朱永梅　王明强

哈尔滨工程大学出版社
Harbin Engineering University Press

内容简介

本书是根据高等学校工科“机械设计课程教学基本要求”和“机械设计基础课程教学基本要求”，针对高等教育出版社出版的邱宣怀主编的《机械设计》及濮良贵主编的《机械设计》而编写的教学配套辅助材料，在编者多年教学实践经验的基础上总结完成的教辅教材。

本书由12章组成，绪论介绍机械设计课程的总体学习说明；第1至12章归纳了整个机械设计教学内容，从教学内容小结、重点、难点和考点、例题精选与解题指导、思考题与习题、考试复习与习题选解五个方面进行编写，反映机械设计课程主要的教学内容和考试要求。最后以附录形式给出机械设计考试典型范卷四份，并给出各章是非判断题和单项选择题的答案。

本书可供职业大学、业余大学、电视大学、函授大学学生学习“机械设计”“机械设计基础”课程时参考；同时亦可供工程设计人员在工程设计计算过程中参考。

图书在版编目(CIP)数据

机械设计学习与考试指导/王黎辉，朱永梅，王明强主编. -3版. -哈尔滨：哈尔滨工程大学出版社，2023.6

ISBN 978-7-5661-3953-5

Ⅰ. ①机… Ⅱ. ①王… ②朱… ③王… Ⅲ. ①机械设计-高等学校-教学参考资料 Ⅳ. ①TH122

中国国家版本馆CIP数据核字(2023)第097638号

机械设计学习与考试指导(第3版)
JIXIE SHEJI XUEXI YU KAOSHI ZHIDAO(DI 3 BAN)

选题策划 雷 霞
责任编辑 丁月华
封面设计 李海波

出版发行 哈尔滨工程大学出版社
社　　址 哈尔滨市南岗区南通大街145号
邮政编码 150001
发行电话 0451-82519328
传　　真 0451-82519699
经　　销 新华书店
印　　刷 哈尔滨午阳印刷有限公司
开　　本 787 mm×1 092 mm 1/16
印　　张 14
字　　数 376千字
版　　次 2023年6月第3版
印　　次 2023年6月第1次印刷
定　　价 42.00元
http://www.hubeupress.com
E-mail:heupress@hrbeu.edu.cn

前　言

本书是根据高等学校工科“机械设计课程教学基本要求”和“机械设计基础课程教学基本要求”，针对高等教育出版社出版的邱宜怀主编的《机械设计》及濮良贵主编的《机械设计》而编写的教学配套辅助材料，是在本教研室广大教师多年教学实践经验的基础上完成的。本书作为高等工科院校，本、专科大学生学习“机械设计”“机械设计基础(二)”课程的配套辅助教材，是可供报考研学生复习准备的参考资料，可供教师备课命题时参考，也可供职业大学、成人学院等其他各类学生学习“机械设计”“机械设计基础”课程时参考，同时亦可供工程设计人员工程设计计算时参考。

本书编写的目的是指导读者如何学习“机械设计”各章内容，帮助读者解决学习过程中可能产生的疑难问题，以便能较深人地了解和掌握各章的主要内容、要求及特点、重点和难点，并尽快形成行之有效的学习方法，从而取得更好的学习效果。为此，本书第 0 章为“机械设计学习说明”，从总体上介绍机械设计课程的轮廓和概况，分析课程教学内容的特点，指导学生形成一个合理的学习方法，分析考核命题的形式和特点，指导学生进行复习应考。第 1 至 12 章为机械设计教学内容，将机械设计内容整合成 12 章，从主要内容、要求、学习特点和学习方法指导形成教学内容小结；将本章的教学内容形成若干个知识点进行重点和难点讲解，并进行考点分析和指导；分析本章内容的解题方法和过程，并举若干个范例指导学生解题，以形成例题精选与解题指导；编写思考题与习题；将本章的教学内容整理成是非判断题、单项选择题、填空题、问答简述题考核基本知识和内容，并选择个别习题进行选解指导分析。最后以附录形式给出机械设计考试典型范卷四份(其中 A、B 卷为研究生人学试题，C、D 卷为期末考试试题)，以及各章是非判断题和单项选择题的答案。

本书此次的再版是在第 2 版的基础上，经多年的教学使用，听取学生的反馈和意见，以超链接方式增加部分思考题和习题的答案，进行的必要的修订和完善。

参加本书编写工作的有王黎辉、朱永梅、王明强、邱小虎、田桂中，全书由王黎辉、朱永梅、王明强统稿并担任主编。另外，王磊、周元凯、高阁、胡朝斌、展铭、孙丽、夏晶和樊玉杰也参与了本次修订，在此一并表示感谢！

本书由西北工业大学吴立言教授、江苏大学马履中教授主审。他们在百忙之中审阅了全书，并提出很多宝贵意见，在此深表谢意！

由于编者经验不足，水平有限，本书难免有不足之处，敬请同行和广大读者提出宝贵意见。

编　者
2023 年 4 月

目　录

第0章　绪　　论

学习一门课程,首先必须对它要有一个轮廓和概况的了解,并在学习中不断形成一套针对其特点的学习方法,为此就有必要先对机械设计课程做一简要说明。本章主要介绍本课程的地位和作用、性质与任务及其特点,从总体上分析其主要内容、重点及相关的教学环节,引导学生形成合理的学习方法。

0.1　机械设计课程的地位和作用

机械设计课程是机械类及近机类各专业教学计划中的主干课程之一,也是一门关键的技术基础课。其主要作用是通过课程教学使学生建立产品(机器)设计的思想和方法,培养学生的工程设计能力。因而,它不仅要求学生预先修完机械制图、工程力学(或理论力学、材料力学)、机械原理、工程材料、机械制造基础、互换性与技术测量等课程,而且要求学生结合课程学习,能够综合运用所学的基础理论和工程技术知识,联系生产实际和机器的具体工作条件,去设计最合理的零部件及简单机械,以便为顺利过渡到专业课程的学习及进行专业产品与设备、系统的设计打下初步基础。因此,在整个大学学习中,机械设计课程具有从理论性课程过渡到结合工程实际的设计课程,从基础课程过渡到专业课程的承上启下的桥梁作用。由于本课程教学中主要通过通用零部件的设计和选用计算来讲授基本的设计理论,并介绍常用零部件的基本知识、基本结构、工作原理及其设计方法,所以本课程涉及的内容也是一般工程技术人员必备的基础知识。

0.2　机械设计课程的性质与任务

机械设计是一门培养学生机械设计能力的技术基础课,属于设计性的课程。

本课程的主要任务是培养学生如下能力:

(1)树立正确的设计思想,初步掌握设计方法,并培养一定的设计能力;

(2)掌握常用机械零部件的工作原理、结构特点、设计原理和计算方法;

(3)综合运用常用机械零件、常用机构的知识及先修课程的知识,掌握设计机械传动装置和一般机械的能力;

(4)具有运用标准、规范、手册、图册和查阅有关技术资料的能力;

(5)掌握典型机械零件的实验方法,获得工程实验技能;

(6)掌握计算机技术在机械设计中的应用,对机械设计的新发展有所了解。

0.3　机械设计课程的教学内容

机械设计课程的教学内容主要围绕机器及组成机器的单元——零部件的设计计算来完

成。不论机器复杂程度如何,将机器的组成单元拆散并分析,则所有零部件及相互关系方式可分为连接、传动、轴系、其他件(弹簧和机架等)共四大类。因此,针对零部件的教学内容共分为五部分讲授。考虑到所有零部件设计计算的共性问题,将本课程的总述性内容及机械设计共性问题归为第一部分,先予以分析讲解。在以后的零部件设计中从一般的共性问题开始分析讲解,主要讲解一般原理和设计准则对这种零部件的具体应用。

在各章常用零部件讲解中,一般顺序是:首先介绍零部件的主要类型、构造、功能、材料、制法、标准、优缺点、适用场合等基本知识,以便对该章论述的零部件有初步的了解,从而为学习如何进行设计做好准备;然后论述工作情况、受力分析、应力状态、失效形式、设计准则、设计方法与步骤、参数选择原则、常用参考资料以及有关注意事项等,以便初步掌握零部件的设计理论与方法;最后给出例题及结构设计,以便引向设计实践,并分析提高性能和改进措施。机械设计教学内容总体框图结构如图0.1所示。

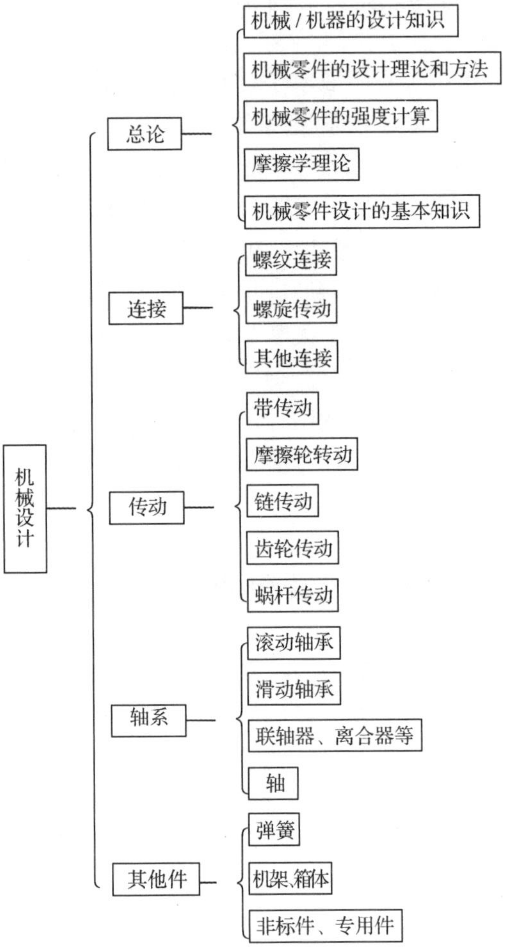

图0.1 机械设计教学内容总体框图结构

0.4 机械设计课程的学习重点和各教学环节的认识

根据机械设计课程教学内容、任务和特点,机械设计的教学目的可归纳为"掌握常用零部件基本知识,学好常用零部件的设计原理和方法,培养学生设计能力和素质”。为达到这一目的,必须抓住教学重点和采用多个教学环节,并且使用多种教学手段和方法,只有这样,才能收到良好的效果。

本课程的学习重点是:

第一部分重点讲解机械(机器和零部件)设计的一般设计理论和方法,掌握设计所需的必备知识,培养基本素质,重点掌握机械零部件强度计算,特别是整体疲劳强度计算。

第二部分掌握螺纹连接的基本知识,重点掌握螺栓组连接的受力分析和强度计算。

第三部分重点为带传动、齿轮传动和蜗杆传动。带传动以掌握带传动理论基础和三角带传动设计为重点;齿轮传动以掌握齿轮传动基本知识、受力分析和强度计算为重点,尤以直齿圆柱齿轮、斜齿圆柱齿轮传动为重中之重;蜗杆传动侧重于分析与齿轮传动设计和计算上的不同之处,并且将齿轮传动和蜗杆中的“直齿、斜齿、锥齿、蜗杆”四类进行比较分析,以达到较好的学习效果。

第四部分重点为滚动轴承、轴和滑动轴承。滚动轴承以掌握其基本知识和寿命计算、组合设计为主;滑动轴承以掌握基本知识和动压润滑滑动轴承原理为重点;轴以结构设计和强度计算为重点。

第五部分讲授弹簧等其他件设计中的相关问题。

为了达到教学目的,本课程的教学环节和手段、方法均应多样化才能取得最佳效果。本课程的教学环节除了讲课(包括自学)外,还有习题课、讨论课、实验课、现场教学、答疑、设计作业及课程设计等。虽然学好教材内容是一个重要方面,但它远非本课程的全部,因而若企图通过单一学习书本知识就把这门课程学好,最后必然是一知半解,缺乏实践能力和素养,不能达到本课程的学习要求。这一点,每个学生都必须充分认识,并随时加以警惕。如果一个学生在做习题、设计作业和课程设计时,不注意进行理论和技术分析,不认真查阅手册、图册和有关资料;做实验时不详细弄清实验目的、原理、仪表功能及测试方法;在现场教学中不细心观察零件的结构、材料、制法、工作情况、失效形式和有关机器的运转性能,那他就不可能学好这门课程,也不可能成为一名优秀的设计工作者。所以学习本课程时必须明确,书本知识虽然重要,但在工程实际中,很少是靠单独运用书本知识就能正确解决问题的,同时还需要掌握一定的经验资料和具备较强的工程判断能力。因为实际的机械设计问题几乎都不会只有一个答案,新理论、新技术、新材料、新工艺以及新的市场信息等,都将使答案发生变化,所以一定要善于全面分析,综合协调,灵活处理,并富有想象力、洞察力、探索精神和创新勇气,从而对各式各样的设计问题做出机敏的工程判断。而这些能力是要靠一系列课程的各个教学环节来综合培养的。本课程应该负担培养的部分,则是通过前述全部教学环节来实现的,绝不是单单学习了教材内容就能奏效的。

0.5 机械设计课程的特点

本课程研究对象、性质、任务、教学内容,决定了本课程的特点。机械设计课程教学中的特点可归纳为“三性”和“七多”。只有对这一特点有较深入的认识和充分的思想准备,才能在学习过程中加以正确对待。机械设计课程的“三性”表现为“知识性”“设计性”“综合性”;“七多”表现为关系多、门类多、要求多、公式多、参数多、图形多、表格多。

1."三性"的表现及其形成原因

(1)知识性

由于本课程是针对常用零部件进行分析讲解的,有较强的工程技术背景,而学生以前的学习侧重于书本上的理论内容,缺乏工程知识,要学好这门课程,必须首先掌握常用零部件的基本知识,因此具有"知识性"特点。基于"知识性"的特点,相当一部分内容的讲解为各零部件的主要类型、结构、功能、材料、制法、标准、优缺点、适用场合等。属于常识和经验、标准范畴,学生听起来枯燥、零乱,无系统性和理论性可言,但须认真掌握,只有掌握这些知识,才能去完成设计工作,并能够综合运用。

(2)设计性

由于本课程是一门从理论性课程过渡到结合工程实际的设计性课程,因此它非常强调各种常用零部件的设计。在掌握基本知识后,通过学习各种常用零部件的设计理论和方法,完成其工作情况分析、受力分析、应力状态分析、失效现象分析,确定其设计准则和主参量,掌握设计方法与步骤及设计中各参数的选择原则,设计出合理的、最佳的零部件。常用零部件的设计分为两类,一类为选择性设计,此类零部件均为标准件或标准尺寸件,从计算准则开始完成计算得出某主参量的最小值后,再从手册标准中选择零件;另一类为计算性设计,此类设计从计算准则计算得到某主参量的数值后,确定一个主参量值,并计算确定其他参变量,根据这些参数值完成零部件的结构设计。

(3)综合性

由于本课程是在机械制图、理论力学、材料力学、工程材料、机械制造基础、互换性与技术测量、机械原理等先修课程的基础上开设的设计性课程,因此具有较强的综合性。其综合性表现为三类:

第一类为课程知识内容的综合,机械设计课程必须以先修课程为基础,加以综合运用。

第二类为设计对象综合,每个机械的零部件是有相互依存关系的,设计某一个零部件时必须综合考虑其他零部件的影响及其相互关系。

第三类为设计中的综合,设计某一个零部件时,由若干参数的选择才决定设计结果,这些参数要综合考虑,以达到总体最佳;一个零部件由各种要求条件和若干个尺寸量决定,这些要求应综合考虑,予以满足,这些尺寸要综合平衡,以达到设计结果最佳、最合理的目的。

2."七多"的表现及其形成原因

(1)关系多

由于本课程是建立在多门先修课程的基础上的(即"血缘"很杂),因而必须和那些先修课程时时挂钩,紧密联系,才能综合地运用它们并为机械设计服务。这就形成了"关系多"的特点。因此在学习过程中,需要经常回顾与检查自己对各有关先修课程内容掌握的程度,并及时复习与深化有关的内容,清除学习道路上的障碍,提高学习效率与质量。

(2)门类多

由于本课程是分门别类地选择一些典型的通用零部件,而且各种零件本身都包含着很多类型,因而就形成了"门类多"的特点。为此,学习时就要从各种零件的工作性能和适用场合等方面做对比,从它们在机器中的职能、相互影响、装配关系等方面多做分析,找出各零件间的关联;更要从设计理论及方法上找出各章之间的共性和特性,要认真分析各个零件之间的内在联系;特别是要从中总结出某些普遍规律,以便解决现在没有学到而将来可能遇到的新型零件的设计问题。所以,绝对不应把一个个的零件孤立起来,否则就难免产生零碎杂乱的感觉。

(3)要求多

由于设计一个零件时,可能除了需要满足强度、刚度、耐磨性、工艺性、体积、质量、经济、安全、方便、美观等一系列一般要求外,有时还要满足绝缘、抗磁、耐酸、防锈等特殊要求。对于部件还常会提出更多的要求。这就形成了“要求多”的特点。因此,学习时必须善于全面分析比较,权衡轻重,区别对待。“要求多”是全面考虑、分别论述的结果,而对于具体的零部件,则应用具体问题具体分析的方法来处理。

(4)公式多

由于本课程是设计性课程,内容自应紧密围绕零部件的设计问题。设计包括多方面的内容,但其主要部分通常是工作能力设计和结构设计,而工作能力设计一般需进行某些计算(如强度计算、刚度计算、寿命计算、热平衡计算等),这就形成了“公式多”的特点。因此,学习时必须彻底搞清公式的性质、使用条件、符号意义及代入计算的单位、计算结果的单位等,然后才能正确使用它们。教材中的公式,有解析性的、经验性的、半经验性的、定义性的等,其中有些是在先修课程里学过的,有些则是新遇到的,还有的是只要求会用而不要求懂得其理论依据和推导方法的。对于公式应该进行分析,部分公式应在理解的基础上记住,其余公式只要求能正确使用而不必死记硬背。

(5)参数多

由于机械零件的结构是由许多尺寸组成的,而这些尺寸都是由设计计算和经验确定的,因此整个机械设计中有近三百多个参数需取值确定。这些参数取值的合理性和正确性直接影响机械设计结果,因此在机械设计中一定要搞清楚这些参数的含义和影响因素,掌握其定性分析的关系和定量取值的方法,掌握这些参数的数值确定。

(6)图形多

由于本课程很多内容要用图形表达,这就必然形成“图形多”的特点。因此,学习时应把所有的插图一一看懂,并分清哪些是分析图,哪些是结构图,哪些是示意图;哪些是定性的,哪些是定量的;哪些图(曲线图)相当于表格(但比表格直观,可以利用“引出线”直接查找数据而不需插值计算,只是精确性比用表格差些);等等。这样虽然图形很多,也就不难对付了。

(7)表格多

由于设计性课程的教材需要附有为了阐明问题和做简单习题所必需的最基本资料(其余的则可查阅手册、图册、标准、规范等),这就形成了“表格多”的特点。学习时应对每个表格搞清其适用场合及如何查用,并应注意一些表格下方的“表注”,忽视了这点就会造成查用上的错误,甚至带来严重的后果。还应注意观察与分析表中数据的变化情况(递减还是递增,中间小还是两头小,原因何在),这会有助于了解有关各量的相互影响及概略的变化规律。

0.6 机械设计课程的学习方法

不同的课程、不同的人员有不同的学习方法,对机械设计这样具有“三性”和“七多”特点的课程,更应讲究恰当的学习方法。学习机械设计课程时首先要解决好“过渡”和“转折”这两个问题。

本课程要起到“从理论性课程过渡到结合工程实际的设计性课程,从基础课程过渡到专业课程”的作用,因而必须认清这个“过渡”对学习方法提出的特殊要求。机械设计课程的学习方法,不仅和过去学习理论基础课时有根本的差别,而且和学习理论力学、材料力学、机械原理等技术基础课时也大不相同。例如:材料力学由于研究范围不同,对于一个受有垂直集中载荷的简支梁,并不管梁上的载荷是哪个物体(零件)传给它的,这个物体是否装在梁上,怎样安装的,更不要求设计或选择出两端所需的轴承;机械原理研究一个机构时,只要求确定各个构件的长度,并不要求确定构件的结构形状、材料、加工方法、强度、刚度、寿命等。但是到了机械设计课,就得解决一系列的实际问题,直到每个零件能够有效地完成其工作职能,并达到预期的工作寿命。因此,学习机械设计课程时,在学习方法上就面临着一个新的转折点,如果仍旧沿用以前的学习方法,那就会轻重倒置,不得要领。

因而如果在学习方法上“转折”得好,那就会事半功倍,迅速提高联系实际分析问题与解决问题的能力。所以正确的学习方法,是具有重要意义的。怎样才能在学习方法上“转折”得好,关键在于是否真正摸清这门课程的性质。既然机械设计是一门实践性很强的设计性课程,那就应该除了努力学好教材外,还要认真学好各个实践性教学环节的内容,并注意把主要精力用于钻研零件的结构、选材、制法、标准、规范、适用场合、工作情况、受力及应力状态、失效形式及其机理、设计准则、设计方法与步骤,以及可能出现的问题与对策上,而对公式的推导、经验数据的取得、某些曲线的来历等,只需作一般的了解,不必反复深钻,以免偏离重点。

在机械设计课程学习中必须强调三点,即“明确设计和计算关系”“认清设计结果”“善于归纳”。

一是必须明确,设计绝非只是计算,计算虽重要,但它是为结构设计提供一个基础,而零部件和机器的最后尺寸和形状,通常都是由结构设计决定的,计算所得的数字,最后往往会被结构设计所修改。结构设计在设计工作量中一般占较大比例,因而必须给予足够的重视。

二是必须认清,教材中给出的一道例题或一个零件的设计结果,仅为表明如何运用基础知识和经验资料去解决一个实际问题的范例,而不是唯一正确的答案或一切设计方法的终结;论述某个零件的设计方法和步骤,绝非仅仅为了使学生学会那个零件的设计,而是为了培养学生掌握这些“武器”,从而具备对于各种有关零件的设计能力。所以全力追索不断增殖的设计能力才是学习本课程的中心目的。

三是必须归纳,机械设计课程内容广而杂,学习中一定要强调不断归纳总结、类比分析。每一个章节(零部件)的内容要善于总结;同一部分(即同一类零部件)的内容要进行归纳比较分析;全部内容学习完成后,要归纳形成一个主线,形成一个内容框架,并进行深入浅出的思考。

学习方法的形成是循序渐进、不断完善的。希望同学们在学习过程中不断总结、不断思考,形成一套行之有效的学习方法,以取得最佳学习效果。

综合机械设计的特点和学习中要解决和强调的问题,提出以下学习方法,供同学参考。

(1)把握机械设计分析问题的主线,即要时刻贯穿“零部件的失效形式→计算准则→$\left\{\begin{array}{l}\text{受力分析}\rightarrow\text{计算值}\\ \text{材料选用}\rightarrow\text{许用值}\end{array}\right\}$→工作能力计算→主尺寸→计算值→实际取值→其他尺寸参数→结构设计”这一主线,无论学习何种机械零部件,均以此主线为纲,则便于入门、便于掌握。

(2)要强调理论联系实际,必须从生产实际的条件与要求出发来考虑问题,注意公式的使用条件和范围,设计中参数选择和结果的确定也要结合实际来进行。

(3)重视基本知识的掌握,机械设计是一门知识性和实践性很强的课程,有许多结构性、实践性、经验性的知识必须在设计之前掌握。

(4)掌握机械零部件的设计计算,搞清楚是如何将“设计主线”应用于此零部件,推导得到设计公式和校核公式的,重点掌握公式中各参数的含义、定性分析和定量取值。

(5)机器是由许多零件按一定方式联结起来的,零件之间有一定联系,因此要从整体出发来考虑零件的设计,并注意零件间的协调与配合,零件设计的原始数据和要求一定要从机器整机的功能和要求分析确定。

(6)重视结构设计,以前所有课程的学习只看重计算,而本课程除强调设计计算外,应重视结构设计,根据设计计算结果,通过结构设计来确定零部件的最后尺寸和形状。

(7)更新设计观念,重视综合设计能力的培养,建立符合时代要求的新的设计观念,要把创新设计的思想观念应用于机械设计课程的学习,要了解现代设计方法。

0.7 机械设计解题方法分析

1. 机械设计解题特点

学习机械设计时,常会感到上课听懂了、教材内容看过了,但是到做题时就感到无从下手,感到困难重重。这要从机械设计解题的特点来分析,其主要特点有以下五个方面。

(1)设计性的特点

机械设计课程是学生求学过程中头一门实践性很强的课程,它的习题不同于以前课程的数学推导和求解计算,它更强调结合工程实际,进行设计计算。

(2)以工程知识为背景的特点

机械设计习题的求解中要用到有关零部件的材料和热处理、制造方法、结构、装配、标准、规范等方面的工程知识。

(3)更强调选值性的特点

机械设计习题的求解中有许多参数和系数要按给定条件、范围、表格和线图进行取值确定,然后代入计算。

(4)过程复杂性的特点

机械设计习题的求解过程比较复杂,常需经过对比、分析才能做出决策,有时还需经多次试算和反复。

(5)结果多样性的特点

机械设计习题的求解结果往往不是只有一个答案,学生对解题结果缺乏判断力,心中不踏实。

2. 机械设计解题的作用和目的

机械设计既然是一门实践性很强的设计类课程,学习时就不仅要掌握其中的基本知识、基本理论和基本方法,而且要能运用它们设计出合理的机械零部件和简单的机械。因此,必须通过各个实践环节的锻炼,才能真正学到手。完成机械设计习题就是其中的一个重要实践环节。

机械设计课程安排习题的目的是,主要使学生通过习题求解,练习根据习题给出的原始数据、已知条件和解题要求,经过自己的分析思考,运用所学的知识和借助于有关的公式、图表、手册等,去设计或选用合格的机械零部件,从而加深理解设计理论和计算方法,熟悉常用的设计资料和手册的使用,体会设计中各种参数和系数的取值,积累尺寸数据确定和结构设计经验,以达到培养综合设计能力的目的。

3. 机械设计习题类型及分析

机械设计习题是多种多样的,最常见的习题类型如下:

(1)主要以练习运用某零部件具体的公式、线图、表格、手册等为目的的习题。

(2)给出具体的零部件及其使用情况,要求判断其是否满足使用条件;对不满足条件的如何进行改进?

(3)给出零部件的使用情况和某些限制条件(如外廓尺寸、质量大小、使用寿命以及某些特殊要求等),要求选用标准零部件。

(4)给出同一工况下工作的几种不同结构形式的零部件,要求对比其优缺点并做出选择。

(5)给出零件的工况和某些限制条件,要求设计出满足条件的零件(包括绘制其图样)。

(6)给出某种装置或传动形式的工况,要求确定其中各个零件的受力情况(类别、方向及作用点)和应力类别。

(7)给出某个零件的工作图或部件的装配图,要求指出其中的错误或不当之处,并做出相应的更正或改进。

(8)给出原动机、工作机及有关条件,要求设计或选择其适用的传动装置。

由于习题的类型不同,所要求的解题工作内容自然也随之而异。例如:对于上述第1类习题,只要在搞清公式、线图、表格等的应用条件的基础上,正确查用有关数据及代入公式计算,就不难顺利完成解题任务。对于第2类习题,因零部件的材质、结构尺寸、性能参数及工作情况等大多为已知,即可建立出相应的力学模型,选出对应于具体工况的有关系数,按照解题要求和相应的限制条件(如强度、刚度、寿命、振动稳定性等条件)建立数学模型,通过校核计算判断其是否满足条件,并针对不满足条件的零部件中存在的问题,研究改进措施,如改变材质、结构尺寸、支承形式与位置等,在原题容许的条件下确定出合理的措施,使之满足使用的要求。第3类习题属于选用标准零部件问题。这类问题首先需要根据给定的工况对零部件提出的要求,建立相应的数学模型,进行设计计算求出某一主参量的最小值,根据这一计算结果以及其他要求从手册中选用满足条件的标准零部件。对于其他类型的习题,其解题内容和方法、过程,在以后解题范例分析中详细讲解。

4. 机械设计解题前的准备

机械设计题型多种多样,用到了多方面知识,因此,解题前必须做好必要的准备工作,才能顺利地完成解题任务,达到训练的目的。其准备工作可分三个方面:

(1)认真复习教学内容。在解题前,必须认真复习教学内容,切实掌握有关的基本知识、设计理论和计算准则,搞清公式、线图、表格等的应用条件及使用方法。

(2)根据课堂讲授的解题步骤,详细阅读并分析有关例题,进一步明确解题要求、思路和步骤,分析并提高其参数和系数的取值经验。

(3)备妥必要的工具。解题前备妥计算、绘图工具及手册等资料,以便随时使用,提高工作效率。

5. 机械设计解题的一般步骤

(1)分析题意

理出已知的原始数据和有关条件,明确求解的最终结果。

(2)确定适用原理和理论

根据题意分析的结果,抓住解题的实质和关键,确定适用原理、理论和求解方法。

(3)拟定解题步骤

根据题意和准备的知识,拟定针对本题的解题步骤。

(4)进行解题工作

代入原始数据,选择有关参数和系数,求解结果,并进行必要的圆整,得出初步设计方案。

(5)进行方案评价分析

对初步设计方案进行合理性和实用性分析,对原方案进行必要的修正或从多种方案中进行选择,最后取定满意的设计方案。

(6)设计结果工程表达

将设计结果以图纸和文字说明等形式详细表达出来。

6. 机械设计解题注意事项

(1)先掌握知识后解题

在进行机械设计解题中一定要先搞清搞懂整个教学内容,然后才开始解题,解题过程中可以查复杂的公式和系数、参数的定量取值,但不能查理论、原理、方法、步骤等。

(2)重视相关课程知识的应用

在机械设计解题中会用到许多先修课程的知识和理论,在记忆不牢固时应及时查阅,以求得正确应用。

(3)不仿照例题解题

例题是用来帮助教学内容掌握,初步积累设计实践经验的,决不可照着例题的步骤、过程、取值来解题。

(4)正确对待设计结果

机械设计解题要求得结果是容易的,但要考虑设计结果的正确性、合理性和最佳性。

(5)要重视归纳、总结

完成解题后,一定要进行反思,进行总结和归纳,只有这样才能积累经验提高设计能力。

0.8 机械设计考试题型分析

根据机械设计课程教学特点、学习要求及目的,检验学习效果的好坏是将来在工程实际中能否将所学知识很好地应用于实际设计工作,体现综合设计能力的提高并设计出最佳的机械产品。这是一个遥远的事情,在课程结束时必须进行一次考试以区分学生在机械设计课程学习中知识掌握的程度和综合设计能力提高的程度。因此,所有考试命题均是围绕以下目标进行的。

机械设计考试命题题型可归纳为以下九类:

1. 选择题;	2. 填空题;	3. 是非判断题;
4. 名词解释;	5. 简单计算题;	6. 简述分析题;
7. 计算题;	8. 综合分析题;	9. 结构设计及改错题。

一般1~3类题属于基本题,占20%~30%,主要考核基本概念、基本原理、基本知识与工程常识等;4~6类题属于问答简述题,占15%~20%,主要考核简单设计计算、常见原理和现象的理解及分析、参数和系数的定性分析定量选取,以检验设计分析能力的提高程度;7~9类题属于大题,占50%~60%,主要考核设计计算和校核计算,分析失效现象、计算准则及受力情况,进行结构设计及改错等,此类题目强调知识的综合运用,能较好地反映学生综合设计分析能力和提高程度,能检验学生工程设计计算能力水平和提高程度。

第1章　机械设计理论方法及基本知识

1.1　教学内容小结

1.1.1　主要内容

(1)机器的组成、结构及其基本单元,零件的分类,机器及零件的设计要求。
(2)机器的设计方法、设计程序及技术经济评价,机械零件的设计步骤。
(3)机械零件失效形式、工作能力和计算准则分析。
(4)机械零部件所受载荷及应力的类型,变应力的类型、特点及其描述。
(5)摩擦学理论(摩擦、磨损、润滑)在机械设计中的作用。
(6)摩擦的分类,各种摩擦现象及机理分析。
(7)磨损的分类,磨损的过程,各种磨损现象。
(8)润滑的作用,润滑剂的分类,各种润滑剂的性能指标及其选用原则。
(9)机械零件常用材料及选用原则。
(10)机械零件结构设计,尺寸的确定原则,公差与配合的应用,结构工艺性。

1.1.2　学习要求

(1)了解机器、机械零件的概况,并分析机器(总体)与机械零件(局部)的关系。
(2)了解机器设计的一般方法和程序及其技术经济评价。
(3)掌握机械零件设计步骤和设计方法。
(4)掌握机械零件失效形式、工作能力和计算准则分析。
(5)掌握机械零件所受载荷及应力的类型,掌握变应力的参量描述。
(6)弄清摩擦、磨损、润滑的概念及其对机器性能的影响。
(7)掌握几种常见的摩擦状态,分析其机理与物理特征。
(8)理解磨损的三个阶段,掌握常见的磨损类型的现象、物理特征和影响因素。
(9)了解润滑的作用及润滑剂等基本知识,弄清润滑剂的主要性能指标及其对润滑的影响,掌握润滑剂的选用原则。
(10)了解机械零件常用的材料的种类、性能及应用,掌握材料的选用原则。
(11)了解机械零件结构设计考虑的因素、尺寸确定的“三化”原则、公差与配合的选用、结构工艺性分析。

1.1.3　主要学习特点

(1)机械设计理论方法及基本知识着重阐述机器和机械零部件设计的共性问题,主要涉及一般的设计过程和方法，进行工作能力计算的准则即设计理论，以及进行零件设计中需考虑的相关因素。

(2)内容框图及思路分析(图1.1)。

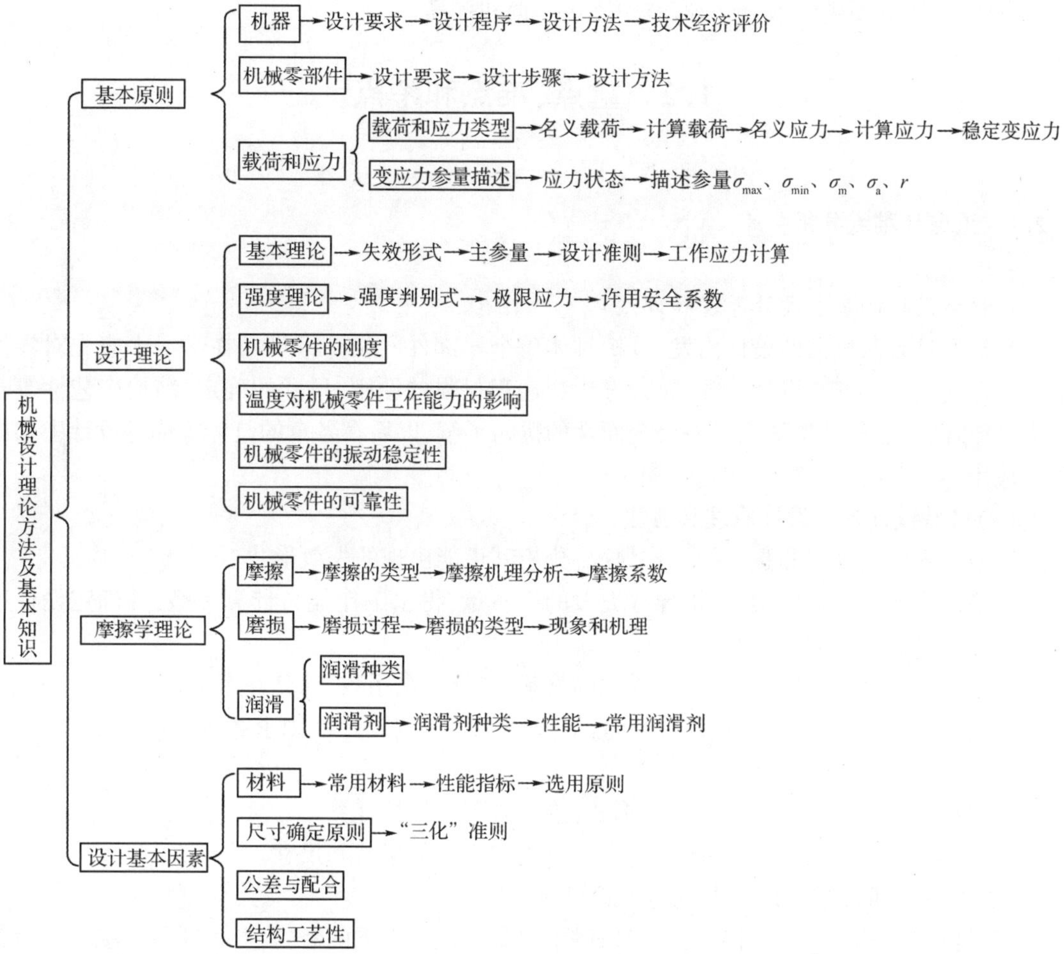

图1.1　内容框图及思路分析

1.1.4　学习方法指导

(1)对设计的理解，从机器设计的总要求出发，引出与机械零件设计有关的原则性问题，其目的在于从总体上建立起机器及机械零件设计的概念和思想、方法。

(2)设计机器和机械零件的要求，从本质上讲只有两条：

①提高机器总体效益。

②避免失效。满足机器和机械零件在设计寿命前避免失效的发生是基本要求，是分析其工作能力的基础。

(3)从机器的工作载荷角度分析原动机功率，并分析、计算各零件所受载荷，计算零件所受载荷和应力，并用参量描述。

(4)摩擦、磨损、润滑属于新兴交叉的“摩擦学”的内容,涉及内容较广,理论较深,学习时只要求对其有一个概括的了解,搞清概念而无须做更深入的探讨。液体动力润滑与滑动轴承一章一起讲解学习。

(5)材料选用、尺寸的确定、公差与配合的选用、结构工艺性等知识及其应用是工程设计的基本能力,需在不断学习、不断实践中逐步掌握和提高。

1.2 重点、难点和考点

1.2.1 重点和难点分析

1. 机械设计的基本设计原理和方法

机械设计是从机器的设计出发,分析具体单个零部件的设计,所以,在学习中应先对零件的失效形式、设计准则、设计步骤、设计方法和选用材料的原则、尺寸的确定、结构工艺性等基本设计原理、方法和基本知识有一个全面性的概略了解,以后在各章的具体零部件设计中加以具体应用。

(1)机械设计基本设计原理和方法

①根据零件的受力和具体的工作情况,分析其可能出现的失效形式。

②确定主要失效形式,并分析导致失效的主参量,得出工作能力计算类型,并确定设计准则,即主参量的“计算量≤[许用量]”。

③根据材料选用原则,合理确定零件的材料,确定安全系数,计算许用量。

④按照零件的工作情况,确定计算量的计算方法,根据设计准则求解零件的基本尺寸(主尺寸)。

⑤根据零件的基本尺寸及其失效形式,进行必要的校核计算。

⑥根据基本尺寸,完成零件的结构设计以确定零件的形状和尺寸。

(2)在整个机械零件设计中应注意的问题

①机械零件的失效形式很多,一般来讲主要是各种应力下的断裂,产生断裂的主参量为各种应力,因此主要计算工作为强度计算,其计算准则为:计算应力≤[许用应力]。

②在进行机械零件设计中,设计计算虽然很重要,但计算所得结果仅为设计零件时确定基本尺寸的依据,基本尺寸的数值一般需经“三化”处理,整个零件的最后尺寸和形状,通常都是由结构设计来确定的。

2. 零件的载荷和应力分析

(1)机械的功率和载荷的确定

机械(机器)的功率是由机械(机器)的工作机(机构)所需的工作功率 P_w 来计算的,工作功率应通过对机器的工作阻力(力或扭矩)和运动参数(线速度、角速度或转速)的计算求得。

机械原动机的工作功率 $P_d=\dfrac{P_w}{\eta}$, 其中 η 为机械的总效率,为机械内各部分运动副效率之乘积。

根据机械原动机的工作功率 P_d,取定原动机的额定功率,并根据机械的工作情况、环境及载荷性质等,确定原动机的类型及转速。

在确定原动机参数及机械的传动方案和参数后，计算各零件的工作载荷（名义载荷、计算载荷），分析工作能力。

(2)应力参量描述

机械零部件所受应力状态复杂，其描述参数主要有（σ_{max}，σ_{min}）、（σ_m，σ_a）、r，其应力计算关系如下：

$$\sigma_{min}=\sigma_m-\sigma_a,\sigma_{max}=\sigma_m+\sigma_a$$

$$\sigma_m=\frac{1}{2}(\sigma_{max}+\sigma_{min}),\sigma_a=\frac{1}{2}(\sigma_{max}-\sigma_{min})$$

$$r=\frac{\sigma_{min}}{\sigma_{max}}=\frac{\sigma_m-\sigma_a}{\sigma_m+\sigma_a}=\frac{1-\dfrac{\sigma_m}{\sigma_a}}{1+\dfrac{\sigma_m}{\sigma_a}}$$

将基本应力状态分析整理如表 1.1 所示。

表 1.1　基本应力状态

应力状态	静应力	稳定变应力			非稳定变应力	
		对称循环	非对称循环	脉动循环	规律性非稳定变应力	无规则变化
(σ_{max}，σ_{min})	$\sigma_{max}=\sigma_{min}$	$\sigma_{max}=-\sigma_{min}$	$\lvert\sigma_{max}\rvert\neq\lvert\sigma_{min}\rvert$	$\sigma_{min}=0$	(σ_{max}，σ_{min})	(σ_{max}，σ_{min})
(σ_m，σ_a)	$\sigma_m=\sigma_{max}=\sigma_{min}$ $\sigma_a=0$	$\sigma_m=0$ $\sigma_a=\sigma_{max}=-\sigma_{min}$	$\sigma_m=\dfrac{\sigma_{max}+\sigma_{min}}{2}$ $\sigma_a=\dfrac{\sigma_{max}-\sigma_{min}}{2}$	$\sigma_m=\sigma_a=\dfrac{\sigma_{max}}{2}$	(σ_{m1}，σ_{a1}) (σ_{m2}，σ_{a2}) … (σ_{mk}，σ_{ak})	(σ_m，σ_a)$=\sigma(t)$
r	$r=1$	$r=-1$	$r(-1,0)$或$(0,1)$	$r=0$	$r_1,r_2,\cdots,r_k$	$r=r(t)$

3. 摩擦学理论的理解

摩擦学已成为机械设计所依据的基本理论之一，学习时要了解摩擦学所包含的主要内容和研究对象，以及摩擦、磨损与润滑之间的有机联系。明确摩擦是引起能量损耗的主要原因，磨损是造成零件失效和材料损耗的主要原因，而润滑则是减小摩擦和磨损的最有效的手段。随着科学技术的发展，材料和能源的节约日益重要，因此形成一门新兴的学科——摩擦学。它是研究相对运动中相互作用着的表面的科学和技术。

本课程所学的摩擦，不是先修课程的简单重复，而是更着重于摩擦的机理和物理本质。学习时要注意理解各种摩擦的机理及其形态。

(1)干摩擦

关于干摩擦的理论，主要有能量理论、黏着理论、变形—犁沟—黏着理论和分子—机械理论。目前认为分子—机械理论对金属摩擦在宏观上提出了最满意的解释。

用分子—机械理论，结合实验结果，证明了经典摩擦定律的正确性，得出了干摩擦时的摩擦力与表观接触面积无关而与载荷成正比，以及动摩擦力小于极限静摩擦力的结论。其中必须搞清楚表观接触面积 A_0 与实际接触面积 A_r 的概念；同时应明确干摩擦力包含有黏着分量 F_a 和机械分量 F_m 两部分。

冷焊现象是由于表面间分子结合力[即范德华(VanderWaals)力]的作用而产生的。所谓范德华力是一种电性吸引力,主要是指极性分子间以其带异性电荷一端相互吸引的力。

关于影响干摩擦系数的诸因素的分析,主要是根据国外的实验结果,在学习这部分内容时,重点应放在理解其物理本质,而不应单纯地死记某些结论。

(2)边界摩擦

首先应该了解边界摩擦的性质,即这种摩擦特性主要取决于润滑油和金属表面的化学性质,其特征就在于相对滑动的两金属表面上形成了边界膜。

进而应搞清楚物理吸附膜、化学吸附膜和化学反应膜形成的机理和特点。明确前两种边界膜的润滑性能称为润滑油的油性,后一种则称为极压性。

因为纯粹的边界摩擦只是在理想的光整表面间才能实现,而这种理想的光整表面实际上并不存在,因此不可能有纯粹的边界摩擦。实际上,我们所说的边界摩擦都是边界摩擦与干摩擦的混合。例如,当两摩擦表面间的间隙很小或机器启动及停车时,均会出现这种摩擦状态。

(3)混合摩擦

首先应了解产生混合摩擦的条件,明确混合摩擦是一种兼有干摩擦、边界摩擦和液体摩擦的平均性质的摩擦。例如,在滑动轴承中,当轴颈滑动速度不足或润滑不足,而载荷过大时,便可产生这种混合摩擦(如内燃机的连杆销、十字滑块销和活塞销等);甚至对于正确设计和计算能达到液体摩擦的轴承在启动、停车及在磨合时间内也不可避免地会产生混合摩擦。此外,如在油中有硬质颗粒,其尺寸超过了油膜厚度,也会发生混合摩擦。

为了评定混合摩擦时表面不平度与油膜分担载荷的情况,Tallian 得出了膜厚比公式,即 $\lambda = h_{min}\sigma$。它表示随着 λ 的增加,油膜所承担的载荷也增加,这是一个主要用于定性且可粗略用来定量计算的公式,可供设计时确定摩擦状态的参考。

(4)流体摩擦

流体摩擦是一种接触面间完全充满流体(液体层)的摩擦状态,是一种良好的润滑状态,即流体动力润滑和静压润滑。

4. 磨损

磨损过程曲线展示了机械零件磨损的普遍规律。客观地说,机械零件的磨损是难以避免的。通过分析曲线可知,要想使零件的使用寿命延长,可以采用以下措施。

(1)缩短跑合时间,即严格遵守跑合规程,适当增加研磨剂,跑合后换油清、洗干净。

(2)合理选用润滑剂,降低磨损率 ε,延长第Ⅱ阶段的时间,推迟第Ⅲ阶段的到来,这样就能延长零件的寿命。

金属零件接触表面磨损以黏着磨损、磨粒磨损和接触疲劳磨损为重点,学习时应弄清楚磨损机理及减少磨损的措施。在生产实际中,单一形式的磨损较少出现,通常出现的是多种磨损形式共存的复合形式。学习中要注意与后续章节的齿轮传动、蜗杆传动、链传动、滑动轴承和滚动轴承等章节的失效分析结合起来,这样对各种磨损的机理才能逐步加深理解。

5. 润滑

首先应对润滑的作用、润滑剂的种类有一个初步的了解。对于润滑油的主要质量指标应重点了解,对润滑脂只要一般了解即可。润滑油的诸质量指标中,重点要了解黏度指标,明确润滑油是牛顿液体,油的黏度是流体润滑中极为重要的一个因素。对常用的黏度单位(动力黏度、运动黏度、相对黏度)的定义、量纲及不同黏度单位的相互换算方法应能掌握,并对润滑油的黏—温、黏—压特性有一个初步概念。

流体动力润滑是学习本门课程时需掌握的一个主要内容。学习流体动力润滑时,主要在于搞清楚两滑动表面间动压油膜的形成原理。因此,首先要了解在讨论动压油膜形成原理时所做的一些简化假定,从而进一步掌握形成动压油膜的条件,以及搞清油楔的承载原理。在滑动轴承中是从物理概念出发来阐述动压油膜的形成原理的,并着重于数学描述,即从一维流动时的雷诺方程出发,得出动压油膜承载的基本结论,两者相辅相成,不过后者比前者更深入,论证更严密而已。

1.2.2　考点分析

(1)本章内容的考核主要以基本题方式去考核基本知识。

(2)变应力的参量描述计算以填空或简单计算考核。

(3)对摩擦理论中摩擦类型、机理、磨损的类型和过程等以分析简述的形式出现。

(4)润滑的理论与滑动轴承结合进行考核。

1.3　思考题与习题

1.3.1　复习思考题

1-1　一台完整的机器通常由哪些基本部分组成?选定一台较简单的机器(如台钻或牛头刨床等),分析它由哪个部分接受外界输入的能源,怎样传递机器的动力和运动,经过了哪些机构,各个机构由哪些零件组成,哪个部分用来具体完成机器的生产职能。

1-2　设计机器时应满足哪些基本要求?试选定一台机器,分析设计时应满足的基本要求。

1-3　区分通用零件和专用零件,搞清常用零部件类型,试就一台机器,对连接零件、传动零件、轴系零件和其他零件各举两例。

1-4　机械零件有哪些主要的失效形式?试结合日常接触的机器举出其中几种零件的失效形式,并分析其原因。

1-5　设计机械零件时应满足哪些基本要求?试举两例说明为什么设计零件时不能离开机器的要求。

1-6　机械零件的计算准则与失效形式有什么关系?常用的有哪些计算准则?它们是针对什么失效形式而建立的?

1-7　设计计算与校核计算有什么区别,各在什么条件下采用?

1-8　试述零件工作载荷、名义载荷、计算载荷的含义,说明名义载荷和计算载荷的关系。

1-9　什么叫静载荷、变载荷、静应力和变应力,试举出两个机械零部件在工作时受静载荷作用而产生变应力的例子。

1-10　作用在机械零件上的应力有哪几种类型,如何区分它们?

1-11　稳定循环变应力的σ_{max}、σ_{min}、σ_a、σ_m、r五个参数各代表什么?试列出根据已知零件的σ_{max}、σ_{min},计算其σ_a、σ_m及r的计算式。

1-12　分子—机械理论的主要内容是什么,如何用分子—机械理论来解释经典摩擦定律?

1-13　边界摩擦的特征是什么？简述其形成机理。

1-14　混合摩擦的特征是什么？简单说明膜厚比的物理意义。

1-15　流体摩擦的特征是什么？说明为什么液体摩擦状态是一种较稳定的摩擦状态？

1-16　零件磨损的过程大致可分为几个阶段，每个阶段的特征如何？

1-17　结合具体的机械零件，各举一例说明黏着磨损、磨粒磨损和疲劳磨损发生的条件，磨损的形成，改善措施及设计时应考虑的问题。

1-18　润滑油和润滑脂的主要质量指标有哪几项？什么叫黏度，黏度的常用单位有哪些，它们之间如何换算？

1-19　流体动力润滑和流体静力润滑的油膜形成原理在本质上有什么区别？

1-20　选择零件材料时要了解材料的哪些主要性能？合理选择零件材料需考虑哪些具体条件？什么叫"局部品质原则"？试举出一种按照"局部品质原则"选用材料的实例。

1.3.2　习题

1-21　已知某钢制零件危险剖面上的最大工作应力为 60 MPa，最小工作应力为 10 MPa。

(1)试求其应力幅 σ_a、平均应力和应力循环特征 r 各为多少？

(2)若变化周期 $T=6$ s，试绘制该变应力随时间的变化曲线，并判定该变应力属于变应力中的哪一类？

1-22　某转动心轴，其危险剖面的最大应力 $\sigma_{max}=80$ MPa，应力幅 $\sigma_a=50$ MPa，试计算最小应力 σ_{min}，平均应力 σ_m 和循环特征 r，并说明这是什么运动类型。

1-23　一旋转轴直径 $d=80$ mm，受径向力 $F=2$ kN，支点跨距 $L=2$ m。F 作用在两支点中间，试计算转轴外周上一点的应力状态(σ_{max}，σ_{min})，(σ_m，σ_a)及循环特性 r，并指出应力状态。

1.4　考试复习与习题选解

1.4.1　是非判断题

1. 大小和方向随时间的变化呈周期性变化的载荷称为随机变载荷。　　(　　)
2. 由原动机标牌功率计算出来的载荷称为计算载荷也叫名义载荷。　　(　　)
3. 计算载荷通常是额定载荷乘以不同的影响系数。　　(　　)
4. 变应力都是变载荷产生的。　　(　　)
5. 由 40 钢($\sigma_s=335$ MPa)，经校核其扭转刚度不够，可改变为高强度合金结构钢 40Cr ($\sigma_s=785$ MPa)，以提高刚度。　　(　　)
6. 机械设计计算的最基本的设计准则是刚度准则。　　(　　)
7. 一般小型机械，都是先小批量生产，再作定型鉴定。　　(　　)
8. 周期不变的变应力为稳定循环变应力。　　(　　)
9. 非稳定变应力是指平均应力或应力幅或变化周期随时间而变化的变应力。　　(　　)
10. 润滑剂的黏度与温度有关，且黏度随温度的升高而增大。　　(　　)

11. 摩擦副表面为液体动压润滑状态，当外载荷不变时，摩擦面间的最小油膜厚度随相对速度的增加而增厚。 ( )

12. 减少磨损一般可以通过选用合适的材料组合、建立压力润滑油膜以及增加表面粗糙度等方法来解决。 ( )

1.4.2 单项选择题

1. 某齿轮传动装置如题 1 图所示，轮 1 为主动轮，则轮 2 的齿面接触应力按______变化。

A. 对称循环　　B. 脉动循环

C. 循环特性 $r=-0.5$ 的循环　　D. 循环特性 $r=+1$ 的循环

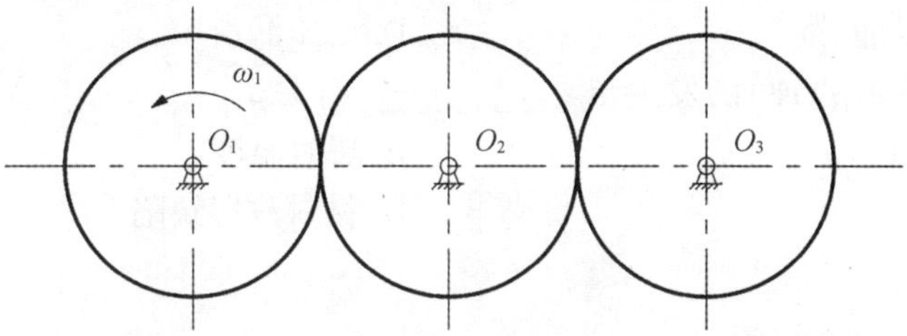

题 1 图

2. 题 1 图所示的齿轮传动装置，轮 1 为主动轮，当轮 1 作双向回转时，则轮 1 齿面接触应力按__________变化。

A. 对称循环　　B. 脉动循环

C. 循环特性 $r=-0.5$ 的循环　　D. 循环特性 $r=+1$ 的循环

3. 某单向回转工作的转轴，考虑启动、停车及载荷不平稳的影响，其危险截面处的切应力 τ_T 的应力性质，通常按题 3 图中的__________计算。

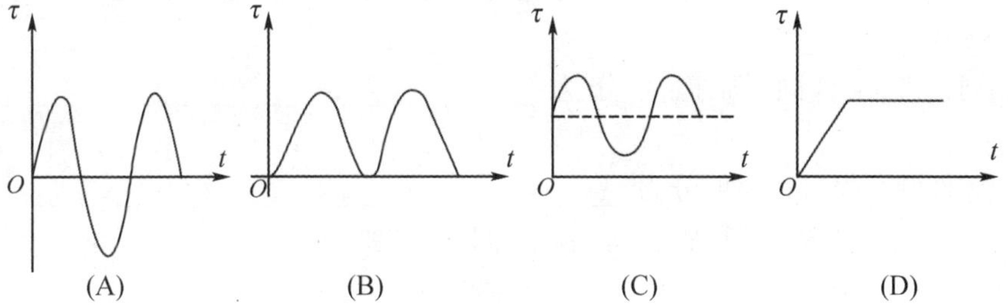

题 3 图

4. 已知某机械油在工作温度下的运动黏度为 $\nu=20\ mm^2/s$，该油的密度 $\rho=900\ kg/m^3$，则其动力黏度 η 为________ Pa · s。

A. 18 000　　B. 45　　C. 0.001 8　　D. 0.018

5. 在一个零件的磨损过程中，代表使用寿命长短的是________。

A. 剧烈磨损阶段　　B. 稳定磨损阶段

C. 磨合阶段　　D. 以上三个阶段之和

6. 润滑脂是____________。

A. 润滑油与稠化剂的混合物 B. 金属皂与稠化剂的混合物

C. 润滑油与添加剂的混合物 D. 稠化剂与添加剂的混合物

7. 两相对滑动的接触表面，依靠吸附油膜进行润滑的摩擦状态称为________。

A. 干摩擦 B. 边界摩擦

C. 混合摩擦 D. 液体摩擦

8. 为了减轻摩擦副表面的疲劳磨损，下列措施中，________是不合理的。

A. 降低表面粗糙度 B. 增大润滑油黏度

C. 提高表面硬度 D. 提高相对滑动速度

9. 对于齿轮、滚动轴承等零件的润滑状态，应采用________理论。

A. 流体动力润滑 B. 流体静力润滑

C. 弹性流体动力润滑 D. 极压润滑

10. 表面疲劳磨损(点蚀)的发生与____________有关。

A. 酸、碱、盐介质 B. 瞬时温度

C. 硬质磨粒 D. 材料浅层缺陷

1.4.3 填空题

1. 机械零件的主要失效形式有____________、____________、____________及____________。

2. 产品样机试验完成后，为使设计达到最佳化，需对设计方案进行____________及____________评价工作。

3. 产品设计中的“三化”是指____________、____________及____________。

4. 产品的开发性设计的核心是____________及____________设计工作。

5. 零件结构对刚度的影响主要表现在____________及____________。(列举两项)

6. 在设计零件时，为了减小截面上的应力集中，可采用的主要措施有____________、____________及____________。

7. 按摩擦状态不同，摩擦可分为____________、____________、____________及____________。

8. 机械零件的磨损过程一般分为____________、____________及____________三个阶段。

9. 按建立压力油膜的原理不同，流体润滑主要有____________、____________及____________三种类型。

10. 在____________润滑状态下，磨损可以避免，而在____________及____________润滑状态下，磨损则不可避免。

11. 磨损按破坏机理不同，可分为____________、____________、____________及____________四种基本类型。

12. 边界摩擦润滑时，可能形成的边界膜有____________、____________及____________三种。

13. 根据简单黏着理论，当结点材料的剪切强度极限为 τ_b、压缩屈服极限为 σ_{sc} 的金属处于干摩擦状态时的摩擦力 F_μ 为____________，摩擦系数 μ 为____________。

14. 润滑油的动力黏度与运动黏度间的关系式为__________,其量纲分别为__________及__________。

1.4.4　问答简述题

1. 简述机械零件的主要失效形式和主要计算准则。

2. 为什么对于一般机械零件通常把满足强度要求作为最主要计算准则？满足了刚度要求的零件为什么一般能同时满足强度要求？对于普通碳钢制的零件,若设计时发现刚度不足,改用高强度合金钢能否提高该零件的刚度？在设计中可采取哪些措施提高零件的刚度？

3. 零件的可靠性及可靠度定义是什么？可靠性设计与常规设计有何重要不同？

4. 设计零件时在什么条件下采用设计性计算、校核性计算及条件性计算？并分析指出计算过程的不同。

5. 试举例说明承受静载荷作用的零件能否在其危险截面处产生变应力作用。

第 2 章　机械零件的强度

2.1　教学内容小结

2.1.1　主要内容

(1)机械零件强度的基本概念和分类,强度判别式。

(2)静应力机械零件的强度计算,计算应力的计算,极限应力和许用安全系数。

(3)机械零件表面强度(表面接触强度、表面挤压强度、表面磨损强度)计算及其提高措施。

(4)变应力下零件的强度计算、疲劳断裂及其特征。

(5)稳定变应力下材料的疲劳曲线及有限寿命下材料疲劳极限的确定。

(6)稳定变应力下材料的极限应力图,影响零件疲劳强度的因素,零件的许用极限应力图。

(7)稳定变应力下机械零件疲劳强度的计算。

(8)规律性非稳定变应力机械零件的疲劳强度计算。

2.1.2　学习要求

(1)了解机械零件强度计算的基本概念和强度条件表达的一般形式,了解表达式中各符号的含义和确定方法。

(2)掌握静应力下强度计算中三个常用强度理论的概念和计算公式及其应用。

(3)掌握机械零件表面强度理论,理解失效形式,分析推导公式及各参量含义。

(4)掌握疲劳断裂的过程和特征,疲劳曲线及材料和零件的简化极限应力图的来源、作法、意义、用途。

(5)了解影响零件疲劳强度的因素及其确定方法,并能查阅有关图表。

(6)掌握在各种稳定变应力(包括简单应力和复合应力)下,机械零件疲劳强度(工作安全系数的确定)的计算方法。

(7)掌握利用许用极限应力图,计算各种加载方式下极限应力的计算。

(8)掌握在规律性非稳定变应力下,利用疲劳损伤累积假说计算等效应力和等效寿命,并计算其强度。

2.1.3　主要学习特点

(1)强度计算理论是最重要的设计理论,本章主要阐述强度设计计算的基本理论和方法,而不考虑具体的零件,是属于共性问题。根据各零件的特殊性,将基本强度理论加以应用,则是以后各章节研究的问题。

(2)内容框图及思路分析(图2.1)。

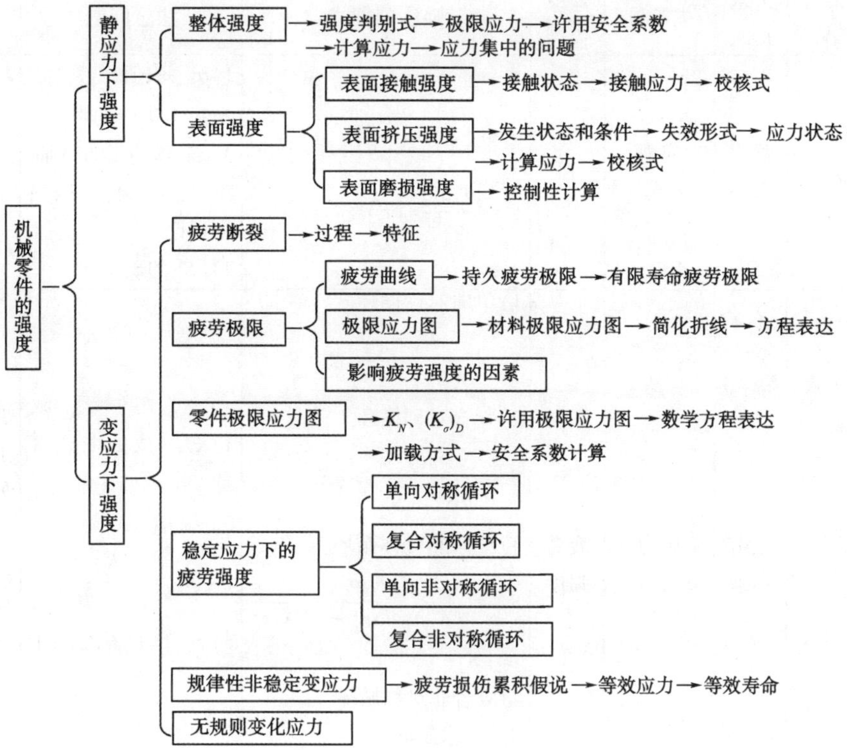

图2.1　内容框图及思路分析

2.1.4　学习方法指导

(1)机械零件在工作时所受应力不同、工作情况不同,则失效形式和断裂形式不同。设计时一定要确定失效形式,重点区别各种断裂形式,选用正确的强度理论(计算准则)。

(2)零件在机器中工作时,一般受变应力作用,因此疲劳强度是主要强度理论。疲劳强度的核心内容是疲劳极限确定和安全系数计算。

(3)疲劳极限是一个与应力循环特征 r 和应力循环次数 N 有关的极限应力,通过疲劳曲线和极限应力图求解。

(4)根据材料的性能参数绘制材料极限应力图,并确定其简化折线,考虑到疲劳强度影响因素和寿命系数,绘制形成零件极限应力图,列出其数学方程,根据加载方式可以采用图解法和解析法求极限应力和安全系数。

2.2　重点、难点和考点

2.2.1　重点和难点分析

1. 强度计算理论和公式

归纳强度计算理论和公式,见表2.1。

表 2.1 强度计算理论和公式

序号	应力及工作情况	失效形式	主参量	强度类型	强度判别式	注意问题	说明
1	静应力，整体受力	静力断裂	应力 σ 或 τ	静强度	$\sigma \leqslant [\sigma] = \dfrac{\sigma_{\lim}}{[S]}$ $S = \dfrac{\sigma_{\lim}}{\sigma} \geqslant [S]$	1) $\sigma_{\lim}$ 取值 2) 应力集中的考虑 3) 计算应力 σ（简单/复合，第三/四强度理论） 4) $[S]$ 的确定	
2	稳定变应力下 $(r = C)$，整体受力	疲劳断裂	应力 (σ_m, σ_a)	疲劳强度	1) 单向对称循环 $S_\sigma = \dfrac{K_N \sigma_{-1}}{(K_\sigma)_D \cdot \sigma_a} \geqslant [S]$ 2) 复合对称循环 $S = \dfrac{S_\sigma S_\tau}{\sqrt{S_\sigma^2 + S_\tau^2}} \geqslant [S]$ 3) 单向非对称循环 $S_\sigma = \dfrac{K_N \sigma_{-1}}{(K_\sigma)_D \cdot \sigma_a + \psi_\sigma \cdot \sigma_m} \geqslant [S]$ 4) 复合非对称循环 S_σ, S_τ 求解同 3) $S = \dfrac{S_\sigma \cdot S_\tau}{\sqrt{S_\sigma^2 + S_\tau^2}} \geqslant [S]$	1) K_N —疲劳曲线计算 2) 综合影响系数 $(K_\sigma)_D = \dfrac{K_\sigma}{\varepsilon_\sigma \cdot \beta}$ 3) S_τ 的求解类同于 S_σ	1) 按 $\sigma_m = C$ 或 $\sigma_{\min} = C$ 加载，判别式另行推导。 2) 若材料为低塑性和脆性材料时 $S = \dfrac{S_\sigma \cdot S_\tau}{S_\sigma + S_\tau} \geqslant [S]$
3	规律性非稳定变应力，整体受力 $(\sigma_{m1}, \sigma_{a1})$ $(\sigma_{m2}, \sigma_{a2})$ $(\sigma_{m3}, \sigma_{a3})$	疲劳断裂	应力 (σ_m, σ_a)	疲劳强度	疲劳损伤累积假说；取等效应力 σ_v 计算等效寿命 N_v 计算 $K_N = \sqrt[m]{\dfrac{N_0}{N_v}}$ 求 σ_v、N_v、S		
4	两物体相接触（按点、线）	疲劳点蚀	接触应力 σ_H	接触疲劳强度	$\sigma_H = \sqrt{\dfrac{F_n}{\pi b} \cdot \dfrac{\dfrac{1}{\rho_1} \pm \dfrac{1}{\rho_2}}{\dfrac{1-\mu_1^2}{E_1} + \dfrac{1-\mu_2^2}{E_2}}} \leqslant [\sigma_H]$	仅适用于两圆柱体相接触 （线接触）	按点接触则 σ_H 计算式另推导
5	两物体相接触（面接触、静止）	压溃、塑性变形	挤压应力 σ_P	表面挤压强度	$\sigma_P = \dfrac{F}{A} \leqslant [\sigma_P]$	A—接触面积（为正投影面积）	
6	两物体相接触（面接触、运动）	磨损	磨损量	表面磨损强度	控制计算： $p \leqslant [p]$ $v \leqslant [v]$ $pv \leqslant [pv]$	1) 各控制式的含义 2) 各控制式的适用范围	

2. 接触应力

进行接触疲劳强度计算时,要特别注意接触应力的基本概念。初学者往往只熟悉材料力学中大量应用的体积应力——拉、压、弯、扭、剪以及它们的复合应力,对表面接触应力不太熟悉,因此我们用日常生活中表面接触应力的现象来分析:为什么人们肩挑东西不选细铁棍,而要选用竹或木做的宽而扁平的扁担呢？原来这样的扁担可减少接触应力。其道理可由两圆柱体接触时接触应力的赫兹公式进行分析:

$$\sigma_H = \sqrt{\frac{F_n}{\pi b} \cdot \frac{\dfrac{1}{\rho_1} \pm \dfrac{1}{\rho_2}}{\dfrac{1-\mu_1^2}{E_1} + \dfrac{1-\mu_2^2}{E_2}}}$$

从公式中可看出,影响接触应力的四个因素如下:

(1)外载荷 F_n:$F_n\uparrow \rightarrow \sigma_H\uparrow$;

(2)接触宽度 b:$b\uparrow \rightarrow \sigma_H\downarrow$;

(3)曲率半径 ρ:$\rho_1\uparrow, \rho_2\uparrow \rightarrow \sigma_H\downarrow$;

(4)综合弹性模量 E:$E_1\uparrow, E_2\uparrow \rightarrow \sigma_H\uparrow$。

这样一比较才知:原来竹、木扁担的弹性模量小,容易变形,使接触面积大,$\sigma_H\downarrow$;而选用扁平的扁担即 $\rho\uparrow$、$b\uparrow$,也使接触面积大,结果 $\sigma_H\downarrow$,人挑起来就感到舒服了;当然外载荷大,$\sigma_H\uparrow$,但 σ_H 与 $\sqrt{F_n}$ 成正比。这就是“选扁担的学问”可用接触应力的基本概念来解释。

3. 疲劳曲线(σ-N 曲线)

金属材料的疲劳曲线(σ-N 曲线)是取同一循环特征 r 值、不同寿命次数 N 值时做试验得到的。它表示在给定循环特征 r 的条件下,应力循环次数 N 与疲劳极限的关系曲线。疲劳曲线方程为 $\sigma_{rN}^m \cdot N =$ 常数,如图 2.2 所示,由试验得知,不同材料具有不同的疲劳曲线。就图而言,曲线 AB 上的点均表征着对应 N 时的极限应力值。随应力 σ 的减小,材料到破坏时经历的循环次数 N 就相应增长。取 N_0 为循环基数,其对应的应力值称为疲劳极限 σ_r。N_0 将 $\sigma-N$ 曲线分为无限寿命区($N > N_0$ 区)及有限寿命区($N < N_0$ 区)。在 $N < N_0$ 区内曲线上各点代表的应力值称为有限寿命下的疲劳极限应力 σ_{rN}。其计算公式:

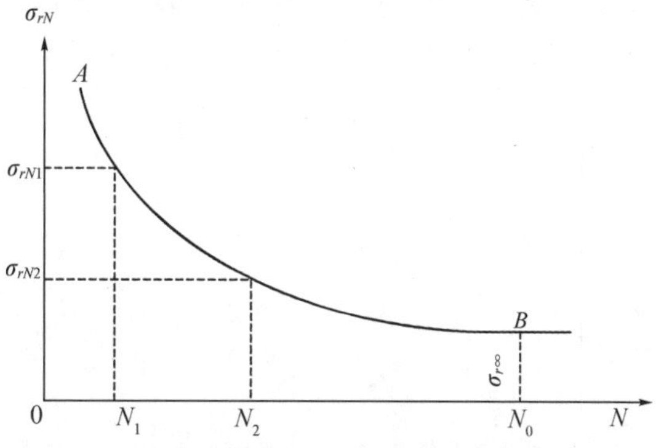

图 2.2　疲劳曲线

$$\sigma_{rN} = \sqrt[m]{\frac{N_0}{N}}\sigma_r = K_N\sigma_r$$

式中　K_N ——寿命系数,$K_N = \sqrt[m]{\dfrac{N_0}{N}}$;

m ——指数系数;

N_0——循环基数。

不同材料,不同应力状态,N_0 和 m 取值不相同。当 $N \geqslant N_0$ 时,取 $K_N = 1$,$\sigma_{rN} = \sigma_r$,表示零件进

入无限寿命区。

4. 影响机械零件疲劳强度的主要因素

影响机械零件疲劳强度的主要因素有材料性能、应力循环特征 r、应力循环次数 N、应力集中、绝对尺寸和表面状态等。在进行疲劳强度计算时,必须充分考虑这些影响因素。在使用中应注意以下几点:

(1)因为在其他条件相同下,钢的强度越高,综合影响系数$(K_\sigma)_D$或$(K_\tau)_D$值越大,所以,对于用高强度钢制成的零件,为了得到提高强度的效果,必须采取减少应力集中及适当提高表面质量的措施。

(2)在考虑应力集中等影响时,若零件危险截面处有多个不同的应力集中源,则应取各有效应力集中系数 K_σ(或 K_τ)中较大者代入式$(K_\sigma)_D=\dfrac{K_\sigma}{\varepsilon_\sigma\cdot\beta}$中计算。

(3)综合影响系数$(K_\sigma)_D$,仅对应力幅有影响,对平均应力无影响,在计算中,若计入计算应力应乘以$(K_\sigma)_D$,若计入许用应力应为疲劳极限除以$(K_\sigma)_D$。

5. 极限应力图(σ_m-σ_a 曲线)

材料的极限应力图(σ_m-σ_a 曲线)是在同一 N 值(常取 $N=N_0$)不同 r 值时试验得到的,如图2.3所示。为方便作图及应用,一般采用折线 ABF 代替曲线 ABF(对塑性材料为折线 $ABDS$),得到简化极限应力图,如图2.4所示。图中,折线 $ABDS$ 上的点表征对应于$-1\leqslant r\leqslant+1$时极限应力。横坐标轴上任何一点都代表应力幅 $\sigma_a=0$ 的应力即静应力,DS 线上任一点均代表极限应力等于屈服极限 σ_s 的变应力状况。只要塑性材料所受的工作应力处于 $OABDS$ 区域内,则表示不发生破坏;如在此区域外,则表示可能发生破坏,且由 DS 线确定极限应力的材料过载时首先可能发生的是屈服失效;如工作应力正好处于折线 $ABDS$ 上,则表示工作应力状况正好达到极限状态。

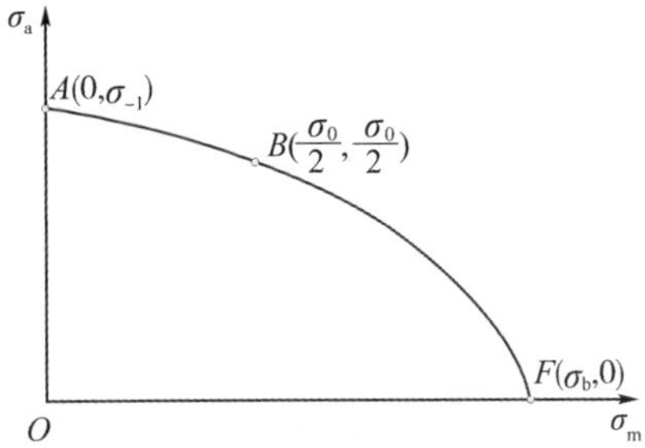

图 2.3 材料极限应力图

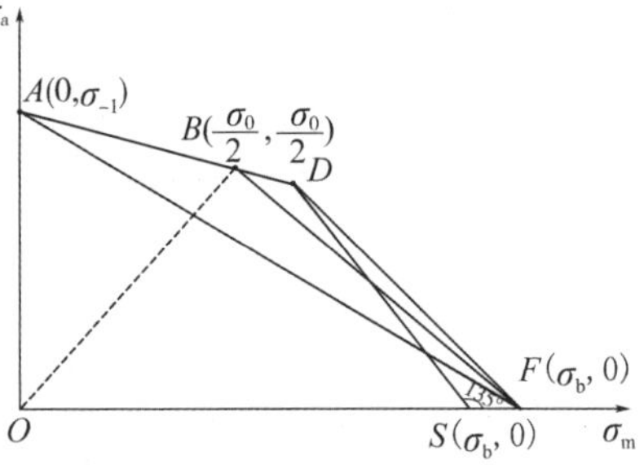

图 2.4 塑性材料简化极限应力图

零件的极限应力图(许用极限应力图),由于金属材料制成的机械零件总会存在几何形状变化,尺寸大小不同,加工质量及强化差异等因素影响,使得零件的疲劳极限要小于材料试件的疲劳极限,所以在计算机械零件强度时,要考虑应力集中、绝对尺寸和表面状态等对疲劳强度的影响,因此要引入综合影响系数$(K_\sigma)_D=\dfrac{K_\sigma}{\varepsilon_\sigma\beta}$,对变应力的应力幅部分进行修正。由于零件的工作寿命与材料试件的寿命不同,因此需用寿命系数(K_N)加以修正。用$(K_\sigma)_D$、K_N修正后的塑性材料零件的极限应力曲线由折线 $A'B'D'S$ 表示,其极限应力图如图2.5所示,并可分别用数学方程表示 $A'B'D'$ 和 $D'S$。

在进行机械零件的安全系数计算时，首先要求出机械零件危险剖面上的最大工作应力 σ_{max} 及最小工作应力 σ_{min}，计算出 σ_m 及 σ_a，然后在极限应力图中标出工作应力点 $C(\sigma_m,\sigma_a)$ 的位置，计算安全系数 S 所用的极限应力 σ_r 应是零件极限应力折线 $A'B'D'S$ 上某一个点 $C'(\sigma_m,\sigma_a)$ 所代表的应力。这一点，要由零件工作应力的变化规律确定。零件工作应力变化规律通常有三种形式。

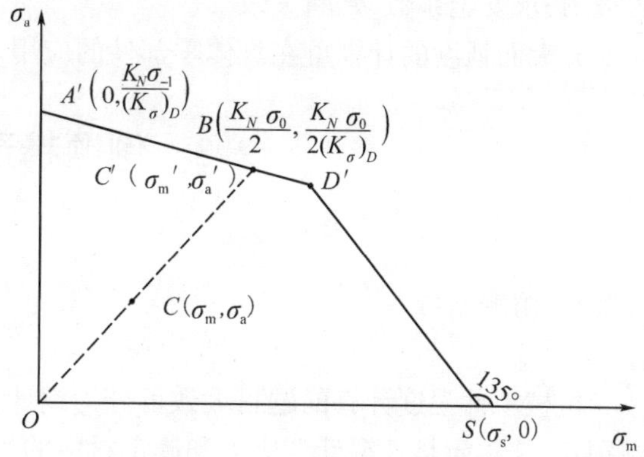

图 2.5 零件的极限应力图

(1) σ_a/σ_m = 常数（例如绝大多数转轴的应力状况），计算时所用极限应力的循环特征必须与零件工作应力的循环特征相同，即循环特征 r = 常数。

(2) σ_m = 常数（例如弹簧振动时的应力状况），计算时所用的极限应力的平均应力必须与零件工作应力的平均应力相同。

(3) σ_{min} = 常数（例如紧螺栓连接中螺栓受轴向变载荷时的应力状况），计算时所用的极限应力的最小应力必须与零件工作应力的最小应力相同。依照上述原则，去确定所用极限应力在极限应力曲线上的位置。

在工程设计中，当难以确定所设计的机械零件的应力变化规律时，一般可按 σ_a/σ_m = 常数的简单应力循环规律处理。

据此可分析，零件的安全系数计算可以用 σ_m、σ_a、σ_{max}，即 $S_m = S_a = S_{max}$。

按稳定循环单向应力状态 $\dfrac{\sigma_a}{\sigma_m}$ = 常数时，求解极限应力和安全系数。当工作应力 $C(\sigma_m, \sigma_a)$ 在 $OA'B'D'$ 区域时，零件不发生疲劳破坏。联立 $A'B'D'$ 直线方程与 OCC' 直线方程，求解得到极限应力：

$$\begin{cases} \sigma'_a = \dfrac{K_N \cdot \sigma_{-1}}{(K_\sigma)_D \cdot \sigma_a + \psi_\sigma \cdot \sigma_m} \cdot \sigma_a \\ \sigma'_m = \dfrac{K_N \cdot \sigma_{-1}}{(K_\sigma)_D \cdot \sigma_a + \psi_\sigma \cdot \sigma_m} \cdot \sigma_m \end{cases}$$

当工作应力 $C(\sigma_m, \sigma_a)$ 在 $OD'S$ 区域时，则零件先发生塑性变形。其极限应力由 $D'S$ 直线确定，显然 $\sigma_r = \sigma'_m + \sigma'_a = \sigma_s$，这时进行的安全系数校核为静强度。无法明确确定应力区域或为了保险起见，常将两种情况均予以校核计算。

2.2.2 考点分析

1. 基本题主要考核强度理论基本知识，主要涉及失效形式、计算准则、参数含义、定性关系及定量选择。

2. 疲劳曲线下有限寿命疲劳极限计算主要以简算形式出现。

3. 疲劳断裂及其特征、疲劳强度影响因素等基本理论及现象会以简述分析方式出现。

4. 疲劳强度的计算为较传统经典的计算题，主要为绘制材料和零件的极限应力图，计算极限应力,求安全系数,判断失效。

5. 表面强度的计算重在具体零部件的应用。

2.3 例题精选与解题指导

2.3.1 解题指导

机械零件强度计算的题目大致可分为设计计算题和校核计算题。计算的主要依据为强度判别式,其实质是求解计算应力和确定材料的极限应力并进而计算许用应力。对不同应力类型、不同材料,其计算准则不同。

1. 设计计算题

已知:零件所受载荷的大小及变化性质;对零件的要求和工作条件;设计计算零件的材料性能。要求确定零件的主要尺寸。

其求解思路为:确定许用应力 $[\sigma]=\dfrac{\sigma_{\lim}}{[S]}$,即计算或选取许用安全系数$[S]$;选取或计算零件极限应力 $\sigma_{\lim}$,对于受稳定变应力作用的零件其极限应力的求解通过极限应力图来完成。然后通过强度判别式计算零件的主要尺寸。

2. 校核计算题

已知条件:零件所受载荷的大小及变化性质;零件的工作要求和条件;零件的材料及热处理(即已知材料的机械性能);零件的几何尺寸及表面状态。要求计算零件的工作安全系数。

其求解思路为:计算应力参数(即算出 $\sigma_{\max}$、$\sigma_{\min}$、σ_{m},σ_{a} 及 r 等),从应力参数明确零件工作应力的种类、变化性质和规律;绘制材料极限应力图,计算寿命系数 K_N 和综合影响系数 $(K_\sigma)_D$。绘制零件极限应力图;根据加载方式计算极限应力,计算工作安全系数。

2.3.2 范例

例 2-1 某轴只受稳定交变应力作用,工作应力 $\sigma_{\max}=240$ MPa,$\sigma_{\min}=-40$ MPa,材料的机械性能 $\sigma_{-1}=450$ MPa,$\sigma_{\mathrm{s}}=800$ MPa,$\sigma_0=700$ MPa,轴上危险截面的 $k_\sigma=1.30$,$\varepsilon_\sigma=0.78$,$\beta=1$ 。

(1) 绘制材料的简化应力图及零件的简化极限应力图。

(2) 用作图法求极限应力 σ_r 及安全系数(按 $r=c$ 加载和无限寿命考虑)。

(3) 取$[S]=1.3$,试用计算法验证作图法求出的极限应力 σ_{ra}、σ_{rm} 及 S 值,并判断此轴是否安全。

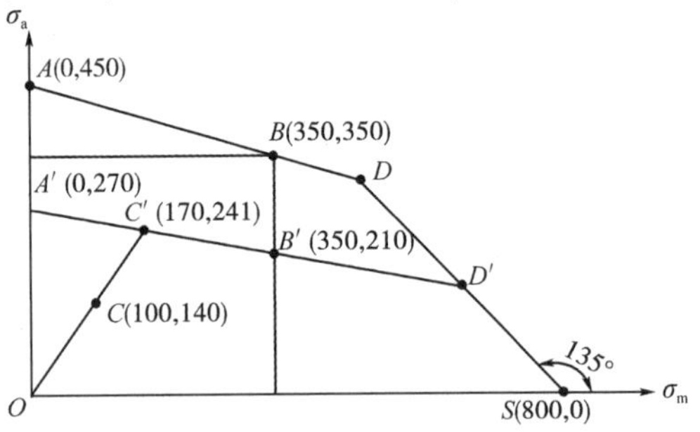

图 2.6 极限应力图

解题过程及要点:

(1)绘制材料的极限应力图:根据各点坐标 $A(0,450)$、$B(350,350)$ 及 $S(800,0)$,绘制此图(图 2.6)。

(2)绘制零件的极限应力图:综合影响系数

$(k_\sigma)_D=\dfrac{k_\sigma}{\varepsilon_\sigma\beta}=1.667$,按无限寿命考虑,$K_N=1$。

各点坐标为:$A'\left(0,\dfrac{K_N\sigma_{-1}}{(K_\sigma)_D}\right)$,$B'\left(\dfrac{K_N\sigma_0}{2},\dfrac{K_N\sigma_0}{2(K_\sigma)_D}\right)$,及 $S(\sigma_s,0)$,代入数值后为:$A'(0,270)$,$B'(350,210)$,$S(800,0)$。

由 A'、B'及 S 点,按前述方法可绘出该图。

(3)在图上标出工作应力点 C:

$$\sigma_m=\frac{\sigma_{max}+\sigma_{min}}{2}=\frac{240-40}{2}=100\ \text{MPa}$$

$$\sigma_a=\frac{\sigma_{max}-\sigma_{min}}{2}=\frac{240+40}{2}=140\ \text{MPa}$$

则工作应力点的坐标为 $C(100,140)$,并标于图上。

(4)由作图法求极限应力 σ_{ra}、σ_{rm} 及安全系数 S_σ :

作射线 OC 交 $A'B'E'$于 C'点,由图大致量得 C 点坐标即为极限应力:

$$\sigma_{rm}=170\ \text{MPa}\ ,\ \sigma_{ra}=241\ \text{MPa}\ ,\ S_\sigma=S_{\sigma a}=\frac{OC'}{OC}=\frac{291}{170}=1.71$$

(5)用计算法验证:

由
$$\tan\alpha=\frac{\sigma_{ra}}{\sigma_{rm}}=\frac{1-r}{1+r},\ r=\frac{\sigma_{min}}{\sigma_{max}}=\frac{-40}{240}=-0.167$$

所以
$$\frac{\sigma_{ra}}{\sigma_{rm}}=\frac{1+0.167}{1-0.167}=1.4$$

疲劳强度极限线 $A'D'$的直线方程为 $\sigma_{ra}=\dfrac{K_N\sigma_{-1}}{(K_\sigma)_D}-\dfrac{1}{(K_\sigma)_D}\cdot\psi\sigma_{rm}$

式中
$$\psi=\frac{2\sigma_{-1}-\sigma_0}{\sigma_0}=\frac{2\times450-700}{700}=0.2857$$

$$(K_\sigma)_D=\frac{K_\sigma}{\varepsilon_\sigma\beta}=\frac{1.30}{0.78}=1.667$$

加载线 OCC'的方程为
$$\sigma_{rm}=\sigma_{ra}\cdot\frac{\sigma_m}{\sigma_a}$$

联立求解得:
$$\sigma_{ra}=\frac{K_N\sigma_{-1}}{(K_\sigma)_D+\psi_\sigma\cdot\sigma_m/\sigma_a}=\frac{450}{1.667+0.2857\times100/140}=240.5\ \text{MPa}$$

$$\sigma_{rm}=\frac{\sigma_{ra}}{1.4}=\frac{240.5}{1.4}=171.8\ \text{MPa}$$

校核轴的疲劳强度

$$S=\frac{K_N\sigma_{-1}}{(K_\sigma)_D\sigma_a+\psi_\sigma\cdot\sigma_m}=\frac{450}{1.667\times140+0.2857\times100}=1.718>[S]=1.3$$

故此,轴疲劳强度达到安全要求。

例 2-2　某零件受稳定交变弯曲应力作用,最大工作应力 $\sigma_{max}=180$ MPa,最小工作应力 $\sigma_{min}=150$ MPa,材料的机械性能 $\sigma_{-1}=180$ MPa, $\sigma_0=240$ MPa, $\sigma_s=240$ MPa,按无限寿命设计,

并略去综合影响系数 $(K_\sigma)_D$ 的影响。试分别由图解算法及计算求出:(1)等效系数 ψ_σ 的值;(2) 安全系数 S 的值。

解题过程及要点:

(1)用图解法

①按已知数据绘制极限应力图(图 2.7):

$r=\sigma_{min}/\sigma_{max}=150/180=0.833, r=c$

$\sigma_m=(\sigma_{max}+\sigma_{min})/2=165$ MPa

$\sigma_a=(\sigma_{max}-\sigma_{min})/2=15$ MPa

工作应力点的坐标为 $C(165,15)$。

②求 ψ_σ:

由图可知,$\psi_\sigma=\tan\gamma=AK/BK$,量取 AK 和 BK 线段的长度,得 $\psi_\sigma=60/120=0.5$。

③求安全系数 s_σ:

由图可知,当 $r=c$ 时,射线 OC 交 $ABDS$ 于 C'点,C 点位于塑性安全区,故屈服强度安全系数为 $s_\sigma=OC'/OC=220/165=1.33$。

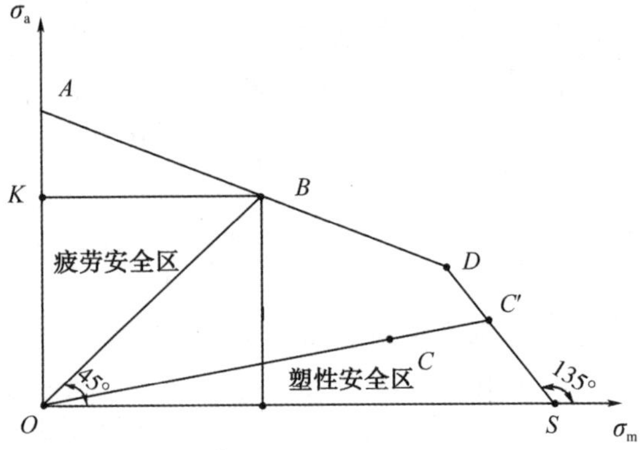

图 2.7 极限应力图

(2) 用解析法

①求得 $\psi_\sigma=(2\sigma_{-1}-\sigma_0)/\sigma_0=(2\times180-240)/240=0.5$。

②联立求解直线 SC' 及 OC 方程:设 C' 点的坐标为 $C'(x,y)$,则两方程为

$$x+y=\sigma_s=240\ (SC'\text{ 方程})$$

$$y/x=15/165=1/11(OC\text{ 方程})$$

联立求得 $x=220, y=20$。

③求得安全系数 $s_\sigma=OC'/OC=20/15=1.33$,或 $s_\sigma=\sigma_s/(\sigma_a+\sigma_m)=240/(15+165)=1.33$(屈服安全系数)。

例 2-3 图 2.8 所示杆 1 和杆 2 用销钉 3 相连接,拉力 $F_Q=20$ kN。杆用 Q235、销用 Q275 制造。杆的许用应力:拉伸——$[\sigma]=80$ MPa;挤压——$[\sigma]_P=120$ MPa;剪切——$[\tau]=50$ MPa。销钉的许用应力:弯曲——$[\sigma]'_b=100$ MPa;剪切——$[\tau]'=60$ MPa。试按等强度设计的原则,确定结构的各部分尺寸。

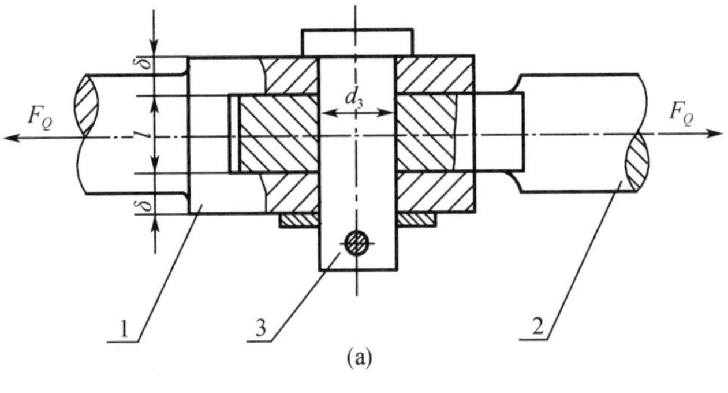

(a)

图 2.8 杆 1 和杆 2 的连接

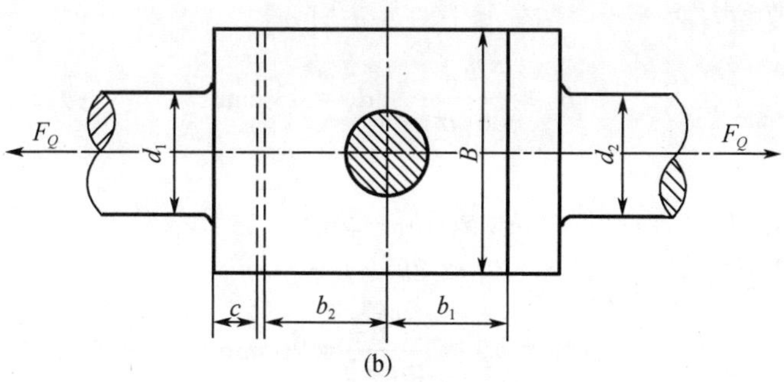

图 2.8(续)

解题过程及要点:

(1)销钉尺寸的计算(设销钉受均布载荷)

考虑销钉受剪切:
$$F_Q \leqslant 2 \cdot \frac{\pi}{4} d_3^2 [\tau]' \tag{2.1}$$

考虑销钉受弯曲:
$$\frac{F_0}{2}\left(\frac{\delta}{2}+\frac{l}{2}\right)-\frac{F_Q}{2} \cdot \frac{l}{4} \leqslant 0.1 d_3^3 [\sigma]_b'$$

$$\frac{F_Q}{4}\left(\delta+\frac{l}{2}\right) \leqslant 0.1 d_3^3 [\sigma]_b' \tag{2.2}$$

考虑杆1孔受挤压:
$$F_Q \leqslant 2\delta d_3 [\sigma]_P \tag{2.3}$$

考虑杆2孔受挤压:
$$F_Q \leqslant l d_3 [\sigma]_P \tag{2.4}$$

未知量(d_3, l, δ)数少于方程数,由式(2.2)、式(2.3)、式(2.4)求解,式(2.1)校核。

解得
$$d_3 \geqslant \sqrt[4]{\frac{F_Q^2}{0.4[\sigma]_P[\sigma]_b'}} = 16.99 \text{ mm}$$

取 $d_3 = 18$ mm。

$$\delta \geqslant \frac{F_Q}{2d_3[\sigma]_P} = 4.63 \text{ mm}$$

取 $\delta = 5$ mm。

$$l = 2\delta = 10 \text{ mm}$$

代入式(2.1),进行校核

$$F_Q \leqslant 2 \cdot \frac{\pi}{4} d_3^2 [\tau]' = 30\ 536 \text{ N}$$

通过。

(2)杆尺寸的计算

考虑杆1受拉:
$$F_Q \leqslant \frac{\pi}{4} d_1^2 [\sigma]$$

考虑杆2受拉:
$$F_Q \leqslant \frac{\pi}{4} d_2^2 [\sigma]$$

得
$$d_1 = d_2 \geqslant \sqrt{\frac{4F_Q}{\pi[\sigma]}} = 17.84 \text{ mm}$$

取 $d_1 = d_2 = 18$ mm。

考虑杆1在有孔处受拉:
$$F_Q \leqslant 2\delta(B - d_3)[\sigma]$$

考虑杆 2 在有孔处受拉： $F_Q \leqslant l(B-d_3)[\sigma]$

得 $$B \geqslant \frac{F_Q}{2\delta[\sigma]} + d_3 = 43\ \text{mm}$$

取 $B=44$ mm。

考虑杆 1 在有孔处受剪： $F_Q \leqslant 2b_1 \cdot 2\delta[\tau]$

考虑杆 2 在有孔处受剪： $F_Q \leqslant 2b_2 \cdot l[\tau]$

得 $$b_1 = b_2 \geqslant \frac{F_Q}{4\delta[\tau]} = 20\ \text{mm}$$

由于实际上杆在有孔处并不总是沿着Ⅰ—Ⅰ破坏，而是有沿着Ⅱ—Ⅱ破坏的可能(图 2.9)，因此加大有关尺寸，取：

$$b_1 = b_2 = 20 + \frac{d_3}{3} = 26\ \text{mm}$$

考虑杆 1 在夹板处受剪：$F_Q \leqslant 2cB[\tau]$

得 $$c \geqslant \frac{F_Q}{2B[\tau]} = 4.55\ \text{mm}$$

取 $c=5$ mm。

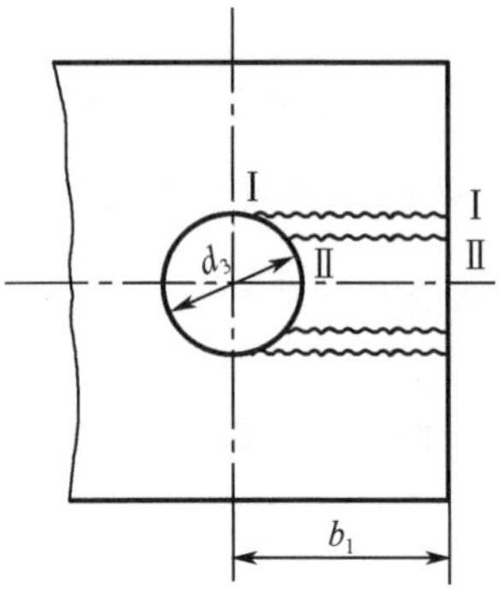

图 2.9 杆 1、杆 2 有孔处受剪压力示意图

例 2-4 某零件在规律性非稳定变应力情况下工作，应力性质为对称循环，在循环基数 $N_0 = 10^7$ 时，$\sigma_{-1} = 300$ MPa，疲劳曲线方程指数 $m=9$。若在 $\sigma_1 = 600$ MPa 下工作 $N_1 = 1\times10^4$ 次，在 $\sigma_2 = 400$ MPa 下工作 $N_2 = 4\times10^4$ 次，试按线性疲劳积累假说求出它在 $\sigma_3 = 350$ MPa 下可工作的应力循环次数 N_3。

解题过程及要点：

(1) 由疲劳曲线方程 $\sigma_i^m N'_i = c$，求各应力水平的 N'_i：

$$N'_1 = \left(\frac{\sigma_{-1}}{\sigma_1}\right)^m N_0 = \left(\frac{300}{600}\right)^9 \times 10^7 = 1.953 \times 10^4$$

$$N'_2 = \left(\frac{\sigma_{-1}}{\sigma_2}\right)^m N_0 = \left(\frac{300}{400}\right)^9 \times 10^7 = 7.508 \times 10^5$$

$$N'_3 = \left(\frac{\sigma_{-1}}{\sigma_3}\right)^m N_0 = \left(\frac{300}{350}\right)^9 \times 10^7 = 2.497 \times 10^6$$

(2) 由线性疲劳积累假说 $\sum_{i=1}^{n} \frac{N_i}{N'_i} = 1$，求 N_3：

因 $$\frac{N_1}{N'_1} + \frac{N_2}{N'_2} + \frac{N_3}{N'_3} = 1$$

所以 $$\frac{1\times10^4}{1.953\times10^4} + \frac{4\times10^4}{7.508\times10^5} + \frac{N_3}{2.497\times10^6} = 1$$

则 $$N_3 = 1.085 \times 10^6\ \text{次}$$

2.4　思考题与习题

2.4.1　复习思考题

2-1　何谓机械零件的强度？它可以分为哪些类型？试举出具体的应用例子。

2-2　强度判别式的一般形式有哪些？试说明各符号的意义。如何从一般判别式推导得到各类强度判别式。

2-3　怎样区分表面挤压应力和表面接触应力？试说明两圆柱体接触应力计算公式 $\sigma_{H\max}=\sqrt{\dfrac{F_{\mathrm{n}}}{\pi b}\cdot\dfrac{\dfrac{1}{\rho_1}\pm\dfrac{1}{\rho_2}}{\dfrac{(1-\mu_1^2)}{E_1}+\dfrac{(1-\mu_2^2)}{E_2}}}$ 中各符号的意义。

2-4　试述金属材料的疲劳断裂过程。分析疲劳断裂的特征，比较疲劳断裂与静力断裂的不同。

2-5　试根据材料的疲劳曲线（$\sigma-N$ 曲线），说明什么叫循环基数 N_0、有限寿命疲劳极限 σ_{rN} 和持久疲劳极限 σ_r，并根据疲劳曲线方程导出 σ_{rN} 的计算式。

2-6　影响机械零件疲劳强度的主要因素有哪些？影响因素中的 K_a、ε_σ、β 是否只对变应力的应力幅部分有影响？

2-7　零件设计中有哪些常见的应力集中源？若零件危险剖面上有几个应力集中源，在疲劳强度计算中应如何考虑 $K_\sigma(K_\tau)$ 对零件疲劳强度的影响？试比较三个形状、尺寸一致，工作条件也相同，分别用铸铁、低碳钢、高强度钢制造的零件，哪一个的 $K_\sigma(K_\tau)$ 数值最大？哪一个的 $K_\sigma(K_\tau)$ 数值最小？在设计零件选用材料时如何考虑这些问题？

2-8　什么叫稳定循环变应力的单向应力状态和复合应力状态？如何确定承受单向应力状态变化规律为 $\dfrac{\sigma_{\mathrm{a}}}{\sigma_{\mathrm{m}}}=$常数的机械零件的疲劳极限 σ_r？

2-9　如何根据从材料极限应力图绘制零件的极限应力图，寿命系数 K_N、综合影响系数 $(K_\sigma)_D$ 如何考虑，其意义是什么？

2-10　在极限应力图上，针对各种加载情况，即 $r=c$、$\sigma_{\mathrm{m}}=c$ 和 $\sigma_{\min}=c$ 时，如何判断零件首先产生疲劳破坏还是产生塑性变形破坏？若用数学公式判断，你能写出判断的条件式吗？

2-11　在单向稳定变应力下，如何计算零件的工作安全系数？

2-12　列式说明受复合稳定变应力时，如何计算零件的疲劳强度安全系数？并说明式中有关符号的意义。

2-13　何谓疲劳损伤积累假说？并用数学表达式表示之。

2-14　根据不稳定变应力的规律性，说明应力幅以先小后大，还是先大后小变化加载对零件的强度有利，为什么？

2-15　在规律性单向不稳定变应力下，怎样进行机械零件的疲劳强度计算？

2.4.2 习题

2-16 某钢制零件的材料疲劳极限 $\sigma_r = 112$ MPa,取疲劳曲线指数 $m = 9$,$N_0 = 5 \times 10^6$。试求相应于寿命分别为 5×10^4,7×10^5,5×10^7 次循环时的有限寿命疲劳极限 σ_{rN} 值。

2-17 已知某一合金钢的 $\sigma_{-1} = 370$ MPa,$\sigma_s = 880$ MPa,$\sigma_0 = 625$ MPa。

(1) 试绘制(按比例) 此材料试件的 $\sigma_m - \sigma_a$ 简化极限应力图;

(2) 设此试件受 $\sigma_{max} = 300$ MPa、$\sigma_{min} = -120$ MPa 的变应力作用,试用所绘制的极限应力图,按 $r = c$ 考虑,求出该试件在这种情况下的极限应力 σ_r。

2-18 已知某钢材的机械性能为 $\sigma_{-1} = 500$ MPa,$\sigma_s = 1\ 000$ MPa, $\sigma_0 = 800$ MPa。

(1) 试按比例绘制该材料的简化疲劳极限应力线图;

(2) 由该材料制成的零件,承受非对称循环应力,其应力循环特性 $r = 0.3$,工作应力 $\sigma_{max} = 800$ MPa,零件的有效应力集中系数 $K_\sigma = 1.49$,零件的尺寸系数 $\varepsilon_\sigma = 0.83$,表面的状态系数 $\beta = 1$,按简单加载情况在该图中标出工作应力点及对应的极限应力点;

(3) 判断该零件的强度是否满足要求?

2-19 某钢制机械零件受弯曲应力作用。危险剖面上的 $K_\sigma = 1.2$,$\varepsilon_\sigma = 0.85$,$\beta = 1$。材料的 $\sigma_s = 750$ MPa,$\sigma_0 = 580$ MPa,$\sigma_{-1} = 380$ MPa,$K_N = 1.1$。

(1) 试绘制材料极限应力图和零件极限应力图。

(2) 在($\sigma_m - \sigma_a$) 图上标出下列两种不同工作应力时的工作应力点,按 $r = c$ 考虑,判断哪种工作应力下只需进行静强度计算:① 最大工作应力 $\sigma_{max} = 200$ MPa,最小工作应力 $\sigma_{min} = -50$ MPa;② 最大工作应力 $\sigma_{max} = 480$ MPa,最小工作应力 $\sigma_{min} = 320$ MPa。

(3) 按 r 一定方式加载,分别求出该两种工作应力时零件的疲劳极限应力 σ_r 及安全系数 S_σ 各为多少?

(4) 分析计算按 $\sigma_m = c$,$\sigma_{min} = c$ 加载时,第一种应力状态下零件的疲劳极限应力。

2-20 一单向旋转的传动轴,材料为中碳钢,$\tau_{-1} = 230$ MPa,$\tau_s = 390$ MPa,$\psi_\tau = 0.05$,现知该轴某危险剖面处的直径 $d = 50$ mm,该剖面处的疲劳强度综合影响系数 $(K_\tau)_D = \dfrac{k_\tau}{\varepsilon_\tau \beta_\tau} = 3.07$,轴的转速 $n = 955$ r/min,若要求安全系数 $S_\tau = 2.0$,试求(1) 此时该轴能传递的最大功率 P(kW);(2) 在 $\tau_m - \tau_a$ 极限应力图上表示此时的应力状况。

2-21 某单向转动的轴工作时危险剖面上承受弯矩 $M = 1\ 250$ N·m,转矩 $T = 2\ 500$ N·m,轴向拉力 $F_a = 50\ 000$ N。危险剖面直径 $d = 50$ mm,$K_\sigma = 1.9$,$K_\tau = 1.6$,$\varepsilon_\sigma = 0.84$,$\varepsilon_\tau = 0.78$,$\beta = 0.85$。轴的材料为合金钢,试验指数 $m = 10$,$N_0 = 1 \times 10^8$,$\sigma_{-1} = 450$ MPa,$\sigma_0 = 818$ MPa,$\tau_{-1} = 260$ MPa,$\tau_0 = 495$ MPa。试求该轴工作寿命为 $N = 1 \times 10^7$ 时的安全系数 S。

2-22 某零件受不稳定对称循环变应力作用。已知其各阶段的应力幅分别为 $\sigma_{a1} = 120$ MPa,$\sigma_{a2} = 80$ MPa,$\sigma_{a3} = 50$ MPa。设零件在 σ_{a1} 作用下,应力变化 $N'_1 = 2 \times 10^6$ 次,在 σ_{a2} 作用下应力变化 $N'_2 = 1 \times 10^6$ 次,在 σ_{a3} 作用下应力变化 $N'_3 = 3 \times 10^6$ 次。试问:

(1) 若此零件受应力幅为 $\sigma'_a = 120$ MPa 的稳定对称循环变应力作用,这时零件所能经受的应力循环次数 N_e 是多少?

(2) 若零件所能经受的应力循环次数 $N_e = 6 \times 10^6$ 次时,其相应的稳定对称循环变应力 σ 应为多少?

(3)此零件所用材料的性能参数为：$(K_\sigma)_D = 1.1$，$\sigma_{-1} = 300$ MPa，$n_0 = 1\times10^7$，$m = 9$。求此时零件的安全系数。

2-23 某经常正反转的转轴，材料为45钢，其对称循环疲劳极限 $\sigma_{-1} = 200\ \text{N/mm}^2$，$\tau_{-1} = 105\ \text{N/mm}^2$，许用安全系数 $[S] = 2$，轴的危险剖面直径 $d = 35$ mm，综合影响系数 $(K_\sigma)_D = 2.5$，$(K_\tau)_D = 1.5$，$K_N = 1$，当传递的扭矩 $T = 1.72\times10^5$ N·mm 时，还能允许承受多大弯矩 M？

2-24 已知材料的机械性能 $\sigma_{-1} = 350$ MPa，$m = 9$，$N_0 = 5\times10^6$，用此材料做试件，进行对称循环疲劳试验，依次加载应力和循环次数如下：

(1) $\sigma_1 = 550$ MPa，$N_1 = 10^4$；

(2) $\sigma_2 = 450$ MPa，$N_2 = 10^5$；

(3) $\sigma_3 = 400$ MPa。

求 σ_3 还要经过多少次循环，试件才能被破坏？

2-25 图示为直动滚子从动件盘形凸轮。已知从动件与凸轮在 A 点处接触，从动件作用力 $F = 10$ kN，A 点处压力角 $\alpha = 28°$，曲率半径 $R = 60$ mm，滚子半径 $r_T = 10$ mm，滚子宽度 $b_T = 16$ mm，凸轮宽度 $B = 15$ mm，两者材料均为合金钢，$E_1 = E_2 = 2.1\times10^5$ MPa，许用接触应力 $[\sigma]_H = 2\,000$ MPa，试校核凸轮在接触点 A 处的接触疲劳强度(摩擦忽略不计)。

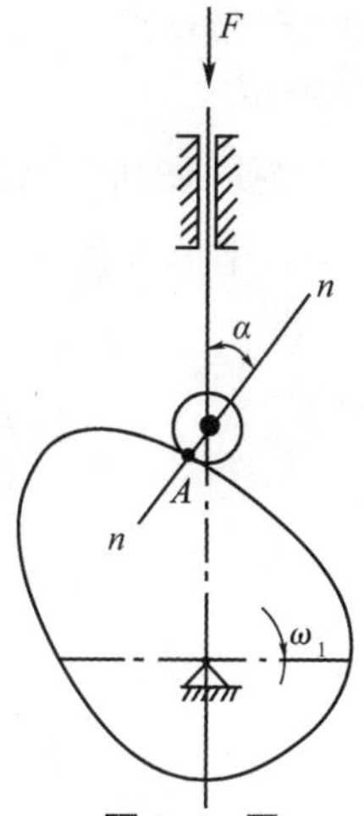

题 2-25 图

注：计算公式：$\sigma_H = 0.418\sqrt{\dfrac{F_n E}{b\rho}}$；$E = \dfrac{2E_1E_2}{E_1 + E_2}$。

2-26 油压机的最大载荷 $F = 3\,000$ kN，由四根直径为90 mm、长度为1 m的立柱均匀承受。已知立柱材料的弹性模量 $E = 2.1\times10^5$ MPa，屈服强度 $\sigma_s = 360$ MPa。试计算立柱受拉后的伸长量及安全系数。

2-27 有一零件，$\sigma_{-1} = 180$ MPa，$\sigma_0 = 300$ MPa，$\sigma_s = 360$ MPa，工作的名义应力为 $\sigma_s = 40$ MPa，$\sigma_m = 25$ MPa，$\dfrac{k_\sigma}{\varepsilon\beta} = 2.5$。请按以下三种情况计算其安全系数 S_σ。

(1) r = 常数；(2) σ_m = 常数；(3) σ_{min} = 常数。

2.5 考试复习与习题选解

2.5.1 是非判断题

1. 增大零件的过渡曲线的圆角半径可以减少应力集中。 (　　)

2. 在变应力作用下，零件的主要失效形式将是疲劳断裂；而在静应力作用下，其失效形式将是塑性变形或断裂。 (　　)

3. 只有静载荷才产生静强度破坏，只有变载荷才产生疲劳破坏。 (　　)

4. ψ_σ 是把非对称循环变应力中的平均应力折合成应力幅的等效系数。材料的强度愈高，ψ_σ 愈大。 (　　)

5. 大多数机械零件的失效都是由低周疲劳引起的。 (　　)

6. 钢材的强度越高,对应力集中的敏感性越大。 (　　)

7. 当零件的尺寸由刚度条件决定时,为另外提高零件的刚度,应选用高强度合金钢制造。 (　　)

2.5.2 单项选择题

1. 两等宽的圆柱体接触,其直径 $d_1 = 2d_2$,弹性模量 $E_1 = 2E_2$,则其接触应力值为________。

A. $\sigma_{H1} = \sigma_{H2}$　　B. $\sigma_{H1} = 2\sigma_{H2}$　　C. $\sigma_{H1} = 4\sigma_{H2}$　　D. $\sigma_{H1} = 8\sigma_{H2}$

2. 某四个结构及性能相同的零件甲、乙、丙、丁,若承受最大应力 σ_{max} 的值相等,而应力循环特性 r 分别为甲种 $r = +1$,乙种 $r = 0$,丙种 $r = -0.5$,丁种 $r = -1$,则其中最易发生失效的零件是__________。

A. 甲　　B. 乙　　C. 丙　　D. 丁

3. 题 3 图所示为四种圆柱体接触情况,各零件的材料相同,接触宽度及受载均相同,图中 $r_2 = 2r_1$,则情况__________的接触应力最大;__________接触应力最小。

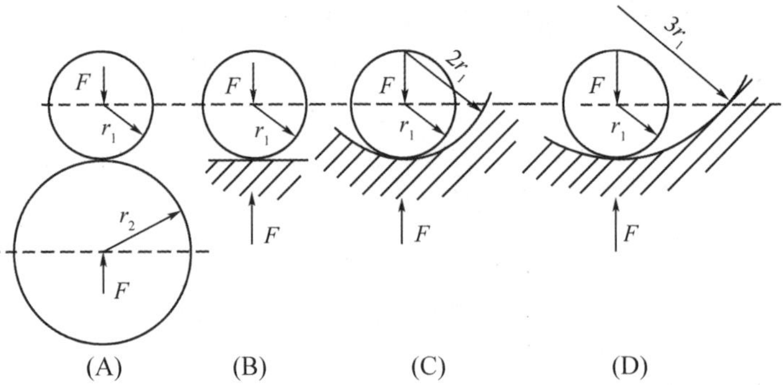

题 3 图

4. 某钢制零件材料的对称循环弯曲疲劳极限 $\sigma_{-1} = 300$ MPa,若疲劳曲线指数 $m = 9$,应力循环基数 $N_0 = 1 \times 10^7$,当该零件工作的实际应力循环次数 $N = 1 \times 10^5$ 时,则按有限寿命计算,对应于 N 的疲劳极限 σ_{-1N} 为__________ MPa。

A. 300　　B. 428　　C. 500.4　　D. 430.5

5. 在题 5 图示出的极限应力图中,工作应力点 N 的位置如图所示。加载情况属于 σ_{max} = 常数情况,试用作图法判定其材料的极限应力取为__________。

A. σ_b　　B. σ_0　　C. σ_{-1}　　D. σ_s

6. 在题 6 图示出的极限应力图中,M 点为工作应力点,应力循环特性 r = 常数,NO 线与横坐标轴间夹角 $\theta = 40°$,则该零件所受的应力类型为__________。

A. 不变号的不对称循环变应力　　B. 变号的不对称循环变应力

C. 对称循环变应力　　D. 脉动循环变应力

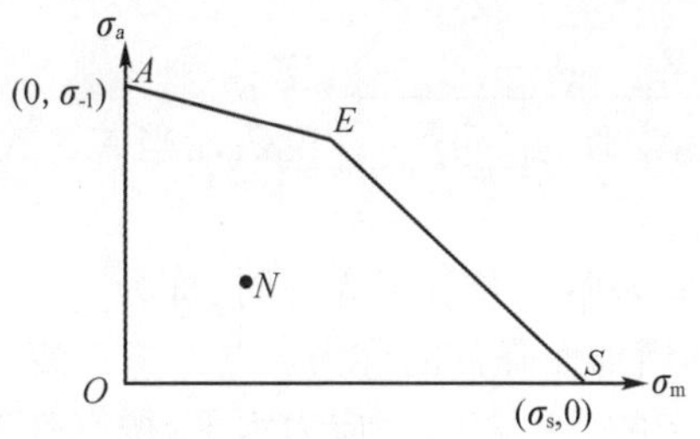

题 5 图

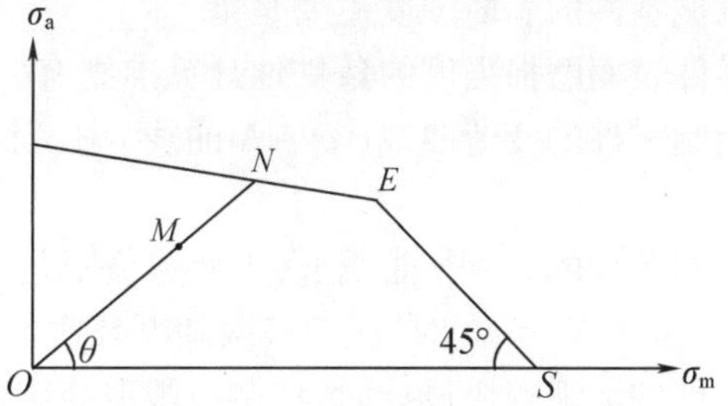

题 6 图

7. 某结构尺寸相同的零件，当采用________材料制造时，其有效应力集中系数最大。

A. HT200　B. 35 号钢　C. 40CrNi　D. 45 号钢

8. 某截面形状一定的零件，当其尺寸增大时，其疲劳极限值将随之________。

A. 增高　B. 降低　C. 不变　D. 规律不定

9. 对于承受简单的拉、压、弯及扭转等体积应力的零件，其相应应力与外载荷成________关系；而对于理论上为线接触的两接触表面处的接触应力与法向外载荷成________关系；对于理论上为点接触的接触应力与法向外载荷成________关系。

A. 线性　B. $\sigma \propto \sqrt[3]{F}$　C. $\sigma \propto \sqrt{F}$　D. $\sigma \propto F^2$

10. 对于循环基数 $N_0 = 10^7$ 的金属材料，下列公式中，________是正确的。

A. $\sigma^m N = C$　B. $\sigma N^m = C$

C. 寿命系数 $k_N = \sqrt[m]{N/N_0}$　D. 寿命系数 $k_N < 1.0$

11. 已知某转轴在弯-扭复合应力状态下工作，其弯曲与扭转作用下的安全系数分别为 $S_\sigma = 6.0$, $S_\tau = 18$，则该转轴的实际安全系数值为________。

A. 12.0　B. 6.0　C. 5.69　D. 18.0

12. 影响零件疲劳强度的综合影响系数 K_σ 与________等因素有关。

A. 零件的应力集中、过载和高温

B. 零件的应力循环特性、应力集中和加载状态

C. 零件的表面状态、绝对尺寸和应力集中

D. 零件的材料、热处理和绝对尺寸

13. 在进行疲劳强度计算时，其极限应力应为材料的________。

A. 屈服极限　B. 疲劳极限　C. 强度极限　D. 弹性极限

14. 由实验可知，零件的有效应力集中、绝对尺寸和表面状态只对其________有影响。

A. 应力幅　B. 平均应力　C. 应力幅和平均应力

2.5.3　填空题

1. 提高机械零件强度的主要措施有________、________及________。（列举三项）

2. 判断机械零件强度的两种方法是________及________；其相应的强度条件式分别为________及________。

3. 在静应力工况下，机械零件的强度失效是________或________。

4. 在变应力工况下，机械零件的强度失效是________；这种损坏的断面包括________及________两部分。

5. 机械零件的表面强度主要是指__________、__________及__________。

6. 零件表面磨损强度的条件性计算准则有__________、__________及__________。

7. 钢制零件的疲劳曲线($\sigma - N$ 曲线)中,当 $N < N_0$ 时为__________区;而当 $N \geqslant N_0$ 时为__________区。

8. 钢制零件的 $\sigma - N$ 曲线上,当疲劳极限几乎与应力循环次数 N 无关时,称为__________循环疲劳;而当 $N < N_0$ 时,疲劳极限随循环次数 N 的增加而降低的称为__________疲劳。

9. 零件按无限寿命设计时,疲劳极限取疲劳曲线上的__________应力水平;按有限寿命设计时,预期达到 N 次循环时的疲劳极限表达式为__________。

10. 在校核轴危险截面处的安全系数时,在该截面处同时有圆角、键槽及配合边缘等应力集中源,此时应采用__________应力集中系数进行计算。

11. 提高表面接触强度的主要措施有__________、__________及__________。(列举三项)

12. 公式 $S = \dfrac{S_\sigma S_\tau}{\sqrt{S_\sigma^2 + S_\tau^2}}$ 表示__________应力状态下__________强度的安全系数,而 $S = \dfrac{\sigma_s}{\sqrt{\sigma_{max}^2 + 4\tau_{max}^2}}$ 表示__________应力状态下的__________强度的安全系数。

13. 影响机械零件疲劳强度的主要因素有__________、__________及__________。(列举三项)

2.5.4 问答简述题

1. 简述疲劳断裂的过程,分析疲劳断裂与静力断裂的不同。

2. 利用极限应力图分析证明,零件按 r 一定方式加载时,其安全系数计算不受应力类型影响,即 $S_a = S_m = S_{max}$。

3. 何谓疲劳损伤积累假说?写出疲劳损伤积累的线性方程。

4. 零件受不稳定变应力作用时,各应力水平值为 σ_i,各 σ_i 下作用的应力循环次数为 N_i,疲劳曲线的指数为 m,循环基数为 N_0,试导出等效循环次数 N_v 的表达式及其寿命系数 k_N 的公式。

5. 试说明等效系数 ψ_σ 的物理意义,并由材料的简化 $\sigma_m - \sigma_a$ 极限应力图说明 ψ_σ 的几何意义。

6. 何谓材料的极限应力图?简化的极限应力图是如何绘制出的?如何根据零件材料的极限应力图绘制零件的极限应力图(许用极限应力图)?其中,综合影响系数 $(K_\sigma)_D$ 对极限平均应力有无影响?寿命系数 k_N 对极限平均应力及屈服极限 σ_s 有无影响?

2.5.5 习题选解分析

习题 2-18 解题要点:

(1)绘制材料的简化疲劳极限应力图。

因材料为塑性材料,故极限应力图用 $\sigma_m - \sigma_a$ 极限应力图表示。确定极限应力图折线 $ABDS$ 上的各点坐标:$A(0,\sigma_{-1})$、$S(\sigma_s,0)$ 及 $B(\sigma_0/2,\sigma_0/2)$,作 AB 直线及自 S 点与横坐标轴成 135° 角的斜线,并相交于 D 点,则 $ABDS$ 折线为极限应力图。

(2)绘制零件的许用极限应力图。

由题意 $K_N=1.0$,对材料的极限应力曲线进行修正。

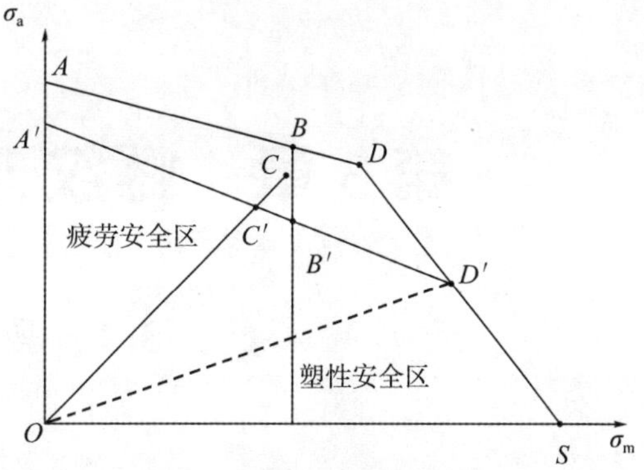

题 2-18 图

A 点对应的 A′ 点的坐标为 $(0, K_N\sigma_{-1}/(K_\sigma)_D)$,式中$\left((K_\sigma)_D=\dfrac{K_\sigma}{\varepsilon_\sigma\beta}\right)$。B 点对应的 B′ 点的坐标为 $B\left(\dfrac{K_N\sigma_0}{2},\dfrac{K_N\sigma_0}{2(K_\sigma)_D}\right)$。对 S 点不必进行修正。连接 $A'B'$ 线与原 SD 线交于 D' 点,则零件的许用极限应力折线图为 $A'B'D'S$。

(3)确定工作应力点 C 的坐标。

$\sigma_{min}=r\sigma_{max}$,计算 $\sigma_a=(\sigma_{max}-\sigma_{min})/2$, $\sigma_m=(\sigma_{max}+\sigma_{min})/2$,所以工作应力点的坐标为 C。

(4)按简单加载情况,过原点 O 作射线 OC 交 $A'B'D'$ 于 C' 点,该点即为极限应力点。

(5)C 点落在疲劳安全区 $OA'D'$ 以外,该零件发生疲劳破坏。

第3章　螺纹连接(含螺旋传动)

3.1　教学内容小结

3.1.1　主要内容

(1)螺纹连接的基本知识——类型、结构形式、传动方式、应用特点。

(2)螺纹连接的预紧和防松。

(3)螺栓组连接的结构设计及受力分析。

(4)单个螺栓连接的强度计算。

(5)提高螺栓连接强度的措施。

(6)滑动螺旋传动的设计计算。

3.1.2　学习要求

(1)熟悉各种螺纹的一般知识和螺纹连接的基本类型——螺栓连接、螺钉连接、双头螺柱连接和紧定螺钉连接等结构(包括结构形式和绘图方法)的特点及其应用场合。

(2)了解松连接和紧连接的概念,螺纹连接的预紧与防松的目的,预紧时扳手力矩的大小,各种防松装置的原理、特点和应用,能够根据不同的情况,选用合适的防松装置。

(3)掌握螺栓组连接的结构设计,学会对螺栓组连接在各种受载状态下的受力分析,确定每个螺栓受力的大小,并找出连接中受力最大的螺栓及其所受的载荷。

(4)根据螺栓的受力情况,能针对其主要失效形式确定螺栓连接的设计准则和强度条件。

(5)重点掌握紧螺栓连接的强度计算,特别是受预紧力 F' 和工作载荷 F 时的校核计算。

(6)在掌握影响螺栓连接强度因素及提高螺栓连接强度的措施的基础上,能对螺栓连接进行合理的结构设计。

(7)了解螺旋传动的类型和结构,熟悉滑动螺旋传动的主要设计过程和设计计算。

3.1.3　主要学习特点

(1)螺纹属于标准件,其设计属于选用性计算。根据被连接件的连接要求和工作情况,确定螺纹连接类型,并完成结构设计。通过工作能力计算确定危险截面直径,并从标准中选用连接件,或根据结构要求先选用连接件,然后校核其强度。有时其受力不大或重要程度较低,则不一定进行校核计算。

(2)内容框图及思路分析(图3.1)。

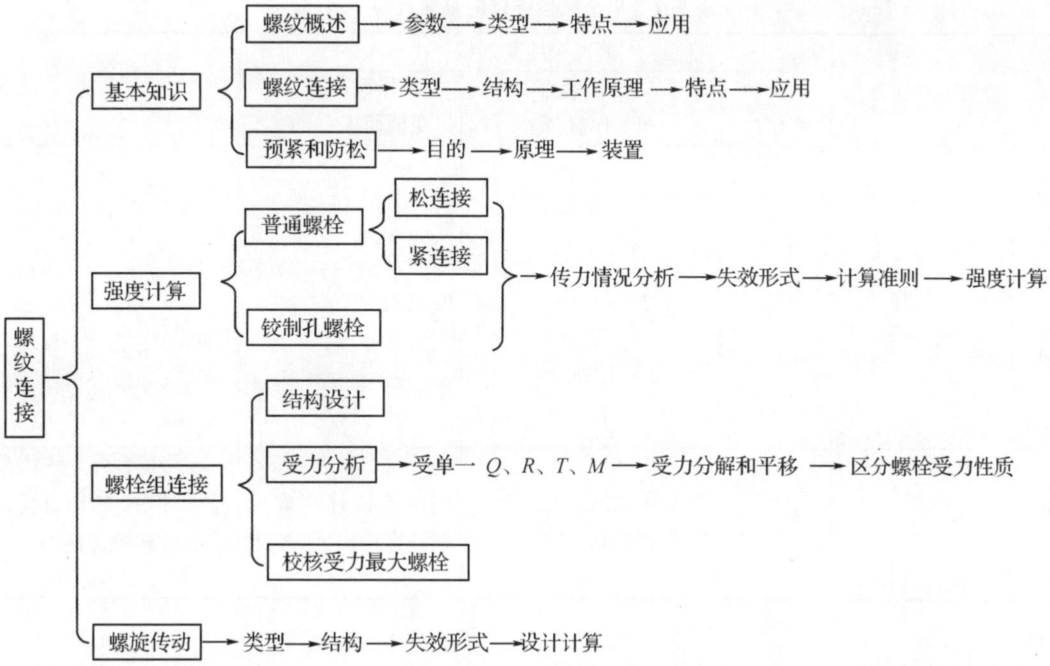

图 3.1　内容框图及思路分析

3.1.4　学习方法指导

(1)螺纹连接基本知识是正确选用和设计螺纹连接的基础,必须搞清楚并掌握,特别是各种连接类型的结构图和传力方式。

(2)螺栓组结构设计应根据被连接件接合面的形状确定螺栓布置方式、螺栓数目,并由被连接件的尺寸确定连接的结构形式,做到使螺栓组连接受力合理,利于加工和装配。

(3)螺栓组连接受力分析是由螺栓组的结构和所受的外载荷分析螺栓组内各个螺栓的受载情况,找出其中受力最大的螺栓,并确定其受力的大小和方向。这是解决一般螺栓组受力分析的基础。

(4)紧螺栓连接在同时承受预紧力 F' 和工作载荷 F 时,要计算或按结构要求确定剩余预紧力 F'',并求解总载荷 F_0,然后校核或计算危险截面直径。当工作载荷 F 为变载荷时,则同时要按应力幅校核计算之。

3.2　重点、难点和考点

3.2.1　重点与难点分析

1. 螺栓连接强度计算

单个螺栓连接的强度计算见表 3.1。

表 3.1 单个螺栓连接的强度计算

形式	普通螺栓松连接	普通螺栓紧连接			铰制孔螺栓受剪切力 F_s
		仅受预紧力 F'	同时受预紧力 F' 和工作载荷 F	工作载荷 F 为变载荷 $F_1 \sim F_2$	
强度计算准则	$\sigma = \dfrac{4\times F}{\pi d_c^2} \leqslant [\sigma]$	$\sigma = \dfrac{4\times 1.3F}{\pi d_c^2} \leqslant [\sigma]$	$F_0 = F' + \dfrac{C_1}{C_1+C_2}\cdot F$ $(F_0 = F + F'')$ $F'' = F' - \dfrac{C_2}{C_1+C_2}\cdot F$ $\sigma = \dfrac{4\times 1.3F_0}{\pi d_c^2} \leqslant [\sigma]$	$\sigma = \dfrac{4\times 1.3F_0}{\pi d_c^2} \leqslant [\sigma]$ $\sigma_a = \dfrac{F_a}{A} = \dfrac{2(F_2-F_1)}{\pi d_c^2}\cdot \dfrac{C_1}{C_1+C_2} \leqslant [\sigma_a]$	$\tau = \dfrac{4F_s}{\pi d_0^2 m} \leqslant [\tau]$ $\sigma_p = \dfrac{F_s}{d_0 h} \leqslant [\sigma_p]$
备注	F 为螺栓轴向载荷；d_c 为危险截面直径	$[\sigma]$ 为螺栓许用拉应力	F'' 为剩余预紧力；F_0 为螺栓总拉力	σ_a 为应力幅，σ、σ_a 同时校核计算或分别计算得出 d_c，取大的一个	m 为接合面个数；d_0 为螺栓抗剪面直径；h 为螺栓连接中有效接触高度

2. 螺栓组连接受力分析

螺栓组连接受力的基本形式为轴向载荷 Q、横向载荷 R、旋转力矩 T、翻转力矩 M。实际受力经分解后一般为几种基本形式的组合。其力的分析计算见表 3.2。

表 3.2 螺栓组连接受力分析计算

类型	轴向载荷 Q	横向载荷 R		旋转力矩 T		翻转力矩 M
		普通螺栓	铰制孔螺栓	普通螺栓	铰制孔螺栓	
所受最大力	$F = \dfrac{Q}{z}$	$F = \dfrac{K_f R}{\mu_s m z}$	$F_s = \dfrac{R}{z}$	$F = \dfrac{K_f T}{\mu_s \sum r_i}$	$F_s = \dfrac{T r_{max}}{\sum r_i^2}$	$F = \dfrac{T r_{max}}{\sum r_i^2}$
备注	z 为螺栓个数	μ_s 为摩擦系数；m 为接合面个数；K_f 为摩擦传力可靠系数	接合面个数未考虑	r_i 为各螺栓到旋转中心距离	r_{max} 为距离最大值，此螺栓受力最大	r_i 为螺栓到翻转轴线的距离

3. 受预紧力和工作载荷同时作用的紧螺栓连接

受预紧力和轴向工作载荷的紧螺栓连接螺栓总拉力 F_0 的确定。这种连接螺栓既受预紧力，又受轴向工作载荷，故对这类连接的要求是：①螺栓应具有足够的强度；②螺栓连接一定要预紧，且在工作载荷作用下，被连接接合面不应出现间隙，保证连接的紧密性。在进行分析时，由于螺栓与被连接件均有弹性，故属弹性体组合受力分析问题，必须涉及零件的刚度和变形。连接所受外载荷将按螺栓和被连接件的刚度在两者之间进行分配。故学习时应从分析螺栓及被连接件的受力和变形关系入手，深入了解并熟练绘制螺栓与被连接件的受力与变形关系图，从而建立“螺栓总拉力=螺栓所受工作载荷+被连接件给螺栓的剩余预紧力”这一概念，并从力-变形图中直观地得出 F_0、F'和 F''、F 的关系式。

根据螺栓受力变形图及其描述变量关系,可分析如表 3.3。

表 3.3　螺栓受力变形的描述变量关系

零　件		受预紧力 F'	加工作载荷 F	变化量
螺栓(C_1)	力	拉力 F'	总拉力 F_0	$F_0 - F'$(增加)
	变形量	拉伸 δ_1	拉伸 $\delta_1 + \Delta\delta_1$	$\Delta\delta_1$(伸长量增加)
被连接件(C_2)	力	压力 F'	剩余预紧力 F''	$F' - F''$(减少)
	变形量	压缩 δ_2	压缩 $\delta_2 - \Delta\delta_2$	$\Delta\delta_2$(压缩量减少)

根据力平衡:
$$F_0 = F + F''$$

变形协调条件:
$$\Delta\delta_1 = \Delta\delta_2 = \frac{F_0 - F'}{C_1} = \frac{F' - F''}{C_2}$$

联立可求解得到:
$$\begin{cases} F'' = F' - \dfrac{C_2}{C_1 + C_2}F \\ F_0 = F' + \dfrac{C_1}{C_1 + C_2}F \end{cases}$$

4. 紧螺栓连接强度公式的理解和应用

关于紧螺栓连接强度计算公式中系数 1.3 的物理意义。紧螺栓连接时,要拧紧螺母,在螺纹力矩 T_1 作用下,螺纹部分产生扭转剪应力,使螺栓处于拉伸和扭转的复合应力作用下。对于 M10～M68 的螺栓而言, $\tau \approx 0.5\sigma$,由于螺栓材料是塑性的,可按第四强度理论求出螺栓在预紧状态下计算应力为 $\sigma_{ca} = \sqrt{\sigma^2 + 3\tau^2} \approx 1.3\sigma$,故其强度条件式为 $\sigma_{ca} = \dfrac{1.3 \times 4F}{\pi d_1^2} \leqslant [\sigma]$。此条件式说明紧螺栓连接在拧紧时,虽然同时承受拉、扭联合作用,但计算时仍可按纯拉伸问题来处理,只需将拉力增加 30%来考虑扭转的影响。

对于受轴向工作载荷的紧螺栓连接,由于加上轴向载荷后,螺栓中的拉力从预紧力 F'增大到 F_0,螺栓强度条件式为 $\sigma_{ca} = \dfrac{1.3 \times 4F_0}{\pi d_1^2} \leqslant [\sigma]$,式中仍有系数 1.3。从理论上讲偏于安全,因为扭转剪应力是由预紧力 F'引起的,轴向工作载荷不会引起扭转剪应力。而公式中则表示由 F_0 引起,即把剪应力 τ 的影响估计偏大。但由于工作中会出现松动,使 F'减小,有时需要在受最大载荷 F_0 情况下补充拧紧,故强度条件式中仍应有 1.3 的系数。

螺栓的许用应力$[\sigma]$。$[\sigma] = \sigma_s / S$,S 为安全系数,按有关资料手册查表进行计算,当不控制预紧力时,安全系数 S 随螺纹直径增大而减小,这是因为尺寸小的螺栓在拧紧时容易产生过载,故采用加大安全系数方法来弥补可能产生的过载。由于开始设计时尚未知螺栓直径 d 的大小,S 难以查表选用。一般可用试算法。即先估计所用螺栓直径 d',用 d'查 S 值来计算$[\sigma]$,从而定出螺栓直径 d。当 d 与原假设 d'相差较大时,必须重新假定 d',再计算,直至所得 d 值与假定的 d'相接近为止。

5. 螺旋传动

注意区分螺旋传动与螺纹连接在强度计算方面的差别。螺旋传动常在负荷作用下相对运动,工件易磨损,故须进行耐磨性计算。螺杆大都是一根细长的杆件,当受轴向压力时,易产生侧弯现象，故须校核其稳定性。另外，在某些情况下，螺纹可能产生折断现象，故须校核牙根部的强度。而连接螺纹因为不常做相对运动，不承受轴向压力，且螺母为标准高度，故不存在上述问题。

一般情况下：螺旋传动也按其内径计算当量应力，但它却不能引用 $\sigma_{ca} \approx 1.3\sigma$ 的关系。因为其力矩较三角形螺纹力矩小，由此引起的扭剪应力 τ 不再与拉应力 σ 保持 $\tau \approx 0.5\sigma$ 的关系，必须在分别计算出 σ 和 τ 后，应用第四强度理论求当量应力 σ_{ca}。

3.2.2 考点分析

1. 螺纹连接的基本知识(螺纹、螺纹连接类型、预紧和防松等)会以基本题方式出现。
2. 以压力容器连接螺栓的设计为主要紧螺栓连接计算类型之一，考核受力分析和强度计算。
3. 受横向载荷 R 或旋转扭矩 T 为螺栓连接分受拉(普通螺栓)和受剪(铰制孔螺栓)进行计算的主要类型。
4. 螺栓组连接方式的设计考核，螺栓组受力分析和单个螺栓的强度计算。
5. 螺栓连接表达改错，考核螺栓连接结构、工作原理及工程图表达能力。

3.3 例题精选与解题指导

3.3.1 解题指导

1. 设计内容

在机械结构中，螺纹连接通常成组使用。设计时，需要解决的主要问题是：

(1)根据被连接件的结构形状和尺寸，选择连接的类型和螺纹连接零件的结构形式。

(2)根据连接的用途和被连接件的有关尺寸，进行合理的布局并确定螺栓的数目。

(3)分析连接的受载情况，找出螺栓组中受载最大的螺栓以及其所受的载荷。

(4)根据螺栓的强度条件确定受载最大螺栓的直径尺寸，并按标准圆整，其他螺栓也取同样直径。

(5)根据被连接件的厚度尺寸，按国家标准确定所需螺栓的长度及其他螺纹连接零件的尺寸。

螺纹连接的设计计算或校核计算，主要解决第(3)(4)两个问题。即一般已知条件为：螺纹连接的类型；螺栓组的布置方式及数目；螺纹连接所受的载荷类型、大小、方向及性质；螺栓的材料及强度级别(若没有给出时，可自行选定)。要求确定螺栓的公称直径或校核其强度。

2. 解题主要步骤

(1)根据连接的受载情况确定螺栓组中受载最大的螺栓及其所受的载荷：

①若是联合载荷，则应首先将各种载荷分解平移，变成对螺栓组对称中心的几种典型受载情况，即轴向拉伸、横向剪切、扭矩或翻转力矩。

②根据连接螺栓的类型(普通螺栓还是铰制孔螺栓)，按各有关典型受载情况的公式，求出此时受载最大螺栓的工作载荷分量(拉伸或是剪切)。

③将螺栓所受的相同类型的工作载荷分量合成，即为计算时所取的工作载荷。

(2)若是采用普通螺栓连接时,则需根据连接的可靠性工作条件(连接的紧密性要求,结合面不滑移,结合面不压坏,结合面不出现间隙等条件)确定螺栓所需的预紧力或剩余预紧力,并结合工作载荷求出螺栓所受的总拉力。

(3)对控制预紧力的普通螺栓和铰制孔螺栓,在校核强度时,许用应力可直接查取和确定。但对不控制预紧力的连接,因许用安全系数与螺栓的直径有关,而直径为未知量,所以在设计时,应采用试凑法。

(4)按设计准则和强度条件校核螺栓的强度或求出螺栓危险截面的直径。

(5)若螺栓受轴向变载荷,则按许用应力幅校核疲劳强度或求出螺栓危险截面直径。

(6)设计计算时,从两个危险截面直径中取大的一个,根据标准查取该螺栓的标准公称直径。

3.3.2　范例

例3-1　如图3.2所示汽缸盖螺栓连接,已知汽缸中介质的最大压强为 $p=1.6\ \text{N/mm}^2$, $D=260$ mm, $D_0=356$ mm,凸缘与垫片厚度之和为50 mm。为保证气密性要求,剩余预紧力 $F''=1.6F$,螺栓间距不得大于120 mm。试选择螺栓材料,并确定螺栓的数目和尺寸。

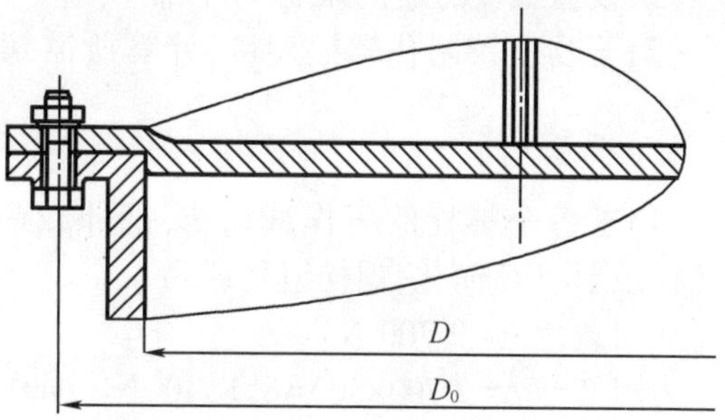

图3.2　汽缸盖螺栓连接

解题过程及要点:

(1)确定螺栓数目 n

取螺栓间距 $t=100$ mm,则 $n=\dfrac{\pi D_0}{t}=\dfrac{\pi\times 356}{100}=11.8$,取 $n=12$。

(2)选择螺栓材料

初定螺栓材料为35钢,4.8级, $\sigma_s=320$ MPa。

(3)计算螺栓载荷

①汽缸盖最大载荷:

$$F_{max}=\frac{\pi D^2}{4}P=\frac{\pi\times 260^2}{4}\times 1.6=84\ 949\ \text{N}$$

②螺栓工作载荷:

$$F=\frac{F_{max}}{n}=\frac{84\ 949}{12}=7\ 079\ \text{N}$$

③剩余预紧力:

$$F''=1.6F=1.6\times 7\ 079=11\ 326\ \text{N}$$

④螺栓轴向总载荷:

$$F_0=F+F''=7\ 079+11\ 326=18\ 405\ \text{N}$$

(4)计算螺栓尺寸

估计螺栓尺寸为M16 ~ M30,安全系数 $[S_s]$ 取3。

许用应力:

$$[\sigma]=\frac{\sigma_s}{[S_s]}=\frac{320}{3}=106\ \text{N/mm}^2$$

螺栓直径：

$$d_1 \geqslant \sqrt{\frac{4\times1.3F_0}{\pi[\sigma]}}=\sqrt{\frac{4\times1.3\times18\ 405}{\pi\times106}}=19.96\ \text{mm}$$

由手册可知，M24 螺纹的小径 $d_1=20.752$ mm，符合强度要求，又已知被连接件总厚度为 50 mm，故螺栓尺寸可定为 M24×70。

例 3-2　一矩形钢板用 2 个 M24 的普通螺栓连接到机架上，各尺寸如图 3.3 所示。已知作用于板的载荷 $P=2\ 700$ N，板和螺栓材料均为 Q235，板与机架间的摩擦系数 $f=0.2$，可靠性系数 $K=1.1$。试求：

(1)校核螺栓的连接强度(不控制预紧力)；

(2)若改用铰制孔螺栓连接，计算所需螺栓的直径。

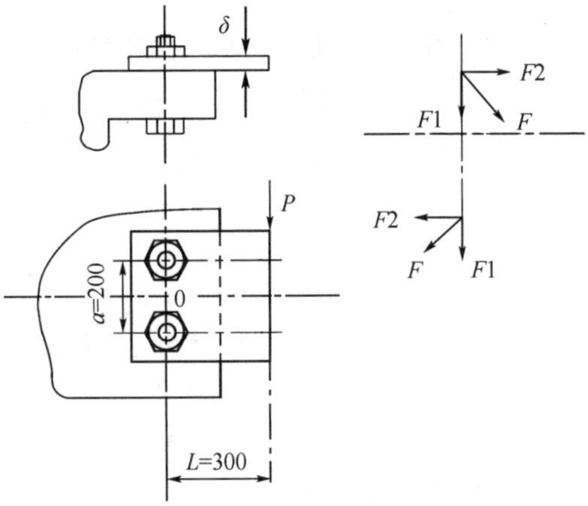

图 3.3　矩形钢板用普通螺栓连接到机架上的尺寸

解题过程及要点：

(1)求每个螺栓的工作载荷 F，把外载荷 P 向螺栓组形心 O 简化，螺栓组受载为

横向载荷 $P=2\ 700$ N

力矩 $T=PL=2\ 700\times300=8.1\times10^5\ \text{N}\cdot\text{mm}$

则每个螺栓受力为

$$F_1=\frac{P}{2}=\frac{2\ 700}{2}=1\ 350\ \text{N}$$

$$F_2=\frac{T}{a}=\frac{8.1\times10^5}{200}=4\ 050\ \text{N}$$

$$F=\sqrt{F_1^2+F_2^2}=\sqrt{1\ 350^2+4\ 050^2}=4\ 269\ \text{N}$$

(2)校核螺栓的连接强度：

①计算预紧力 F'

为使在力 F 的作用下板和机架无相对移动，螺栓需要受预紧力

$$F'=\frac{KF}{fm}=\frac{1.1\times4\ 269}{0.2\times1}=23\ 480\ \text{N}$$

②校核连接强度

Q235 钢，4.6 级，$\sigma_s=240\ \text{N/mm}^2$，M24 螺栓不控制预紧力的安全系数 $[S_s]$ 取 3，许用应力 $[\sigma]=\frac{\sigma_s}{[S_s]}=\frac{240}{3}=80\ \text{N/mm}^2$，由手册可知，M24 螺纹的小径 $d_1=20.752$ mm。按强度条件

$$\sigma=\frac{4\times1.3F'}{\pi d_1^2}=\frac{4\times1.3\times23\ 480}{\pi\times20.752^2}=90.2\ \text{N/mm}^2>[\sigma]$$

由此可知，M24 螺栓不满足强度要求，应加大直径为 M30。

(3)计算铰制孔螺栓的直径尺寸：

螺栓受剪切的安全系数 $[S_s]$ 取 2.5，受挤压的安全系数 $[S_P]$ 取 1.25，许用应力 $[\tau]=\frac{\sigma_s}{[S_s]}=\frac{240}{2.5}=96\ \text{N/mm}^2$，$[\sigma_P]=\frac{\sigma_s}{[S_P]}=\frac{240}{1.25}=192\ \text{N/mm}^2$。按剪切强度条件

$$d_0\geqslant\sqrt{\frac{4F}{\pi[\tau]}}=\sqrt{\frac{4\times4\ 269}{\pi\times96}}=7.52\ \text{mm}$$

取小六角头铰制孔螺栓,公称直径 $d=8$ mm(M8),螺栓杆抗剪面直径 $d_0=9$ mm。

校核挤压强度,取挤压面长度 $\delta=12$ mm,故

$$\frac{F}{d_0\delta}=\frac{4\ 269}{9\times12}=40\ \text{N/mm}^2<[\sigma_P]$$

由此可知,M8 的铰制孔螺栓适合。

例 3-3　起重卷筒与大齿轮用 8 个普通螺栓连接在一起,如图 3.4 所示。已知卷筒直径 $D=400$ mm,螺栓分布圆直径 $D_o=500$ mm,接合面间摩擦系数 $f=0.12$,可靠性系数 $K_s=1.2$,起重钢索拉力 $Q=5\ 000$ N,螺栓材料的许用拉伸应力 $[\sigma]=100$ MPa。试设计该螺栓组的螺栓直径。

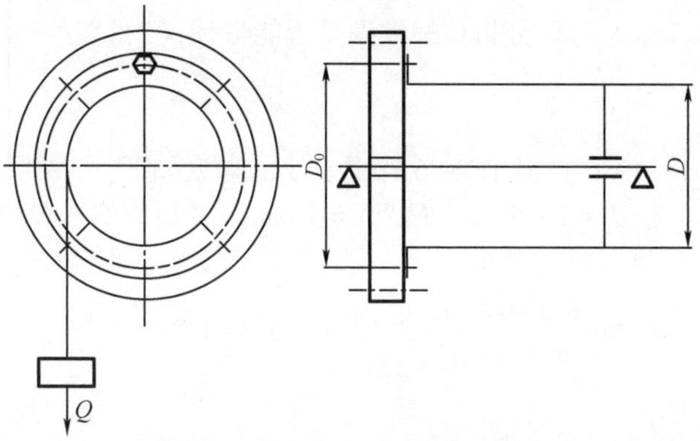

图 3.4　起重卷筒与大齿轮连接结构

解题分析:本题是典型的仅受旋转力矩作用的螺栓组连接。由于本题采用的是普通螺栓连接,是靠接合面间的摩擦力矩来平衡外载荷——旋转力矩,因此本题的关键是计算出螺栓所需要的预紧力 F'。而本题中的螺栓仅受预紧力 F' 作用,故可按预紧力 F' 来确定螺栓的直径。

解题过程及要点:

(1)计算旋转力矩 T

$$T=Q\cdot\frac{D}{2}=50\ 000\times\frac{400}{2}=10^7\ \text{N}\cdot\text{mm}$$

(2)计算螺栓所需要的预紧力 F'

由

$$zfF'\cdot\frac{D_0}{2}=K_sT$$

得

$$F'=\frac{2K_sT}{zfD_0}$$

将已知数值代入上式,可得

$$F'=\frac{2K_sT}{zfD_0}=\frac{2\times1.2\times10^7}{8\times0.12\times500}=50\ 000\ \text{N}$$

(3)确定螺栓直径

$$d_1\geqslant\sqrt{\frac{4\times1.3F'}{\pi[\sigma]}}=\sqrt{\frac{4\times1.3\times50\ 000}{\pi\times100}}=28.768\ \text{mm}$$

查 GB 196—1981,取 M36($d_1=31.670$ mm>28.768 mm)。

[讨论]:(1)此题也可改为校核计算题,已知螺栓直径,校核其强度。其解题步骤仍然是需先求 F',然后验算 $\sigma_{ca}=\dfrac{1.3F'}{\pi d_1^2/4}\leqslant[\sigma]$。

(2)此题也可改为计算起重钢索拉力 Q。已知螺栓直径,计算该螺栓所能承受的预紧力 F',然后按接合面间摩擦力矩与作用于螺栓组连接上的旋转力矩相平衡的条件,求出拉力 Q,即由

$$zfF'\cdot\frac{D_0}{2}=K_sQ\cdot\frac{D}{2}$$

得

$$Q=\frac{zfF'D_0}{K_sD}$$

例 3-4 图 3.5 所示弓形夹钳用 Tr28×5 螺杆夹紧工件,已知压力 F=40 000 N,螺杆末端直径 d_o=20 mm,螺纹副和螺杆末端与工件间摩擦系数 f=0.15。(1)试分析该螺纹副是否能自锁;(2)试计算拧紧力矩 T。

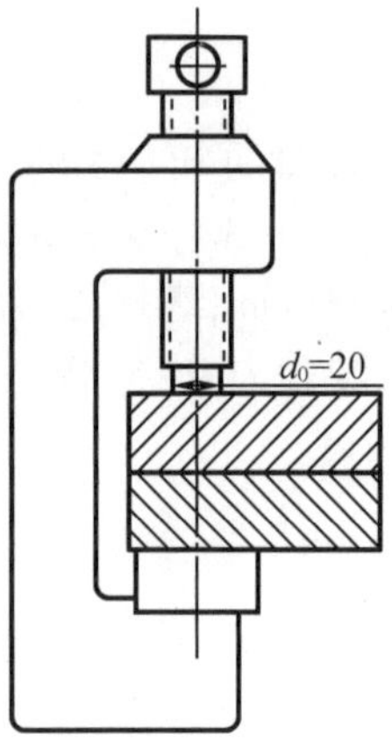

图 3.5 弓形夹钳

解题过程及要点:

(1)由 GB 5796.1—1986 查得 Tr28×5 梯形螺纹的参数如下:

大径 d=28 mm;中径 d_2=25.5 mm;螺距 p=5 mm。又知该螺纹为单线,即线数 n=1,所以螺旋升角

$$\lambda=\arctan\frac{np}{\pi d_2}=\arctan\frac{1\times 5}{\pi\times 25.5}=3.571^\circ=3^\circ34'17''$$

而当量摩擦角

$$\rho_v=\arctan f_v=\arctan\frac{f}{\cos\beta}$$

已知 f=0.15,$\beta=\alpha/2=15^\circ$,所以得

$$\rho_v=\arctan\frac{0.15}{\cos15^\circ}=8.827^\circ=8^\circ49'37''$$

显然 $\lambda<\rho_v$,故该螺纹副能自锁。

(2)因为拧紧螺杆既要克服螺纹副间的摩擦力矩 T_1,又要克服螺杆末端与工件间的摩擦力矩 T_2,故拧紧力矩 $T=T_1+T_2$。$T_1=F\tan(\lambda+\rho_v)\frac{d_2}{2}=40\ 000\times\tan(3.571^\circ+8.827^\circ)\times\frac{25.5}{2}=$ 112 112 N·mm。

螺杆末端与工件间的摩擦相当于止推轴颈的摩擦,其摩擦力矩

$$T_2=\frac{1}{3}fFd_0=\frac{1}{3}\times 0.15\times 40\ 000\times 20=40\ 000\ \text{N}\cdot\text{mm}$$

故得

$$T=T_1+T_2=112\ 112+40\ 000=152\ 112\ \text{N}\cdot\text{mm}$$

3.4 思考题与习题

3.4.1 复习思考题

3-1 螺纹主要参数有哪些?螺距与导程有什么关系?

3-2 螺纹是依据什么进行选择的?举出实例。

3-3 在实际应用中,绝大多数螺纹连接都要预紧,预紧的目的何在?

3-4 拧紧螺母时,拧紧力矩要克服何处的摩擦阻力矩,这时螺栓和被连接件各受到什么载荷?

3-5　螺纹连接松脱的原因是什么？试按三类防松原理举例说明螺纹连接的各种防松措施。

3-6　螺栓组连接的结构设计一般应考虑哪些方面的问题？

3-7　螺栓组连接承受的载荷与螺栓组内螺栓所受的力之间有什么关系？若螺栓组受横向载荷，螺栓是否就一定受剪切？

3-8　对于常用的普通螺栓，预紧后螺栓受拉伸和扭转的复合应力，但是为什么在计算时只要把轴向拉力增大30%就可以按纯拉伸应力设计螺栓的强度？

3-9　对于受轴向载荷的紧螺栓连接，若考虑螺栓和被连接件刚度的影响，螺栓受到的总拉力是否等于预紧力和工作拉力之和，为什么？

3-10　常用的提高螺栓连接强度的措施有哪些？

3-11　对于受变载荷的螺栓，可以采取哪些措施来减小螺栓的应力幅？

3-12　螺栓中的附加应力是怎样产生的？为避免螺栓的附加应力，应从结构或工艺上采取哪些措施？

3-13　滑动螺旋的失效形式有哪些，怎样进行针对性的设计？

3.4.2　习题

3-14　螺栓组连接的三种方案如图所示，已知 $L=300$ mm，$a=60$ mm，试求螺栓组三个方案中受力最大螺栓的剪力各为多少，哪个方案较好？

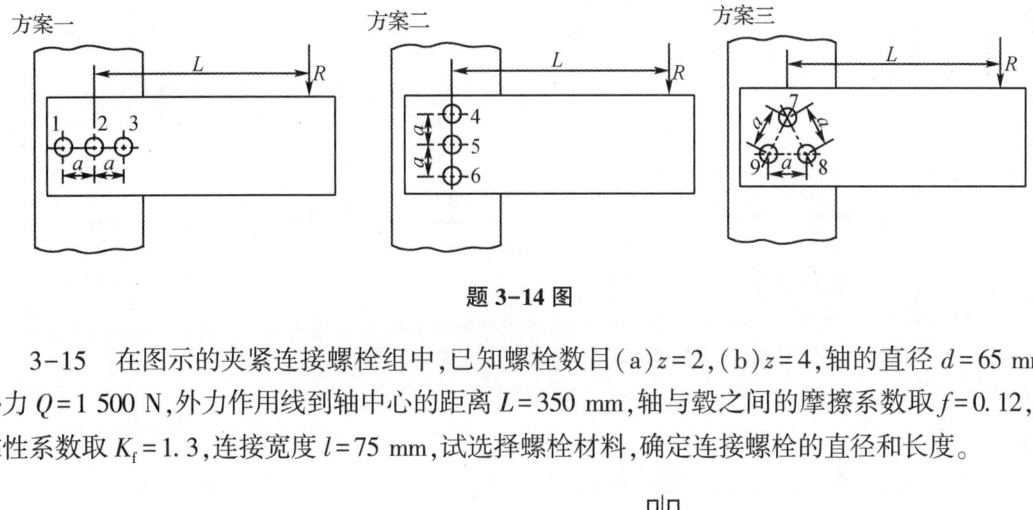

题 3-14 图

3-15　在图示的夹紧连接螺栓组中，已知螺栓数目(a)$z=2$，(b)$z=4$，轴的直径 $d=65$ mm，外力 $Q=1\ 500$ N，外力作用线到轴中心的距离 $L=350$ mm，轴与毂之间的摩擦系数取 $f=0.12$，可靠性系数取 $K_f=1.3$，连接宽度 $l=75$ mm，试选择螺栓材料，确定连接螺栓的直径和长度。

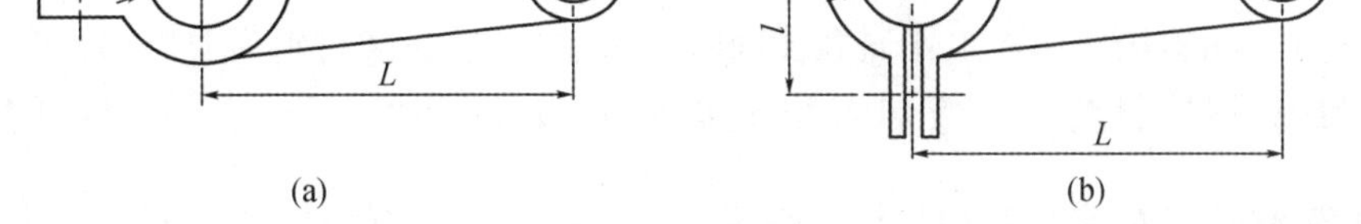

题 3-15 图

3-16　用螺栓将缸盖与缸体连接起来，连接螺栓数目 $z=12$，汽缸内径 $D=280$ mm，气体压力 p 在 0~2.6 MPa 之间变化，要求剩余预紧力为螺栓工作载荷的 1.6 倍。螺栓性能等级为 6.8 级。试按静强度和应力幅确定螺栓直径。

3-17　画出题 3-16 在 $P=0$ 和 $P=2.6$ MPa 两种情况下，单个螺栓和被连接件的受力-变形图，设螺栓刚度 $C_1=0.4\times10^6$ N/mm，自己选择适当的比例尺，并与题 3-16 计算结果比较。

3-18　有一横梁由两段钢板用两个普通螺栓连接而成，尺寸如下图，螺栓直径为 M16，性能级别 8.8 级，板间摩擦系数 $\mu=0.12$，求此梁能承受的最大载荷 F（不计钢板质量）。

3-19　已知条件同上，但改用铰制孔用螺栓 M16，求最大载荷 F。计算时取铰制孔螺栓有效工作长度 30 mm。

3-20　一刚性联轴器，结构尺寸如图所示，用 6 个 M10 的铰制孔用螺栓（GB 27—1988）连接。螺栓材料为 45 钢，6.8 级。试计算该连接允许传递的最大转矩。若传递的最大转矩不变，改用普通螺栓连接，试求螺栓直径，并确定其公称长度，写出螺栓标记（两个半联轴器间的摩擦系数 $\mu=0.16$）。

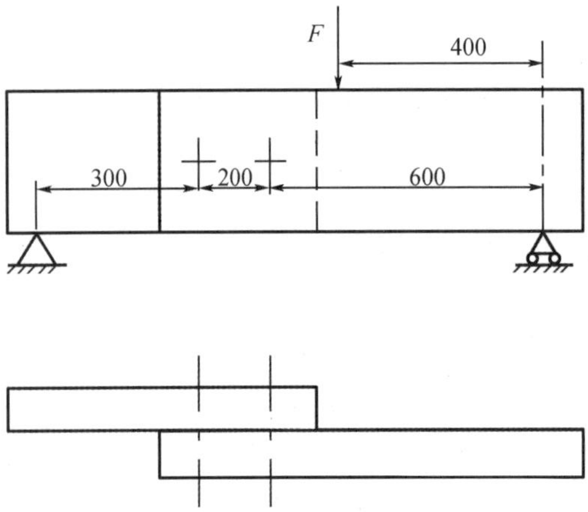

题 3-18 图

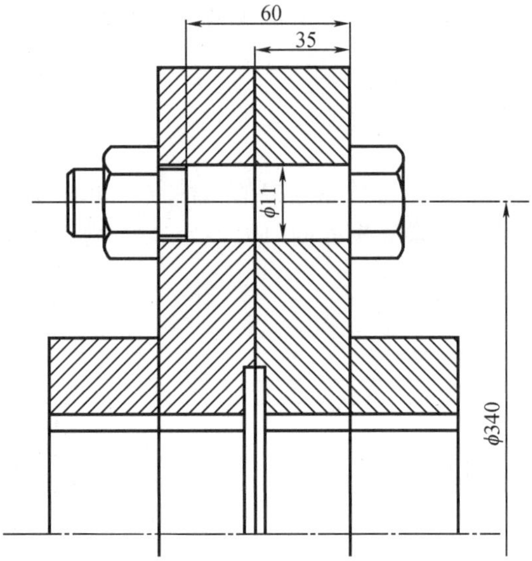

题 3-20 图

3-21　如图所示，用两个 M10 的螺钉固定一牵曳钩，螺钉材料为 Q235（原 A3）钢，4.6 级，装配时控制预紧力，接合面摩擦系数 $\mu=0.15$，求其允许的引力。

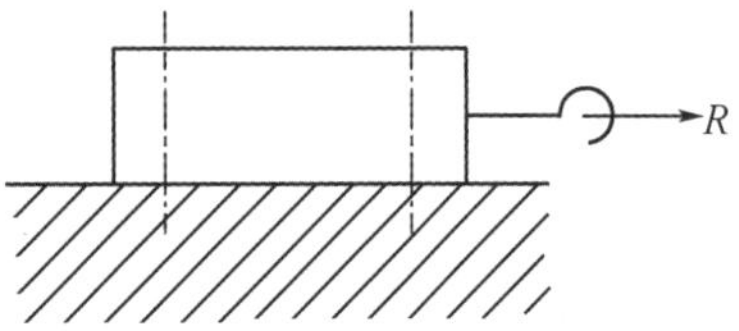

题 3-21 图

3-22　某一受轴向变载荷的紧螺栓连接，已知其预紧力 $F'=18\,000$ N，所受轴向工作载荷 F 为脉动变化的载荷（$F=16\,000$ N）。试按比例完成该螺栓连接的力-变形图；计算并在图中标出螺栓所受的最大总拉力 F_0 和剩余预紧力 F''。

3-23　有一轴承托架用 4 个普通螺栓固联于钢立柱上，托架材料为 HT150，许用挤压应力 $[\sigma]_P=60$ MPa，螺栓材料强度级别为 6.6 级，许用安全系数 $[S]=3$，接合面间摩擦系数 $f=0.15$，可靠性系数 $K_f=1.2$，螺栓相对刚度 $\dfrac{C_1}{C_1+C_2}=0.2$，载荷 $P=6\,000$ N，尺寸如图所示。试设计此螺栓组连接。

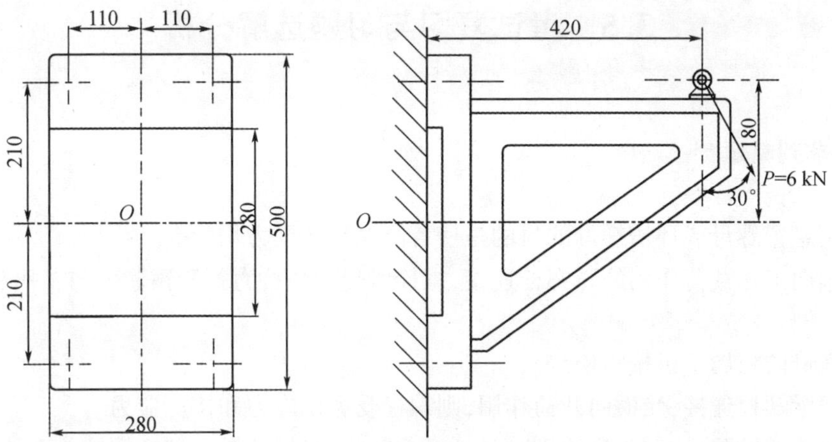

题 3-23 图

3-24　设计螺旋起重器并绘制装配图,已知起重量 $F = 40$ kN,最大工作行程 $l_1 = 180$ mm,要求:

(1)选择螺杆材料,设计螺栓尺寸;

(2)选择螺母材料,设计计算螺母各部分尺寸;

(3)计算手柄的截面尺寸和长度;

(4)计算螺旋起重器的传动效率 η;

(5)确定托杯、底座等结构及尺寸。

(6)绘制螺旋起重器的装配图,应标注有关尺寸,填写标题栏及零件明细表。

3-25　试找出图中螺纹连接结构的错误,并就图改正。已知被连接件材料均是 Q235(原 A3 钢),标准连接件(螺栓、螺母、垫圈)尺寸可查手册。

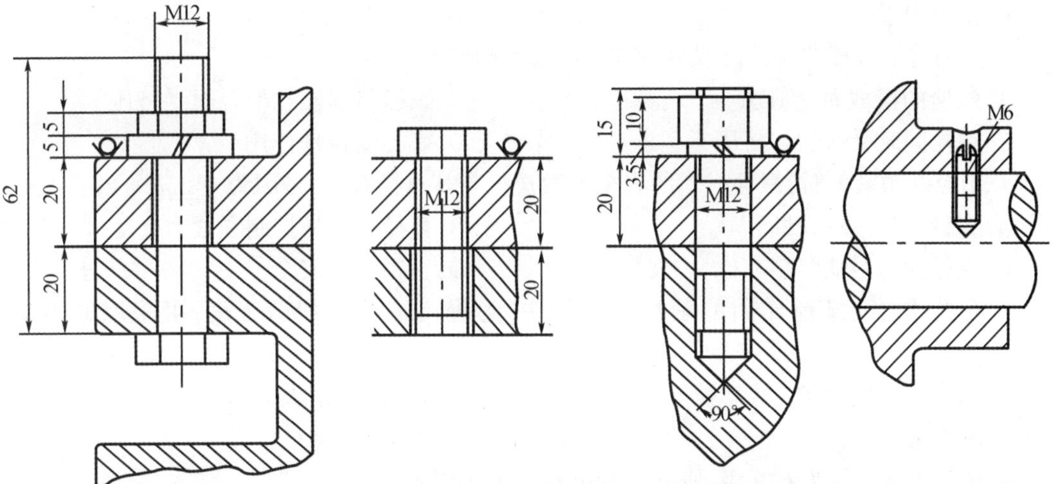

(a)普通螺栓连接　(b)螺钉连接　(c)双头螺柱连接　(d)紧定螺钉连接

题 3-25 图

3.5 考试复习与习题选解分析

3.5.1 是非判断题

1. 采用悬置螺母或环槽螺母的目的是使各圈螺纹牙受力均匀。 ( )
2. 受轴向工作载荷作用的紧螺栓连接,螺栓所受的总拉力等于预紧力与工作载荷之和。 ( )
3. 双螺母防松属于机械防松。 ( )
4. 普通紧螺栓连接,受横向载荷作用,则螺栓受剪切应力和挤压应力。 ( )
5. 螺纹连接的防松,按防松原理可分为摩擦防松、机械防松和破坏螺纹关系的防松。 ( )
6. 常用于传动的螺纹有:三角螺纹、矩形螺纹、梯形螺纹等。 ( )
7. 梯形螺纹的牙形角 $\alpha=30°$,适用于传动。 ( )
8. 螺纹连接的拧紧力矩等于螺纹副之间的摩擦力矩。 ( )

3.5.2 单项选择题

1. 用于薄壁零件连接的螺纹,应采用__________。

A. 三角形细牙螺纹　　B. 梯形螺纹

C. 锯齿形螺纹　　D. 多线的三角形粗牙螺纹

2. 紧螺栓连接在拉伸强度计算时,应将拉伸载荷增加到原来的 1.3 倍,这是考虑________的影响。

A. 螺纹的应力集中　　B. 扭转切应力作用

C. 安全因素　　D. 载荷变化与冲击

3. 采用普通螺栓连接的凸缘联轴器,在传递转矩时,________。

A. 螺栓的横截面受剪切　　B. 螺栓与螺栓孔配合面受挤压

C. 螺栓同时受剪切与挤压　　D. 螺栓受拉伸作用

4. 不控制预紧力时,螺栓材料的安全系数选择与其直径有关,是因为________。

A. 直径小易过载拉断　　B. 直径小不易控制预紧力

C. 直径大材料缺陷多　　D. 直径大则安全

5. 在受轴向变载荷作用的紧螺栓连接中,为提高螺栓的疲劳强度,可采取的措施是________。

A. 增大螺栓刚度 C_1,减小被连接件刚度 C_2　　B. 减小 C_1,增大 C_2

C. 增大 C_1 和 C_2　　D. 减小 C_1 和 C_2

6. 螺栓强度等级为 6.8 级,则该螺栓材料的最小屈服极限近似为________。

A. 480 MPa　　B. 48 MPa

C. 680 MPa　　D. 600 MPa

7. 在同一螺栓组中,螺栓的材料、直径和长度均应相同,这是为了________。

A. 受力均匀　B. 减少零件规格,便于装配

C. 外形美观　D. 降低成本

8. 被连接件上螺母或螺栓头支承处常做成凸台或沉头座,其目的是________。

A. 避免螺栓受附加弯曲应力作用　B. 便于安装

C. 为安装防松装置　D. 为避免螺栓受拉力过大

9. 对于受轴向变载荷作用的紧螺栓连接,若轴向工作载荷 F 在 0~1 000 N 之间循环变化,则该连接螺栓所受拉应力的类型为________。

A. 非对称循环变应力　B. 脉动循环变应力

C. 对称循环变应力　D. 非稳定循环变应力

10. 用于连接的螺纹牙型为三角形,这是因为三角形螺纹________。

A. 牙根强度高,自锁性能好　B. 传动效率高

C. 防震性能好　D. 自锁性能差

11. 当铰制孔用螺栓组连接承受横向载荷或旋转力矩时,该螺栓组中的螺栓________。

A. 必受剪切力作用　B. 必受拉力作用

C. 同时受到剪切与拉伸　D. 既受剪切,也受挤压作用

12. 在下列四种具有相同公称直径和螺距,并采用相同配对材料的传动螺旋副中,传动效率最高的是________。

A. 单线矩形螺旋副　B. 单线梯形螺旋副

C. 双线矩形螺旋副　D. 双线梯形螺旋副

13. 紧螺栓连接的螺栓受到轴向变载荷作用,已知 $F_{\min}=0$,$F_{\max}=F$,螺栓的危险截面面积为 A_c,螺栓的相对刚度为 K_c,则该螺栓的应力幅为________。

A. $\sigma_a=\dfrac{(1-K_c)F}{A_c}$　B. $\sigma_a=\dfrac{K_cF}{A_c}$

C. $\sigma_a=\dfrac{K_cF}{2A_c}$　D. $\sigma_a=\dfrac{(1-K_c)F}{2A_c}$

14. 若要提高受轴向变载荷作用的紧螺栓的疲劳强度,则可________。

A. 在被连接件间加橡胶垫片　B. 增大螺栓长度

C. 采用精制螺栓　D. 加防松装置

15. 有一单个紧螺栓连接,要求被连接件接合面不分离,已知螺栓与被连接件的刚度相同,螺栓的预紧力为 F',当对连接施加轴向载荷,使螺栓的轴向工作载荷与预紧力 F' 相等时,则________。

A. 被连接件发生分离,连接失效

B. 被连接件即将发生分离,连接不可靠

C. 连接可靠,但不能再继续加载

D. 连接可靠,只要螺栓强度足够,可继续加载,直到轴向工作载荷 F 接近但小于预紧力的 F' 的 2 倍

16. 对于紧螺栓连接,当螺栓的总拉力 F_0 和剩余预紧力 F'' 不变,若将螺栓由实心变成空心,则螺栓的应力幅 σ_a 与预紧力 F' 会发生变化,________。

A. σ_a 增大,F'应适当减小　B. σ_a 增大,F'应适当增大

C. σ_a 减小,F'应适当减小　D. σ_a 减小,F'应适当增大

17. 螺纹连接中,加弹簧垫圈是为了________,加弹性元件是为了________,采用软垫片是为了________,用斜面垫圈是为了________。

A. 提高气密性　　B. 减少偏心载荷

C. 防松　　D. 提高疲劳强度

18. 螺旋起重器的效率 η = ________。

A. $\tan\lambda/\tan(\lambda+\rho_v)$　　B. $\tan(\lambda-\rho_v)/\tan\lambda$

C. $\tan\lambda/\tan(\lambda-\rho_v)$　　D. $\tan(\lambda+\rho_v)/\tan\lambda$

3.5.3 填空题

1. 三角形螺纹的牙型角 α = ________,适用于________,而梯形螺纹的牙型角 α = ________,适用于________。

2. 螺旋副的自锁条件是________________。

3. 常用螺纹的类型主要有________、________、________、________和________。

4. 传动用螺纹(如梯形螺纹)的牙型斜角比连接用螺纹(如三角形螺纹)的牙型斜角小,这主要是为了________________。

5. 螺纹连接的拧紧力矩等于________________和________________之和。

6. 螺纹连接防松的实质是________________。

7. 被连接件受横向载荷作用时,若采用普通螺栓连接,则螺栓受________载荷作用,可能发生的失效形式为________________。

8. 有一单个紧螺栓连接,已知所受预紧力为 F',轴向工作载荷为 F,螺栓的相对刚度为 $C_1/(C_1+C_2)$,则螺栓所受的总拉力 F_0 = ________,而剩余预紧力 F'' =________。若螺栓的螺纹小径为 d_1,螺栓材料的许用拉伸应力为[σ],则其危险剖面的拉伸强度条件式为________。

9. 在螺栓连接中,当螺栓轴线与被连接件支承面不垂直时,螺栓中将产生附加________应力。

10. 螺纹的公称直径是指螺纹的____________径,螺纹的升角是指螺纹____________径处的升角。螺旋的自锁条件为____________________。拧紧螺母时效率公式为____________。

11. 连接承受横向载荷,当采用普通螺栓连接,横向载荷靠____________________来平衡;当采用铰制孔螺栓连接,横向载荷靠____________________来平衡。

12. 在一定的变载荷作用下,承受轴向工作载荷的螺栓连接的疲劳强度是随着螺栓刚度的增加而____________________;并且随着被连接件刚度的增加而____________________。

3.5.4 问答简述题

1. 为什么螺纹连接常需要防松？按防松原理,螺纹连接的防松方法可分为哪几类？试举例说明。

2. 螺栓组连接受力分析的目的是什么？在进行受力分析时,通常要做哪些假设条件？

3. 下图所示为受轴向工作载荷的紧螺栓连接工作时力与变形的关系图。图中 F' 为螺栓预紧力,F 为轴向工作载荷,F'' 为剩余预紧力,F_0 为螺栓总拉力,C_1 为螺栓刚度,C_2 为被连接件刚度,$\Delta F_1 = FC_1/(C_1+C_2)$。试分析:

(1)在 F 和 F'' 不变的情况下,如何提高螺栓的疲劳强度?

(2)若 $F' = 800$ N, $F = 800$ N,当 $C_1 > C_2$ 时, F_0 为多少? 当 $C_1 < C_2$ 时, F_0 为多少?

4. 承受横向载荷的普通螺栓连接,其预紧力是如何确定的? 螺栓将受什么力?

5. 对于受轴向变载荷作用的螺栓,可以采取哪些措施减小螺栓的应力幅?

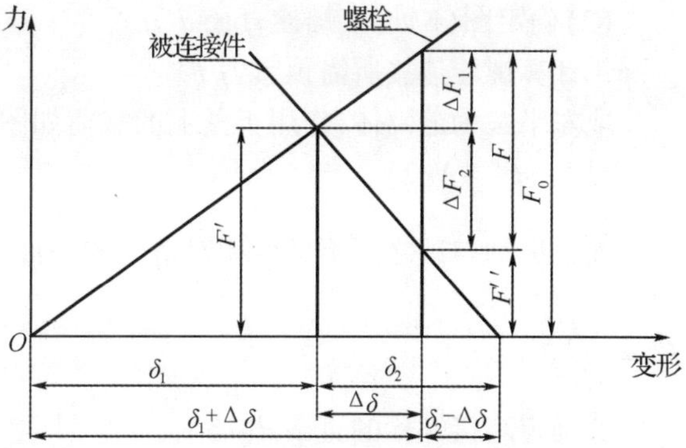

题 3 图

3.5.5　习题选解指导

习题 3-15　解题要点:

分析:夹紧连接是借助于螺栓拧紧后,毂与轴之间产生的摩擦力矩来平衡外载荷 Q 对轴中心产生的转矩,是螺栓组连接受旋转力矩作用的一种变异,连接螺栓仅受预紧力 F' 的作用。因为螺栓组连接后产生的摩擦力矩要由毂与轴之间的正压力 N 来计算,当然该正压力 N 的大小与螺栓预紧力 F' 的大小有关。在确定预紧力 F' 与正压力 N 的关系时,对于图(a)可将毂上 K 点处视为铰链,取一部分为分离体;而对于图(b)可取左半毂为分离体。

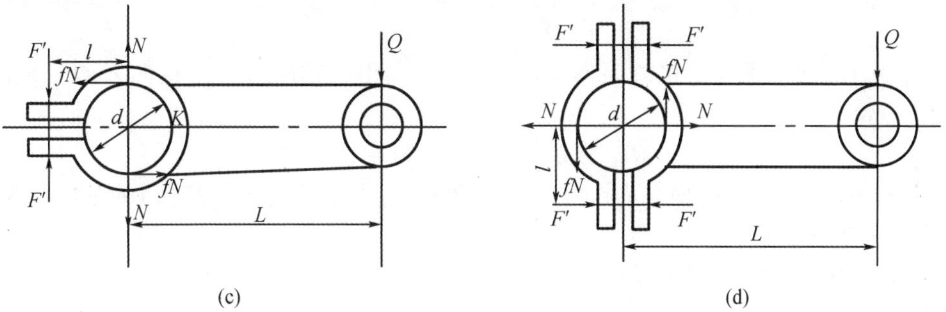

题 3-15 图

主要步骤:

(1)确定图(a)连接螺栓直径 d

①计算螺栓连接所需预紧力 F':

将毂上 K 点视为铰链,轴对毂的正压力为 N,由正压力 N 产生的摩擦力为 fN,如图(c)所示。

将毂上一部分为分离体,对 K 点取矩,则有 $F'\left(l + \dfrac{d}{2}\right) = N \cdot \dfrac{d}{2}$,所以 $F' = N \cdot \dfrac{d}{2l + d}$。

(注意:此时作用于分离体上的力中没有外载荷 Q)

而根据轴与毂之间不发生相对滑动的条件,则有 $2fN \cdot \dfrac{d}{2} = K_s QL$,所以 $N = \dfrac{K_s QL}{fd}$,从而有

$$F' = \frac{K_s QL}{fd} \cdot \frac{d}{2l + d} = \frac{K_s QL}{f(2l + d)}。$$

②确定连接螺栓的直径 d(略)。

（2）确定图（b）连接螺栓直径 d

①计算螺栓连接所需预紧力 F'：

取左半毂为分离体，作用于其上的载荷如图（d）所示。

显然，$F'=N/2$。

而根据轴与毂之间不发生相对滑动的条件，则有 $2fN\cdot\dfrac{d}{2}=K_sQL$，所以 $N=\dfrac{K_sQL}{fd}$，从而有 $F'=\dfrac{K_sQL}{2fd}$。

②确定连接螺栓的直接 d（略）。

习题 3-23 解题要点：

题目要求设计此螺栓组连接，因此应当满足连接正常工作的条件。即螺栓不被拉断（此题选用普通螺栓连接）；底板不滑动；板上边缘不离缝；支架下端不压溃。

关键在于第一条，此螺栓属既受预紧力 F'，又受工作载荷 F 的作用，因此应当根据强度公式 $\dfrac{1.3F_0}{\pi d_1/4}\leqslant[\sigma]$ 去设计 d_1。主要步骤如下：

（1）螺栓组受力分析

将载荷 Q 分解为水平分力 Q_X 及垂直分力 Q_Y，即

$$Q_X=Q\cdot\sin\alpha$$

$$Q_Y=Q\cdot\cos\alpha$$

将 Q_X 及 Q_Y 移至螺栓组接缝面得几何形心 O 点，得一轴向力 Q_X，横向力 Q_Y，翻倒力矩 M_{QX}、M_{QY}。

$$M=M_{QX}+M_{QY}=Q_Y\times420+Q_X\times180$$

此螺栓的受力属于既受横向力（Q_Y），又受轴向力（预紧力和工作载荷）的紧连接螺栓，而工作载荷由两部分组成：

由轴向力 Q_X 引起的工作拉力

$$F_1=Q_X/4$$

由翻倒力矩引起的工作拉力

$$F_2=\frac{ML_{\max}}{\sum_{i=1}^{4}L_i^2}$$

总工作拉力 $F=F_1+F_2$。

（2）求每个螺栓的预紧力 F'

根据底板不下滑的条件，即横向力 Q_Y 与底板的摩擦力平衡，求得 $4F''\cdot\mu_s\geqslant K_fQ_Y$（$F''$ 为残余预紧力）。

由公式 $F''=F'-\dfrac{C_2}{C_1+C_2}F_1=F'-\dfrac{C_2}{C_1+C_2}\cdot\dfrac{Q_X}{4}$（此处的工作载荷用 F_1 而不用总工作拉力 F，是因翻倒力矩对摩擦力无影响，在 M 作用下，底板下部的压力虽然增大，但上部的压力却以同样程度减小）。

将 F'' 代入上式，得

$$\left(4F'-\frac{C_2}{C_1+C_2}Q_X\right)\mu_s\geqslant K_fQ_Y$$

取 $\frac{C_1}{C_1+C_2}=0.3$(按无垫片考虑),而每个螺栓的预紧力为

$$F' \geqslant \frac{1}{4}\left(\frac{K_f Q_Y}{\mu_s}+\frac{C_2}{C_1+C_2}Q_X\right)$$

(3)求上边螺栓受的总拉力 F_0

$$F_0 = F' + \frac{C_1}{C_1+C_2}F$$

(4)求螺栓直径(略)

(5)校核连接的工作能力

接缝面上端不得分离,即 $\sigma_{P\min} > 0$,而

$$\sigma_{P\min} = \frac{zF'}{A} - \frac{M}{W} - \frac{Q_X}{A}$$

校核支架下端不压溃的条件,即 $\sigma_{P\max} \leqslant [\sigma_P]$,而

$$\sigma_{P\max} = \frac{zF'}{A} + \frac{M}{W} - \frac{Q_X}{A}$$

第4章 其他连接

4.1 教学内容小结

4.1.1 主要内容

(1)键、花键、销和无键连接的结构形式、特点和应用。

(2)键和花键连接的选择、失效形式和强度校核计算。

(3)过盈连接的原理、基本类型、结构特点、应用场合、失效形式和设计计算。

(4)焊、粘、铆等连接方式。

4.1.2 学习要求

(1)掌握平键连接的特点、类型和强度计算。

(2)掌握花键连接的特点、类型和强度计算。

(3)了解销连接的类型、用途和强度计算方法。

(4)了解过盈配合连接的结构形式、连接原理、装拆方法、设计计算。

4.1.3 主要学习特点

(1)其他连接方式主要用于轴毂连接和一些不可拆连接方式。

(2)内容框图和思路分析(图4.1)。

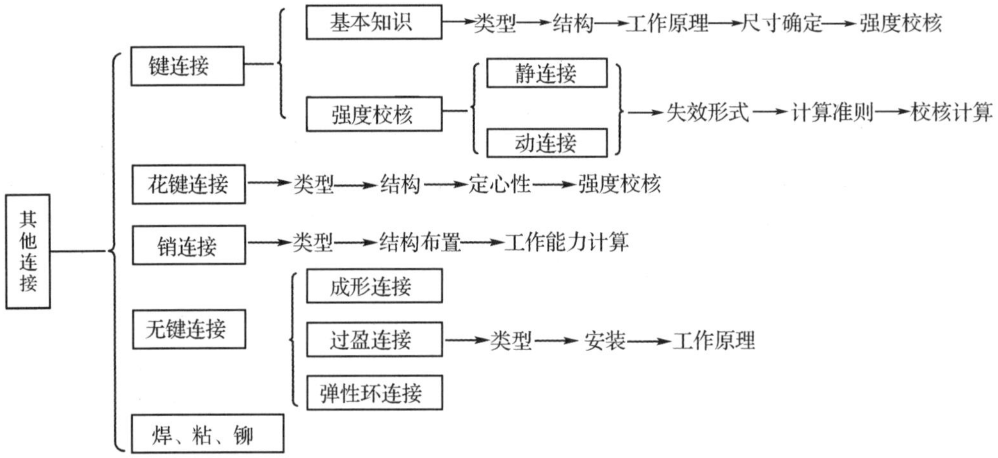

图4.1 内容框图和思路分析

4.1.4 学习方法指导

(1)键与花键连接主要用来实现转动零件和支持它们的轴之间的周向固定,通过它来传递运动和扭矩,还可用于轴上零件的轴向固定,传递轴向力或用于轴上零件做轴向移动的导向装置,属于可拆连接的一种。键、花键及销大多已标准化,设计的主要任务是:确定类型,选择剖面尺寸和长度尺寸,进行必要的强度校核计算。

(2)键尺寸($b \cdot h \cdot L$)的确定是根据轴的直径按标准选择键的剖面尺寸 $b \cdot h$(对花键为 $Z\text{-}D \cdot d \cdot h$),根据轮毂长度选定键的长度 L,一般键长略小于轮毂长,并使其符合标准系列长度。

(3)过盈配合是利用包容零件(一般是轮毂)和包容件(一般是轴)配合时所产生的过盈来达到连接目的,用以传递扭矩、轴向力的可拆或不可拆的连接。

设计过盈配合连接要解决的问题是:在保证连接传递工作载荷和被连接件不损坏的条件下选定连接的配合;确定连接的装配方法并计算压入力、压出力或加热(或冷却)温度;确定过盈配合连接的结构。

(4)焊、胶、铆连接是将两个或两个以上的被连接件用焊接或胶接、铆接的方法构成不可拆连接。

(5)对其他连接的掌握可以用列表的方式加深理解和掌握。

4.2 重点、难点和考点

4.2.1 重点与难点分析

1. 平键连接的特点、类型和强度计算

平键是矩形截面的连接件,它可实现轴上零件的周向固定,并传递一定的工作转矩。平键的上表面与轮毂槽底之间应留有间隙,以便使轮毂在轴上顺利拆装,平键的侧面是工作面,传递转矩是靠它的两个侧面。

平键连接按其用途分为三种:普通平键、导向键和滑键。

普通平键用于静连接,导向键连接和滑键连接都是动连接,当轴向移动量不大时,宜采用导向键,而轴向移动量较大时则宜采用滑键。

平键连接可能的失效有:静连接时较弱零件(通常为毂)的工作面压溃,动连接时较弱零件的工作面磨损以及键的剪断。对于实际采用的材料组合和标准尺寸来说,压溃或磨损是主要失效形式。因此,对于平键连接,通常只作连接的挤压强度或耐磨性计算。

在设计键连接时,通常被连接件的材料和尺寸已初步确定,连接所传递的转矩也已求得。因此,可根据连接的结构特点、使用要求和工作条件来选择键的类型,再根据轴径从标准中选出键的截面尺寸,并参考毂长选出键的长度,然后作强度校核计算。

2. 花键连接的特点、类型和强度计算

花键连接是由轴和轮毂内孔上周向均布的凸齿和凹槽构成的周向固定,它适用于传递载荷大及对定心精度要求较高的静连接或动连接。

花键连接按齿形的不同可分为矩形花键连接、渐开线花键连接。矩形花键连接,具有定心精度高,应力集中较好,承载能力较大等优点,故应用很广,新标准中规定矩形花键以内径定心,有轻、中两个系列。渐开线花键连接具有承载能力大、使用寿命长、定心精度高的特点,宜用于载荷较大,尺寸也较大的连接。新标准中规定渐开线花键连接是由作用于齿面上的压力自动平衡来定心的。

花键连接的受力状况与平键连接相似,主要失效形式是压溃(静连接)或磨损(动连接),一般只进行挤压强度或耐磨性计算。

设计花键连接时,先选定连接的类型、尺寸和定心方式,然后按花键连接的强度计算公式进行校核计算。

3. 销连接和过盈配合连接

销主要用于定位,也可用于连接,但只能传递不大的载荷。销的基本类型是普通圆柱销和普通圆锥销。销连接的直径尺寸根据连接结构按经验或规范确定。

过盈配合连接是利用相互配合的零件间的装配过盈量来满足连接的要求。其最小过盈量应保证在传递外载荷时零件间不发生相对滑动。其最大过盈量受被连接件的强度条件限制,对塑性材料零件不产生塑性变形,对脆性材料不产生裂纹。

4.2.2 考点分析

1. 以基本题形式考察键、花键、销和无键连接的结构形式、特点和应用以及键和花键连接的选择方法、失效形式。

2. 以计算题形式考查键、花键的强度校核计算。

3. 键的结构尺寸确定、分析经常以简述题形式出现。

4.3 例题精选与解题指导

4.3.1 解题指导

1. 设计内容

键和花键连接设计时,通常已知被连接件的材料、结构和尺寸,要求选择键的类型和尺寸,并进行相应的校核计算。

2. 解题主要步骤:

(1)根据连接的结构特点、使用要求和工作条件选择键的类型,查出标准尺寸。

(2)对于平键连接,通常只作连接的挤压强度或耐磨性计算,但在重要场合,也要验算键的强度。对花键连接一般只作连接的挤压强度或耐磨性计算。

4.3.2 范例

例 4-1 在一直径 $d=80$ mm 的轴端,安装一钢制直齿圆柱齿轮(图 4.2),轮毂宽度 $L'=1.5d$,工作时有轻微冲击,试确定平键的尺寸,并计算其传递的最大转矩。

解题过程及要点：

(1)查 GB 1096—2003，按 $d=80$ mm，选用平键剖面为 $b\cdot h=22\times14$；

(2)按 $L<L'=1.5d=1.5\times80=120$ mm，选键长 $L=110$ mm(标准系列)；

(3)采用双圆头键，其工作长度 $l=L-b=110-22=88$ mm；

(4)查表知 $[\sigma]_P=100$ MPa；

(5)按式 $\sigma_P=\dfrac{4T\times10^3}{hld}\leqslant[\sigma_P]$ 得

$$T_{\max}\leqslant hld[\sigma_P]/4\times10^3=14\times88\times800\times100/4\times10^3=2\ 464\ \text{N}\cdot\text{mm}$$

例 4-2　如图 4.3 所示为变速箱中的双联滑移齿轮，传递的功率 $P=4$ kW，转速 $n=250$ r/min。齿轮在空载下移动，工作情况良好。轴与毂的键齿面硬度为 HRC30。试选择花键类型、尺寸，并校核连接的强度。

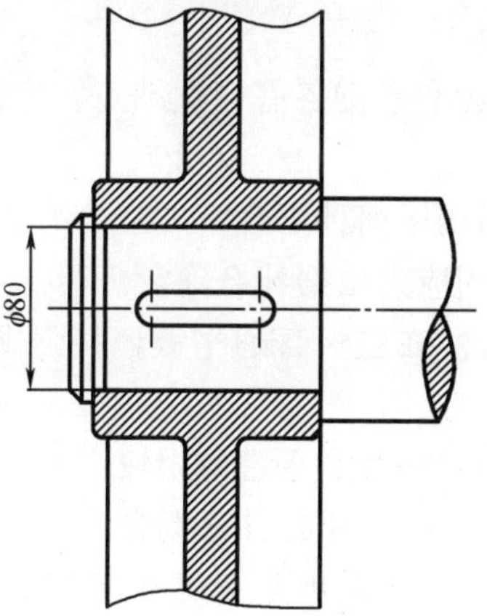

图 4.2　轴端安装直齿圆柱齿轮

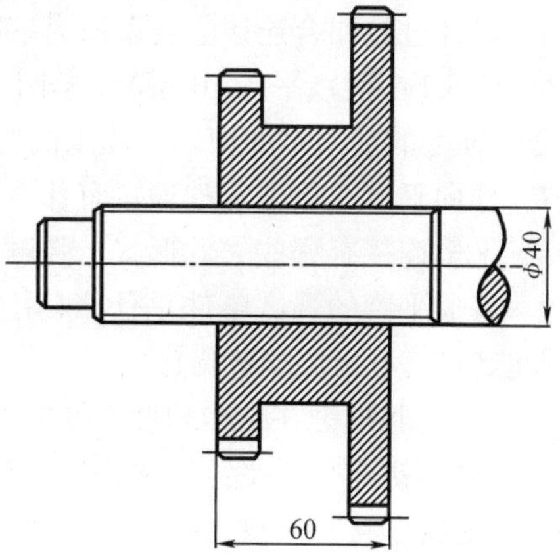

图 4.3　变速箱中的双联滑移齿轮

解题过程及要点：

(1)查机械设计手册，按 $d=40$ mm，选用矩形花键，小径定心：

$$8\times36\frac{H_7}{f_7}\times40\frac{H_{10}}{a_{11}}\times7\frac{H_{11}}{d_{10}}\quad \text{GB 1144—2001}$$

(2)计算平均直径　$d_m=(d+D)/2=(36+40)/2=38$ mm。

(3)齿侧工作高度　$h=[(D-d)/2]-2c=\dfrac{40-36}{2}-2\times0.2=1.6$ mm

(4)计算扭矩　$T=9.55\times10^6P/n=152\ 800$ N·mm。

(5)查动连接许用压力 $[p]$，按空载移动，工况良好，HRC=30，得 $[p]=40\sim70$ MPa。

(6)按式 $p=\dfrac{2T\times10^3}{kzhld_m}\leqslant[p]$ 计算得

$p=2\times152\ 800/(0.75\times8\times1.6\times60\times38)=13.96\ \text{MPa}<[p]=40\sim70\ \text{MPa}$

(取载荷不均系数 $k=0.75$)

连接强度足够。

4.4 思考题与习题

4.4.1 复习思考题

4-1 平键连接的主要失效形式是什么？确定键及键槽横截面尺寸的依据是什么？

4-2 平键连接中轴及轮上键槽是怎样加工的？

4-3 在平键连接中为什么键的顶部与键槽底部不接触？在楔键连接中为什么键的侧面与键槽侧面不接触？

4-4 销的作用是什么？销的主要类型有哪些？

4-5 设计过盈配合连接主要解决哪些问题？

4-6 圆头(A型)、平头(B型)及单圆头(C型)普通平键各有何优缺点？它们分别用在什么场合？轴上的键槽是如何加工出来的？

4-7 导向平键连接和滑键连接有什么不同，各适用于何种场合？

4-8 平健连接有哪些失效形式？强度校核时许用应力根据什么确定？

4-9 普通平键的强度条件是什么(用公式表示)？在进行普通平键连接强度计算时，强度条件不能满足，可采用哪些措施？

4-10 平键和楔键在结构和使用性能上有何区别？为什么平键应用较广？

4-11 半圆键与普通平键连接相比，有什么优缺点，它适用在什么场合？

4-12 花键连接与平键连接相比有哪些优缺点？为什么矩形花键和渐开线花键连接应用较广？三角形花键连接多用在什么场合？

4-13 花键的主要尺寸参数有哪些，这些参数如何选择确定？

4-14 矩形花键连接采用内径作为定心直径的主要依据是什么？

4-15 花键连接的主要失效形式是什么，如何进行其强度计算？

4-16 什么叫无键连接，它有何优缺点？

4-17 什么叫型面连接，它有何特点，用在什么场合？

4.4.2 习题

4-18 直径 $d=70$ mm 的钢制圆柱形轴端安装一铸铁齿轮，轴段长 100 mm，载荷平稳，试选择平键连接的尺寸，并计算连接所能传递的最大转矩。

4-19 图示为一凸缘联轴器的结构，轴材料为 45 钢，联轴器材料为 HT250，试确定键连接的尺寸并计算其承载能力。

4-20 图示为一采用过盈连接的轴毂连接结构，轴材料为 45 钢，轴毂材料为 HT250，连接传递的最大转矩为 $T_{max}=1\ 500$ N · m，采用压入法装配，装配时表面加机油，试设计连接的配合形式，校核其强度，并计算装配所需的压入力。

4-21 某一汽车变速箱中滑移齿轮的渐开线花键连接，传递转矩 $T=120$ N · m，渐开线花键的分度圆直径 $d=30$ mm，模数 $m=2$ mm，齿数 $z=15$，滑移齿轮宽度 $L_1=50$ mm，轴和齿轮均用 40Cr 制造，花键表面经硬化处理，使用条件中等。此连接是否可靠？

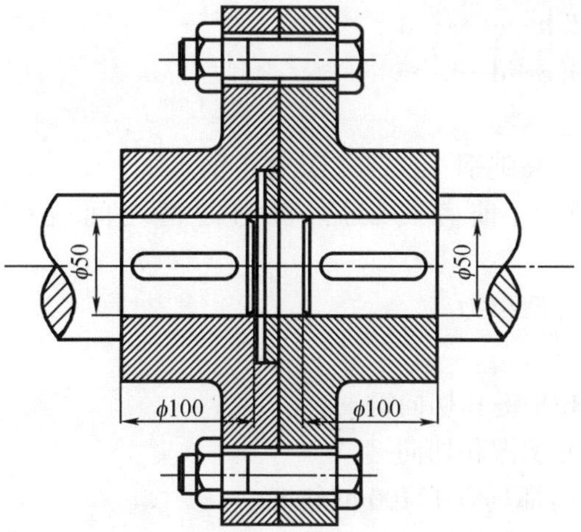

题 4-19 图

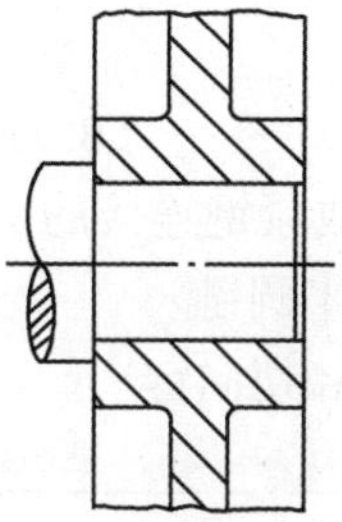

题 4-20 图

4-22 有一矩形花键静连接，公称尺寸为 8×36×40×7 ($N \cdot d \cdot D \cdot b$)，轴和齿轮均用 45 钢制成，经调质处理 HBS=234~269(花键齿面未硬化处理)，花键接触长度 $l=60$ mm，使用条件中等。此花键连接能传递的最大转矩是多少？

4-23 如图所示，钢制直齿圆柱齿轮用销钉固定在 $d=30$ mm 的轴端。轮毂外径 $D=50$ mm，轴传递转矩 $T=70$ N · m，轴单向回转，载荷平稳。试选择销的类型和材料，并确定其尺寸。

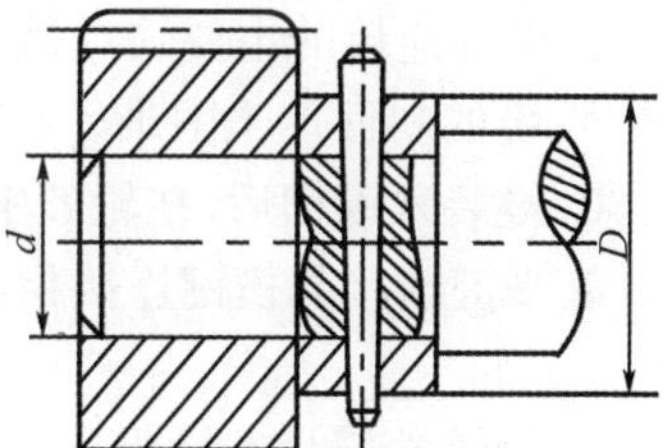

题 4-23 图

4.5 考试复习与习题选解

4.5.1 是非判断题

1. 当轴做单向回转时，楔键的工作面是上、下表面。 ( )
2. 滑键的失效形式为磨损。 ( )
3. 采用两个平键(双键连接)时，通常在轴的圆周上相隔 180°位置布置。 ( )
4. 半圆键相配的轴上的键槽是用圆盘铣刀加工的。 ( )
5. 一般连接用销和安全保护用销在设计计算上是一样的。 ( )

4.5.2 选择题

1. 普通平键连接的主要用途是使轴与轮毂之间________。

A. 沿轴向固定并传递轴向力　　B. 沿轴向可做相对滑动并具有导向作用

C. 沿周向固定并传递力矩　　D. 安装与拆卸方便

2. 设计键连接的几项主要内容是：

a. 按轮毂长度选择键的长度；b. 按使用要求选择键的主要类型；c. 按轴的直径选择键的剖面尺寸；d. 对连接进行必要的强度校核。在具体设计时，一般顺序是________。

A. b→a→c→d B. b→c→a→d

C. a→c→b→d D. c→d→b→a

3. 常用来制造键的材料是________。

A. 低碳钢 B. 中碳钢 C. 高碳钢 D. 合金钢

4. 紧键连接和松键连接的主要区别在于:前者安装后,键与键槽之间就存在有________。

A. 压紧力 B. 轴向力 C. 摩擦力

5. 能够构成紧键连接的两种键是________。

A. 楔键和半圆键 B. 平键和切向键

C. 半圆键和切向键 D. 楔键和切向键

6. 楔键和________,两者的接触面都具有 1:100 的斜度。

A. 轴上键槽的底面 B. 轮毂上键槽的底面

C. 键槽的侧面

7. 楔键连接的主要缺点是________。

A. 键的斜面加工困难 B. 键安装时易损坏

C. 键装入键槽后,在轮毂中产生初应力 D. 轴和轴上的零件对中性差

8. 平键连接与楔键连接相比,它只能传递转矩,不能传递轴向力,这是因为________。

A. 楔键端部具有钩头 B. 平键摩擦力小于楔键的摩擦力

C. 楔键的工作表面有斜度而键槽没有 D. 在安装时,楔键可沿轴向楔紧

9. 标准平键连接的承载能力,通常是取决于________。

A. 轮毂的挤压强度 B. 键的剪切强度

C. 键的弯曲强度 D. 键工作表面的挤压强度

10. 平键连接能传递的最大转矩为 T,现要传递的转矩为 $1.5T$,则应________。

A. 把键长 L 增大到 1.5 倍 B. 把键宽 b 增到 1.5 倍

C. 把键高增大到 1.5 倍 D. 安装一对平键

11. 半圆键和切向键的应用场合是________。

A. 前者多用来传递较大转矩,后者多用来传递较小转矩

B. 前者多用来传递较小转矩,后者多用来传递较大转矩

C. 两者都用来传递较小转矩

D. 两者都用来传递较大转矩

12. 花键连接与平键连接(采用多键时)相比较,________的观点是错误的。

A. 承载能力比较大

B. 旋转零件在轴上有良好的对中性和沿轴移动的导向性

C. 对轴的削弱比较严重

D. 可采用研磨加工来提高连接质量和加工精度

13. 花键连接的强度,主要取决于________强度。

A. 齿根弯曲 B. 齿根剪切

C. 齿侧挤压 D. 齿侧接触

14. 薄壁套筒与花键轴相连接,宜采用________。

A. 矩形齿 B. 渐开线齿

C. 三角形齿　　　　　　　　　　　　D. 矩形齿与渐开线齿

4.5.3 填空题

1. 选择普通平键时，键的截面尺寸($b\times h$)是根据________查标准来确定；普通平键的工作面是________。

2. 平键连接中，________是工作面；楔形键连接中，________是工作面；平键连接中，________、________用于传动连接。

3. 当采用两个楔键传递周向载荷时，应使两键布置在沿周向相隔________的位置，在强度校核时只按________个键计算。

4. 在平键连接中，静连接应验算________强度；动连接应验算________强度。

5. 半圆键的________为工作面，当需要用两个半圆键时，一般布置在轴的________。

4.5.4 问答简述题

1. 平键连接、楔键连接和切向键连接在工作原理上有何不同，各有什么特点，各使用在什么场合？

2. 平键连接的主要失效形式有哪些？平键的剖面尺寸 $b\times h$ 和键的长度 L 是如何确定的？

3. 普通平键的结构类型有哪几种，其校核设计计算中键的长度 l 分别等于多少？

4. 当使用单键连接不能满足连接的强度要求时，可采用双键连接。试说明为什么使用两个平键连接时，一般设置在同一轴段上相隔 180°布置；采用两个楔键(切向键)连接时，相隔 120°左右；采用两个半圆键连接时则常设置在轴的同一母线上？(见下图)

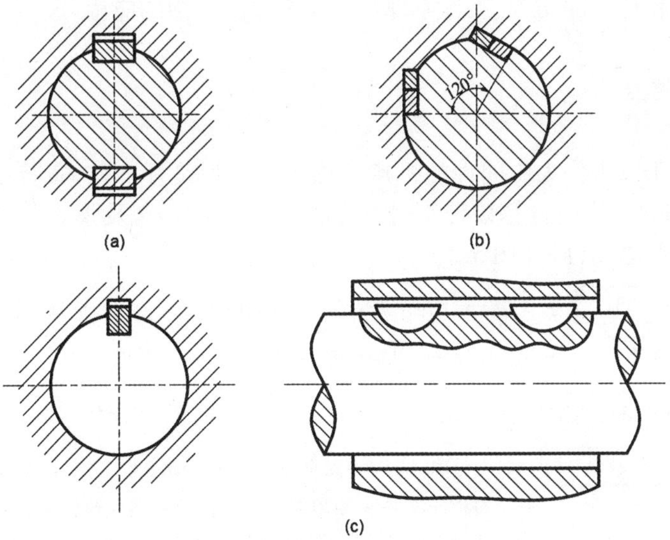

题 4 图

第5章 带 传 动

5.1 教学内容小结

5.1.1 主要内容

(1)带传动的类型、工作原理、特点及应用。
(2)带传动的受力分析、运动分析(弹性滑动和打滑)和应力分析。
(3)带传动的失效形式和计算准则,提高带传动工作能力的措施。
(4)带传动的设计计算和参数选择。
(5)带传动的张紧方法和张紧装置。
(6)摩擦轮传动类型、理论及应用。

5.1.2 学习要求

(1)了解带传动的类型、特点和应用范围,了解其他形式带传动。
(2)熟悉普通V带和带轮的结构及其标准,V带传动的张紧方法和装置。
(3)掌握带传动的工作原理、受力分析、应力分析、弹性滑动和打滑的基本理论。
(4)掌握带传动的失效形式、设计准则,掌握单根带许用功率的计算。
(5)掌握V带传动设计过程,重点掌握设计中各参数选择的定性分析和定量选取。
(6)了解摩擦轮传动的结构、工作原理及其在无级变速中的应用。

5.1.3 主要学习特点

(1)带传动属于以带作为中间件的机械摩擦传动。带是标准件,带传动的设计以确定型号、根数和长度为目标,同时计算该带使用中的带轮直径、中心距及张紧力和压轴力等。

(2)内容框图和思路分析(图5.1)。

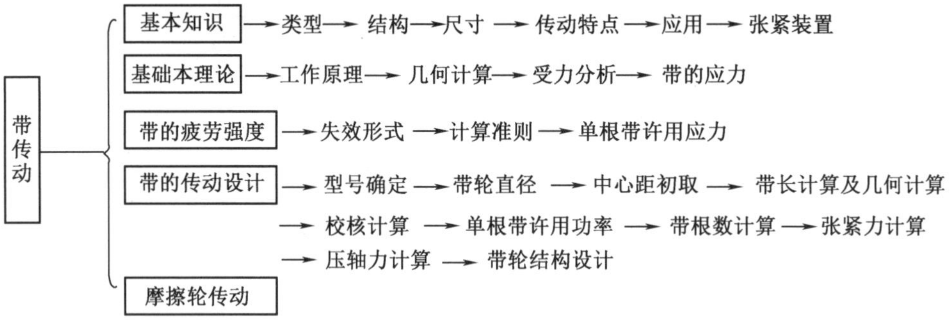

图5.1 内容框图和思路分析

5.1.4　学习方法指导

(1)带传动是一种典型的摩擦传动,一定要搞清其工作原理。理解正常工作时传递力和临界状态下传递力分析的不同。

(2)弹性滑动是带传动的固有现象,打滑是弹性滑动的滑动角达到包角后出现的失效现象,两者有本质区别。

(3)带传动设计中带轮直径、中心距、根数等参数的定性分析是内容理解的关键,同时要会进行合理的定量取值。

5.2　重点、难点和考点

5.2.1　重点与难点分析

1. 带传动的有效拉力

带传动属摩擦传动,带以一定的初拉力 F_0 套在带轮上,使带与轮互相压紧,工作时靠带与轮面间产生的摩擦力传递运动和动力,这时带中紧边拉力增加为 F_1,松边拉力减小为 F_2,若带能传递的有效拉力为 F,则它们之间的关系为

$$\left.\begin{aligned} F_1 + F_2 &= 2F_0 \\ F_1 - F_2 &= F \end{aligned}\right\} \tag{5.1}$$

可得

$$\left.\begin{aligned} F_1 &= F_0 + \frac{F}{2} \\ F_2 &= F_0 - \frac{F}{2} \end{aligned}\right\} \tag{5.2}$$

将要打滑时,紧边拉力 F_1 与松边拉力 F_2 间的关系为

$$\frac{F_1 - qv^2}{F_2 - qv^2} = e^{f\alpha_1} \tag{5.3}$$

关于(5.3)式有以下一些说明:

(1)如果带速不大,离心力 qv^2 可以省略,即得到 $\frac{F_1}{F_2} = e^{f\alpha_1}$,这就是著名的柔韧体摩擦欧拉公式。

(2)式(5.3)中体现的 F_1 与 F_2 之间的关系,只是在带将要打滑,即带和带轮间的摩擦力达到最高值时才成立,带不工作时,$F_1 = F_2 = F_0$,即 $\frac{F_1}{F_2} = 1$,而带正常工作时 $1 < \frac{F_1}{F_2} < e^{f\alpha_1}$(忽略离心力)。

(3)式(5.3)式中的 α 应取小带轮的包角 α_1,这是因为带的传动能力取决于带与大小带轮摩擦力中较小的一个。显然由于 $\alpha_1 < \alpha_2$,α 应取 α_1,这同时也可以说明,为什么带传动打滑时总是从小带轮开始的。

将式(5.2)代入式(5.3)式并整理得到带与带轮间的极限摩擦力,即带传动的最大有效拉力为

$$F_{max}=2(F_0-qv^2)\left(1-\frac{2}{e^{f\alpha_1}+1}\right)=2(F_0-qv^2)\frac{e^{f\alpha_1}-1}{e^{f\alpha_1}+1} \tag{5.4}$$

应该注意,带传动的有效拉力 F 由带与带轮间的最大摩擦力 F_{max} 限定,当 $F<F_{max}$ 时,带传动才能正常工作,当 $F>F_{max}$ 时,带就在轮面上打滑,不能正常工作。带传动正常工作时实际有效拉力与包角、摩擦系数等无关,由其传递的功率 p 和带速 v 决定。式(5.4)表明对非自动张紧的带传动,其最大有效拉力与张紧力、带的线密度、带速、小轮包角以及带与带轮之间的摩擦系数等因素有关。当 $F_0\uparrow,q\downarrow,v\downarrow,\alpha\uparrow,f\uparrow$ 时,最大摩擦力也大,能传递的有效拉力就大。

2. 带的应力

(1)带传动工作时的应力

①由紧边与松边拉力 F_1、F_2 所产生的紧边与松边拉应力 σ_1、σ_2。

②由离心力引起的离心拉力 F_c 所产生的离心拉应力 σ_c,紧边与松边的拉应力 σ_1、σ_2 中包含 σ_c。由于 $\sigma_c\propto v^2$,所以要限制带速不超过 25 m/s。

③带绕过带轮产生的弯曲应力,由于 $\sigma_b\propto\frac{1}{D}$,$D_1<D_2$,故 $\sigma_{b1}>\sigma_{b2}$,为使 σ_b 不过大,要限制 D_1 不可过小,即要求 $D_1\geqslant D_{1min}$。

(2)由带的应力分布所得结论

①带工作时最大应力发生在紧边刚进入小带轮处,其值为

$$\sigma_{max}=\sigma_1+\sigma_{b1}+\sigma_c$$

②带中某一截面的应力随工作位置不同而异,即带工作时受周期性循环变应力,因此,当应力循环次数达到一定值后,带将发生疲劳破坏。

3. 带传动的主要失效形式与计算准则

带传动的主要失效形式是打滑和疲劳破坏,它的计算准则是:既要保证带在工作时不打滑,又要保证带具有足够的疲劳强度。

不打滑,即使实际有效拉力 F 小于等于最大有效拉力 F_{max},该条件可写成

$$F\leqslant(\sigma_1-\sigma_c)A\left(1-\frac{1}{e^{f\alpha_1}}\right) \tag{5.5}$$

保证足够的疲劳强度,即使变应力的最大值不超过许用值:

$$\sigma_{max}=\sigma_1+\sigma_{b1}\leqslant[\sigma] \tag{5.6}$$

由式(5.5)和式(5.6)关系得到同时满足这两个条件的带的许用功率为

$$P=\frac{FV}{1\ 000}=\frac{([\sigma]-\sigma_{b1}-\sigma_c)A\left(1-\frac{1}{e^{f\alpha_1}}\right)V}{1\ 000}\ \text{kW} \tag{5.7}$$

4. 带传动中的弹性滑动和打滑

(1)带在工作时产生弹性滑动的根本原因在于带是弹性体,而且带的紧边与松边之间存在拉力差。由于带从紧边转到松边时,其拉力减小,要产生弹性收缩;反之,带从松边转到紧边时,其拉力增大,要产生弹性伸长,因而带在工作过程中就不可避免地要产生滑动。

(2)带的弹性滑动并不是发生在全部包角的接触弧上,而总是发生在位于滑动角内的那一部分接触弧上。

(3)由于弹性滑动的影响,将使实际平均传动比大于理论传动比。但在一般的传动中,因滑动率并不大(ε=1%~2%),故可不予考虑。

(4)打滑是由于要求带所传递的圆周力超过了带与带轮间的最大摩擦力(即最大有效拉力),使滑动角扩大到几何包角而引起的,它是必须避免的。

5. 影响带使用寿命的因素

(1) 小带轮直径 D_1:由 $\sigma_{b1}=\dfrac{2Ey}{D_1}$,可知 D_1 越小,V 带绕过小带轮时的弯曲应力 σ_{b1} 越大,带的寿命越短。

(2) 带的长度 L:L 越大,则单位时间绕过带轮的次数越少,即应力循环变化次数减少,带的寿命增加。

(3) 包角 α:α 越大,则在传递一定圆周力情况下,张紧力 F_0 可减少,从而使带的寿命增加。

(4) 传动比 i:当 D_1 一定时,i 越大,则 $D_2(D_2=iD_1)$ 越大,弯曲应力下降,可减轻带的疲劳程度,延长其寿命;但当中心距 a 一定时,i 增大,则包角 α 减小,会带来不利影响。

此外,带的材质,传动平稳性等也会影响带的寿命。

5.2.2　考点分析

1. 以基本题形式考察以下知识点:带传动的类型、工作原理、特点及应用;带传动的受力分析、运动分析(弹性滑动和打滑);带传动的失效形式和计算准则,带传动的设计参数选择;提高带传动工作能力的措施;带传动的张紧方法和张紧装置;摩擦轮传动类型、理论及应用。

2. 以计算题形式考察带传动的受力分析。

3. 以分析简述题考核带传动基础理论(工作原理、弹性滑动等)及带传动设计中各主要参数的定性分析和定量选取。

5.3　例题精选与解题指导

5.3.1　解题指导

V 带传动设计时的已知条件是:传递的功率 P 或扭矩 T;主、从动轮的转速 n_1、n_2 或传动比 i;传动的用途、工作条件和中心距要求等。

要求设计的内容是:

(1)选择 V 带的型号及材质;

(2)确定带轮的直径和中心距;

(3)确定 V 带的长度和根数;

(4)选择带轮的材料,并进行结构设计;

(5)确定传动所需的初拉力和张紧装置;

(6)计算作用于轴上的压力。

带传动的设计步骤比较完整成熟,设计时只需按序进行,现将其中需要说明的几个问题分述如下,以供参考:

(1)根据传递功率 P 和转速 n_1 选定的 V 带型号,计算中可做调整。

(2)在确定带轮直径时,小带轮直径的极限值 D_{min},只在传动尺寸受限制时才使用,从充分发挥承载能力考虑,D_1 应适当取大些。带轮直径 D_1、D_2 应符合标准直径系列(保证准确传动比时除外)。

(3)在初定中心距 a_0,算出带所需的节线长度 L_0 以后,若传动尺寸不受限制,一般向大的数值圆整至标准长度,这样对传动有利。

(4)计算的中心距是精确值,一般带传动的中心距均可调整,所以带传动的实际中心距亦可按 $a = a_0 + \frac{L - L_0}{2}$ 近似计算,并取成整数。

(5)计算结果若带的根数太多,则应重新选择传动参数(改换带的型号、增大带轮直径 D 和中心距 a_0)。

5.3.2 范例

例 5-1 V 带传动的功率 $P = 3$ kW,小带轮的转速 $n_1 = 1\ 450$ r/min,小带轮的直径 $D_1 = 100$ mm,带与带轮间的当量摩擦系数 $f_v = 0.50$,小带轮上的包角 $\alpha_1 = 180°$,预紧力 $F_0 = 450$ N。忽略离心力的影响。试问:(1)该传动的滑动角 α 为多少?(2)该传动是否会出现弹性滑动现象?是否会出现打滑现象?(3)该传动能传递的最大功率 P_{max} 为多少?

解题过程及要点:

(1)因为

$$P = \frac{(F_1 - F_2)v}{1\ 000} \tag{5.8}$$

$$v = \pi D_1 n_1 / (60 \times 1\ 000) = \pi \times 100 \times 1\ 450 / (60 \times 1\ 000) = 7.59 \text{ m/s}$$

将 $P = 3$ kW 代入式(5.8),可得

$$(F_1 - F_2)v = 3\ 000 \text{ W} \tag{5.9}$$

又因为

$$F_1 + F_2 = 2F_0 = 900 \text{ N} \tag{5.10}$$

联立求解式(5.9)和式(5.10)式,可得

$$F_1 = 647.7 \text{ N}, F_2 = 252.3 \text{ N}$$

根据欧拉公式

$$\frac{F_1}{F_2} = e^{f_v \alpha} = e^{0.5\alpha}$$

解得,滑动角 $\alpha = 108°$。

(2)带的弹性滑动是不可避免的,该传动会出现弹性滑动现象。但由于该传动的滑动角小于小带轮上的包角,因此,该传动不会出现打滑现象。

(3)因为

$$F_1 + F_2 = 2F_0 = 900 \text{ N} \tag{5.11}$$

当 V 带传递最大功率时,紧边拉力 F_1 和松边拉力 F_2 之间的关系应符合欧拉公式,即

$$\frac{F_1}{F_2} = e^{f_v \alpha} = 4.81 \tag{5.12}$$

联立求解式(5.11)和式(5.12),可得

$$F_1 = 745.1 \text{ N}, F_2 = 154.9 \text{ N}$$

所以

$$P_{max} = \frac{(F_1 - F_2)v}{1\ 000} = \frac{(745.1 - 154.9) \times 7.59}{1\ 000} = 4.48 \text{ kW}$$

例 5-2 已知一 V 带传动,$n_1 = 1\ 460$ r/min,$n_2 = 650$ r/min,$D_1 = 180$ mm,中心距 $a = 800$ mm。B 型带三根,载荷平稳,两班制工作,试求此 V 带传动所能传递的功率 P。

解题过程及要点:

(1)计算大带轮直径 D_2:$D_2=\frac{n_1}{n_2}D_1=\frac{1\ 460}{650}\times 180=404$ mm。

(2)$\alpha_1=180°-\frac{D_2-D_1}{a}\times 60°=163.2°$。

(3)由包角系数 K_α 表查得,包角系数 $K_\alpha=0.96$。

(4)算带长 $L_d=2a+\pi\cdot\frac{D_2+D_1}{2}+\left(\frac{D_2-D_1}{2}\right)^2/a=2\ 533$ mm(从 V 带的基准长度系列及长度系数 K_L 表中取标准带长为 2 500 mm 数值)。

(5)查 V 带的基准长度系列及长度系数 K_L 表得长度系数 $K_L=1.03$。

(6)算带速 $v=\pi D_1 n_1/(60\times 1\ 000)=13.76$ m/s。

(7)查单根普通 V 带的基本额定功率 P_0 表得基本额定功率 $P_0=4.41$ kW。

(8)查单根普通 V 带额定功率的增量 ΔP_0 表得基本额定功率增量是 $\Delta P_0=0.46$ kW。

(9)计算 $P_{ca}=zK_\alpha K_L(P+\Delta P_0)=3\times 0.96\times 1.03\times(4.41+0.46)=14.45$ kW。

例 5-3 在单根 A 型普通 V 带传动中,设 V 带即将打滑时所能传动的功率 $P=2.5$ kW。已知:主动带轮直径 $D_1=120$ mm,转速 $n_1=3\ 000$ r/min,包角 $\alpha_1=135°$;从动带轮直径 $D_2=240$ mm;带与带轮之间的当量摩擦系数 $f_v=0.26$,V 带的截面面积 $A=81\ mm^2$,中性层到带外层高度 $h_a=4$ mm,单位质量 $q=0.10$ kg/m,弹性模量 $E=300\ N/mm^2$。若不计摩擦损失的功率,试求:

(1)V 带截面上各应力的大小;

(2)各应力成分在 V 带最大应力 σ_{max} 中所占的百分比。

解题过程及要点:(1)带速为 $v=\frac{\pi D_1 n_1}{60\times 1\ 000}=\frac{\pi\times 120\times 3\ 000}{60\times 1\ 000}=18.85$ m/s

根据功率计算公式 $P=\frac{F_e v}{1\ 000}$,带所能传递的最大圆周力为

$$F_e=\frac{1\ 000\ P}{v}=\frac{1\ 000\times 2.5}{18.85}=132.63\ \text{N}$$

根据带传动的力分析可知,F_1、F_2、F_e、f_v、α 等参数具有以下关系:

$$F_1-F_2=F_e=132.63\ \text{N}$$

$$\frac{F_1}{F_2}=e^{f_v\alpha_1}=2.718^{0.26\times\frac{135}{180}\pi}=1.85$$

联立求解,可得

紧边拉力 $F_1=288.67$ N

松边拉力 $F_2=156.04$ N

所以 紧边拉应力 $\sigma_1=\frac{F_1}{A}=\frac{288.67}{81}=3.56$ MPa

松边拉应力 $\sigma_2=\frac{F_2}{A}=\frac{156.04}{81}=1.93$ MPa

离心应力 $\sigma_c=\frac{qv^2}{A}=\frac{0.10\times 18.85^2}{81}=0.44$ MPa

小带轮弯曲应力 $\sigma_{b1}=\frac{Eh_a}{D_1/2}=\frac{300\times 4}{120/2}=20$ MPa

大带轮弯曲应力 $\sigma_{b2}=\frac{Eh_a}{D_2/2}=\frac{300\times 4}{240/2}=10$ MPa

(3)V 带上产生的最大应力位于带的紧边进入主动带轮处,其大小为

$$\sigma_{max}=\sigma_1+\sigma_c+\sigma_{b1}=3.56+0.44+20=24\ \text{MPa}$$

所以,各应力成分在带的最大应力中所占的百分比分别为

拉应力百分比 $$\frac{\sigma_1}{\sigma_{max}}=\frac{3.56}{24}=14.8\%$$

离心应力百分比 $$\frac{\sigma_c}{\sigma_{max}}=\frac{0.44}{24}=1.8\%$$

弯曲应力百分比 $$\frac{\sigma_{b1}}{\sigma_{max}}=\frac{20}{24}=83.4\%$$

例 5-4 设计电动机至凸轮造型机凸轮轴的 V 带传动,电动机的功率 $P=1.7$ kW,转速为 $n_1=1\ 430$ r/min,凸轮轴的转速要求为 $n_2=285$ r/min 左右,根据传动布置,要求中心距不超过 550 mm。带传动每天工作 16 小时。试设计该 V 带传动。

解题过程及要点:

(1)确定计算功率 P_{ca}

根据 V 带传动工作条件,查表可得工作情况系数 $K_A=1.3$,所以

$$P_{ca}=K_AP=1.3\times1.7=2.21\ \text{kW}$$

(2)选取 V 带的型号

根据 P_{ca}、n_1,由图确定选用 Z 型 V 带。

(3)确定带轮基准直径 D_1、D_2

由表取主动轮基准直径为

$$D_1=80\ \text{mm}$$

确定从动轮基准直径为

$$D_2=\frac{n_1D_1}{n_2}=\frac{1\ 430\times80}{285}=401.4\ \text{mm}$$

圆整为标准,取 $D_2=400$ mm。

验算带的速度:$v=\pi D_1n_1/(600\times1\ 000)=\pi\times80\times1\ 430/(60\times1\ 000)=5.99\ \text{m/s}<25\ \text{m/s}$,故带的速度合适。

(4)确定 V 带的基准长度和传动中心距

根据 $0.7(D_1+D_2)<a_0<2(D_1+D_2)$,可知 a_0 应在 336~960 mm 之间,由题意初选中心距 $a_0=500$ mm。

根据公式计算带所需的基准长度:

$$\begin{aligned}L_d&=2a_0+0.5\pi(D_2+D_1)+0.25\frac{(D_2-D_1)^2}{a_0}\\&=2\times500+0.5\pi(400+80)+\frac{0.25(400-80)^2}{500}\\&=1\ 805.2\ \text{mm}\end{aligned}$$

选取带的标准基准长度 $L_d=1\ 800$ mm。

计算实际中心距:

$$a=a_0+\frac{L_d-L'_d}{2}=500+\frac{1\ 800-1\ 805}{2}=497.5\ \text{mm}$$

(5)验算主动轮上的包角 α_1

$$\alpha_1 = 180° - \frac{D_2 - D_1}{a} \times 60° = 180° - \frac{400 - 80}{497.5} \times 60° = 141.4° > 120°$$

故主动轮上的包角合适。

(6)计算 V 带的根数 z

$$z = \frac{K_A P}{(P_0 + \Delta P_0) K_\alpha K_L}$$

由 $n_1 = 1\,430$ r/min, $D_1 = 80$ mm, $i = D_2/D_1 = 5$, $\alpha_1 = 141.4°$查表得 $P_0 = 0.35$ kW, $\Delta P_0 = 0.03$ kW, $K_\alpha = 0.89$, $K_L = 1.18$。所以 $z = 2.21/[(0.35+0.03)\times 0.89\times 1.18] = 5.54$。

取 $z=6$ 根。

计算结果为 6 根,根数太多,重新选择型号进行设计计算。

(7)重新设计计算

取 A 型 V 带

带轮直径:$D_1 = 90$ mm, $D_2 = 450$ mm, $v = \frac{\pi D_1 n_1}{60\times 1\,000} = \frac{\pi\times 90\times 1\,430}{60\times 1\,000} = 6.73$ m/s<25 m/s,故带的速度符合。

初选中心距:$a_0 = 550$ mm。

带长

$$\begin{aligned} L'_d &= 2a_0 + 0.5\pi(D_2 + D_1) + \frac{0.25(D_2 - D_1)^2}{a_0} \\ &= 2 \times 550 + 0.5\pi(450 + 90) + \frac{0.25(450 - 90)^2}{550} \\ &= 2\,007.14 \text{ mm} \end{aligned}$$

选取带的标准基准长度 $L_d = 2\,000$ mm。

计算实际中心距:

$$a = a_0 + \frac{L_d - L'_d}{2} = 550 + \frac{2\,000 - 2\,007.14}{2} = 546.43 \text{ mm}$$

验算主动轮包角 α_1:

$$\alpha_1 = 180° - \frac{D_2 - D_1}{a} \times 60° = 180° - \frac{450 - 90}{546.43} \times 60° = 140.5° > 120°$$

故主动轮上的包角适合。

计算 V 带的根数 z

$$z = \frac{K_A P}{(P_0 + \Delta P_0) K_\alpha K_L}$$

由 $n_1 = 1\,430$ r/min, $D_1 = 90$ mm, $i = D_2/D_1 = 5$, $\alpha_1 = 140.5°$,查表得:

$$P_0 = 1.05 \text{ kW}, \Delta P_0 = 0.17 \text{ kW}, K_\alpha = 0.89, K_L = 1.03$$

所以 $z = \frac{2.21}{(1.05 + 0.17) \times 0.89 \times 1.03} = 2.03$。

取 $z=3$ 根,符合要求。

(8)计算预紧力 F_0

$$F_0 = 500\frac{P_{ca}}{zv}\left(\frac{2.5}{K_\alpha} - 1\right) + qv^2$$

查表得：$q = 0.10$ kg/m，所以

$$F_0 = 500 \times \frac{2.21}{3 \times 6.73}\left(\frac{2.5}{0.89} - 1\right) + 0.10 \times 6.73^2 = 103.5\ \text{N}$$

(9)计算作用在轴上的压轴力 Q

$$Q = 2zF_0\sin\frac{\alpha_1}{2} = 2 \times 3 \times 103.5 \times \sin\frac{140.5°}{2} = 584.5\ \text{N}$$

(10)带轮的结构设计(略)

5.4 思考题与习题

5.4.1 复习思考题

5-1 带传动与齿轮传动及链传动比较有哪些优缺点？

5-2 普通 V 带和窄 V 带有哪几种型号？窄 V 带与普通 V 带相比有何优点？

5-3 为什么普通 V 带的楔角为 40°，而其带轮的轮槽角却为 34°、36°或 38°？什么情况下用较小的轮槽角？

5-4 V 带与带轮的安装情况如图所示，请问哪种情况是正确的，为什么？

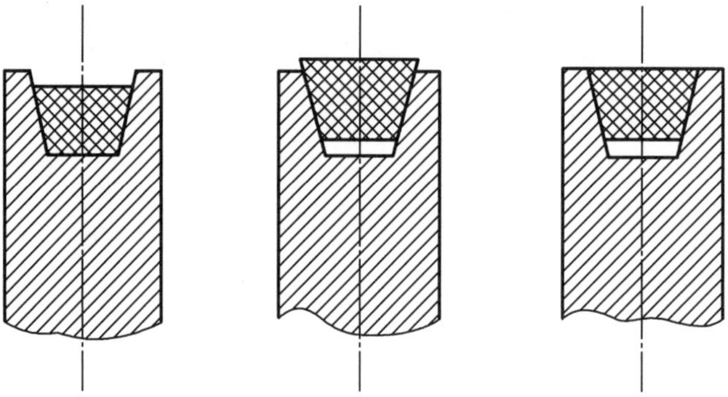

题 5-4 图

5-5 带的紧边拉力和松边拉力的大小取决于什么，它们之间有什么关系？

5-6 何谓带的有效拉力，并列出计算式，影响带传递的最大有效圆周力的因素有哪几个，其关系如何？

5-7 引起带传动弹性滑动和打滑的原因是什么，对传动有什么影响，二者的性质有何不同？

5-8 什么是滑动率，滑动率如何计算？

5-9 带传动在什么情况下才发生打滑？打滑发生在大带轮上还是小带轮上？刚开始打滑时，紧边与松边拉力有什么关系？

5-10 为了避免打滑，将带轮上与带接触的表面加工得粗糙些以增大摩擦，这样解决是否合理，为什么？

5-11　带传动工作时,带受何种应力作用?最大应力发生在什么位置,由哪些应力组成?

5-12　带传动的主要失效形式和计算准则是什么?

5-13　带传动为什么要限制最大中心距、最大传动比和最小带轮直径?

5-14　带速为什么不宜过高或过低?

5-15　安装带传动时,为什么要把带张紧?常用的张紧装置有哪些?在什么情况下使用张紧轮,装在什么位置?

5-16　带轮常用哪些材料制造?选择材料时应考虑哪些因素?在制造带轮时有哪些要求?

5.4.2　习题

5-17　已知一V带的主动轮直径 $D_1=100$ mm,从动轮直径 $D_2=400$ mm,中心距 a 约为485 mm,主动轮装在转速 $n_1=1\ 450$ r/min 的电动机上,三班制工作,载荷平稳,采用两根基准长度 $L_d=1\ 800$ mm 的A型普通V带,试求传动所能传递的功率。

5-18　单根A型普通V带传动的初拉力 $F_0=345$ N,主动带轮的基准直径 $D_1=160$ mm,主动轮转速 $n_1=1\ 500$ r/min,主动带轮上的包角 $\alpha=150°$,带与带轮之间的当量摩擦系数 $f_v=0.485$,试求:

(1)临界状态下V带紧边、松边的拉力 F_1 和 F_2。

(2)V带传动所能传递的最大有效圆周力 F_e 及最大功率 P。

5-19　有一A型V带传动,主动轴转速 $n_1=1\ 480$ r/min,从动轴转速 $n_2=600$ r/min,传递的最大功率 $P=1.5$ kW,带速 $v=7.75$ m/s,中心距 $a=800$ mm,当量摩擦系数 $f=0.5$,试求带轮基准直径 D_1、D_2 和初拉力 F_0。

5-20　单根V带传递的最大功率 $P=4.82$ kW,小带轮基准直径 $D_1=180$ mm,大带轮基准直径 $D_2=400$ mm,小带轮转速 $n_1=1\ 450$ r/min,小带轮的包角 $\alpha_1=152°$,带和带轮的当量摩擦系数 $f=0.25$,试确定带传动的有效圆周力 F_e、紧边拉力 F_1 和张紧力 F_0。

5-21　如图所示为自动张紧的V带传动,主动轮转向如图所示。试计算确定:

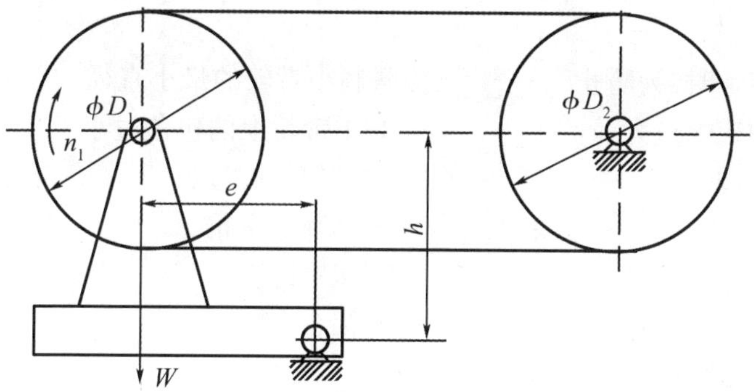

题 5-21 图

(1) V带能传递的最大功率 P_{max},此时的紧边拉力 F_1 等于多少?松边拉力 F_2 等于多少?

(2) 如果要求V带实际传递功率 $P=0.6$ kW,则此时的紧边拉力 F_1 等于多少?松边拉力 F_2 等于多少?

(3) 设主动轮的转向与图示相反,求此时V带能传递的最大功率 P_{max}。(已知: $W=30$ kg,

$h = 150$ mm,$e = 120$ mm,$D_1 = D_2 = 100$ mm,$v = 8$ m/s,$e^{f\alpha} = e^{0.3\pi}$,忽略带的离心拉力)

5-22 B 型 V 带传动中,已知:主动带轮基准直径 $D_1 = 180$ mm,从动带轮基准直径 $D_2 =$ 180 mm,两轮的中心距 $a = 630$ mm,主动带轮转速 $n_1 = 1\ 450$ r/min,能传递的最大功率 $P =$ 10 kW。试求:V 带中各应力,并画出各应力 σ_1、σ_2、σ_{b1} 及 σ_c 的分布图。

附:V 带的弹性模量 $E = 130 \sim 200$ MPa;V 带的质量 $q = 0.18$ kg/m;带与带轮间的当量摩擦系数 $f = 0.51$;B 型带的截面积 $A = 138$ mm^2;B 型带的高度 $h = 10.5$ mm。

5-23 V 带传动传递的功率 $P = 7.5$ kW,带速 $v = 10$ m/s,紧边拉力是松边拉力的两倍,即 $F_1 = 2F_2$。试求紧边拉力 F_1,有效拉力 F_e 和张紧力 F_0(忽略离心力的影响)。

5-24 设计一破碎机装置用普通 V 带传动。已知电动机型号为 Y132S-4,电动机额定功率 $P = 5.5$ kW,转速 $n_1 = 1\ 440$ r/min,传动比 $i = 2.2$,两班制工作,希望中心距不超过 650 mm。要求绘制大带轮的工作图(设该轮轴直径 $d = 35$ mm)。

5.5 考试复习与习题选解

5.5.1 是非判断题

1. V 带传动设计时,一般应使小带轮的包角 $\alpha \geq 120°$。 ( )
2. 带传动打滑首先在小带轮上发生。 ( )
3. 当带有打滑趋势时,带传动的有效拉力达到最大值。 ( )
4. 带传动传递功率过大打滑时,松边拉力为零。 ( )
5. 带传动的最大有效拉力随小带轮包角的增大而增大。 ( )
6. 带在工作时受变应力的作用,这是它可能出现疲劳破坏的根本原因。 ( )
7. 在传动系统中,皮带传动往往放在高速级是因为它可以传递较大的扭矩。 ( )

5.5.2 单项选择题

1. 设计 V 带传动时,为防止________,应限制小带轮的最小直径。

A. 带内的弯曲应力过大　　B. 小带轮上的包角过小

C. 带的离心力过大　　D. 带的长度过长

2. 当带速 $v \leq 30$ m/s 时,一般采用________来制造带轮。

A. 灰铸铁　　B. 球墨铸铁

C. 铸钢　　D. 铝合金

3. 带传动的中心距过大时,会导致________。

A. 带在工作时出现颤动　　B. 带的寿命缩短

C. 带的弹性滑动加剧　　D. 带受的拉力增大

4. 两带轮直径一定时,减小中心距将引起________。

A. 带的弹性滑动加剧　　B. 传动效率降低

C. 带的工作噪声增大　　D. 小带轮上的包角减小

5. 带张紧的目的是________。
A. 减轻带的弹性滑动　　B. 提高带的寿命
C. 改变带的运动方向　　D. 使带具有一定的初拉力
6. 在其他条件相同的情况下,V 带传动比平带传动能传递更大的功率,这是因为________。
A. 带与带轮的材料组合具有较高的摩擦系数
B. 带的质量轻,离心力小
C. 带与带轮槽之间的摩擦是楔面摩擦
D. 带无接头
7. 选取 V 带型号,主要取决于________。
A. 带传递的功率和小带轮转速　　B. 带的线速度
C. 带的紧边拉力　　D. 带的松边拉力
8. 中心距一定的带传动,小带轮上包角的大小主要由________决定。
A. 小带轮直径　　B. 大带轮直径
C. 两带轮直径之和　　D. 两带轮直径之差
9. 刚开始打滑前,带传动传递的极限有效拉力 F_{elim} 与初拉力 F_0 之间的关系为________。
A. $F_{elim}=2F_0e^{f\alpha}/(e^{f\alpha}-1)$　　B. $F_{elim}=2F_0(e^{f\alpha}+1)/(e^{f\alpha}-1)$
C. $F_{elim}=2F_0(e^{f\alpha}-1)/(e^{f\alpha}+1)$　　D. $F_{elim}=2F_0(e^{f\alpha}+1)/e^{f\alpha}$
10. 一定型号 V 带内弯曲应力的大小,与________成反比关系。
A. 带的线速度　　B. 带轮的直径　　C. 带轮上的包角　　D. 传动比
11. 一定型号 V 带中的离心拉应力,与带线速度________。
A. 的平方成正比　　B. 的平方成反比　　C. 成正比　　D. 成反比
12. 带传动在工作中产生弹性滑动的原因是________。
A. 带与带轮之间的摩擦系数较小　　B. 带绕过带轮产生了离心力
C. 带的弹性与紧边和松边存在拉力差　　D. 带传递的中心距大
13. 带传动不能保证准确的传动比,其原因是________。
A. 带容易变形和磨损　　B. 带在带轮上出现打滑
C. 带传动工作时发生弹性滑动　　D. 带的弹性变形不符合虎克定律
14. 同步带传动是靠带齿与轮齿间的________来传递运动和动力的。
A. 摩擦力　　B. 压紧力　　C. 啮合力　　D. 楔紧力
15. 带轮是采用轮辐式、腹板式或实心式,主要取决于________。
A. 带的横截面尺寸　　B. 传递的功率　　C. 带轮的线速度　　D. 带轮的直径
16. 当摩擦系数与初拉力一定时,则带传动在打滑前所能传递的最大有效拉力随________的增大而增大。
A. 带轮的宽度　　B. 小带轮上的包角　　C. 大带轮上的包角　　D. 带的线速度

5.5.3　填空题

1. 当带有打滑趋势时,带传动的有效拉力达到________,而带传动的最大有效拉力决定于________、________、________等因素。

2. 带的离心应力取决于________、________和________三个因素。

3. 常见的带传动的张紧装置有________、________和________等几种。

4. 带传动工作时，若主动轮的圆周速度为 v_1，从动轮的圆周速度为 v_2，带的线速度为 v，则它们的关系为 v_1 ________ v，v_2 ________ v。

5. V 带传动是靠带与带轮接触面间的________力工作的。V 带的工作面是________面。

6. 当中心距不能调节时，可采用张紧轮将带张紧，张紧轮一般应放在________的内侧，这样可以使带只受________弯曲。为避免过分影响________带轮上的包角，张紧轮应尽量靠近________带轮。

7. V 带传动限制带速 $v < 25 \sim 30$ m/s 的目的是为了________；限制带在小带轮上的包角 $\alpha_1 > 120°$ 的目的是________。

8. 为使 V 带与带轮轮槽更好地接触，轮槽角应________于带截面的楔角 φ，随着带轮直径减小，角度的差值越________。

9. 在传动比不变的条件下，V 带传动的中心距增大，则小轮的包角________，因而承载能力________。

10. 带转动限制小带轮直径不能太小，是为了________。若小带轮直径太大，则________。

5.5.4 问答简述题

1. 什么是带的弹性滑动和打滑？引起带弹性滑动和打滑的原因是什么？带的弹性滑动和打滑对带传动性能有什么影响？带的弹性滑动和打滑有何不同？

2. 带传动在什么情况下才发生打滑？打滑一般发生在大轮上还是小轮上，为什么？刚开始打滑时，紧边拉力与松边拉力之间的关系是什么？

3. 带传动工作时，带内应力如何变化？最大应力发生在什么位置，由哪些应力组成？研究带内应力变化的目的是什么？

4. 带传动的主要失效形式有哪些？单根 V 带所能传递的功率是根据什么准则确定的？

5. 在设计带传动时，为什么要限制带的速度 v_{min} 和 v_{max} 以及带轮的最小基准直径 D_{min}？

6. 带传动中，小带轮的转速有高低两种，当传递功率不变时，为安全起见，应按哪一种转速设计该带的传动，为什么？

5.5.5 习题选解指导

习题 5-21 解题要点：

(1) 当主动轮 1 按图示的方向旋转时，则带的紧边在下，松边在上。根据力矩平衡条件可得

$$F_2(h + 0.5D_1) + F_1(h - 0.5D_1) = We$$

当 V 带传递最大功率时，紧边拉力 F_1 和松边拉力 F_2 之间的关系应符合欧拉公式，即

$$\frac{F_1}{F_2} = e^{f\alpha} = e^{0.3\pi}$$

联立求解以上两式，可得 F_1 和 F_2，即可求出有效拉力并计算出传递的最大功率。

(2) 同理，根据力矩平衡条件可得

$$F_2(h + 0.5D_1) + F_1(h - 0.5D_1) = We$$

因为 V 带实际传递功率 $P=0.6\ \mathrm{kW}$，根据功率的计算公式，可得

$$(F_1-F_2)v/1\ 000=0.6$$

联立求解，可得 F_1 和 F_2。

(3) 当主动轮 1 按图示的反方向旋转时，应注意此时带紧边在上，松边在下。根据力矩平衡条件可得

$$F_2(h+0.5D_1)+F_1(h-0.5D_1)=We$$

仿(1)即可求出最大功率。

第6章 链 传 动

6.1 教学内容小结

6.1.1 主要内容

(1)链传动的类型、工作原理、特点及应用范围。
(2)链条与链轮的结构形式及尺寸。
(3)链传动的运动不均匀性(多边形效应)产生的原因和链传动的失效形式。
(4)功率曲线图的来历及使用方法。
(5)滚子链传动设计的方法和主要参数选择。
(6)链传动的合理布置、张紧和润滑方法。

6.1.2 学习要求

(1)了解链传动的工作原理、特点及应用。
(2)了解滚子链的标准规格及链轮的结构特点。
(3)了解链传动的布置、张紧和润滑方法。
(4)掌握链传动的运动特性及受力分析。
(5)掌握滚子链传动的设计计算方法和参数选择原则。

6.1.3 主要学习特点

(1) 链传动属于具有中间挠性件的啮合传动。其设计要求为确定链型号、节距、链长度(链节数)和链的列数;同时确定链轮齿数 z_1、z_2 及传动中心距 a、链轮材料及结构设计、张紧装置、润滑方法等。

(2) 内容框图及思路分析(图 6.1)。

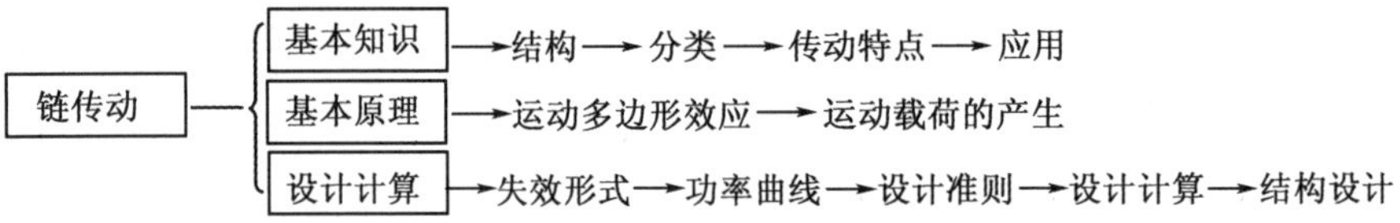

图 6.1 内容框图及思路分析

6.1.4 学习方法指导

(1)链传动的学习抓住其“具有中间挠性件的啮合传动”这一特点,与齿轮传动和带传动相比较来学习。

(2)链传动最主要的特点是运动的"多边形效应",这是分析计算链传动的关键。

6.2　重点、难点和考点

6.2.1　重点与难点分析

1. 链传动的运动特性

链传动的瞬时传动比在传动过程中是不断变化的,具有刚性链节的链条与链轮相啮合时,链节在链轮上呈多边形分布,在链条每转过一个链节时,链条前进的瞬时,速度周期性地由小变大,再由大变小。链条沿垂直于运动方向的分速度也在做周期性变化,从而导致链运动的不均匀性和链条的上、下抖动。可以证明链传动的瞬时传动比 $i=\frac{\omega_1}{\omega_2}=\frac{R_2\cos\gamma}{R_1\cos\beta}$,在传动中 γ 角与 β 角不是时时相等的,因此其瞬时传动比 i 不是恒定值,只有当两轮齿数相等,紧边的长度又恰为链节距的整数倍时,i 才为恒定值(因 γ 角和 β 角的变化时时相等)。

链传动的运动不均匀及刚性链节啮入链轮齿间时引起的冲击,必然要引起动载荷。当链节不断啮入链轮齿间时,就会形成连续不断的冲击、振动和噪声,这种现象通常称为"多边形效应"。链的节距越大,链轮转速越高,"多边形效应"就越严重。

在设计时,必须对链速加以限制,此外,选取小节距的链条,也有利于降低链传动的运动不均匀性及动载荷。

2. 链传动的失效形式、额定功率曲线

链传动的失效形式有:铰链元件由于疲劳强度不足而破坏;因铰链销轴磨损导致链节距过度伸长,造成脱链现象;润滑不当或转速过高时,销轴与套筒之间发生胶合;套筒或滚子由于过载造成冲击破断;低速重载的链传动,铰链元件发生静力拉断,链轮轮齿发生过度磨损。应该指出的是,随着传动技术的发展,润滑良好的情况下,磨损已不再是限定链传动承载能力的主要失效形式,疲劳强度和胶合才是决定其承载能力的主要因素。在一定的试验条件和使用寿命下,上述各种失效形式都可得出相应的极限功率表达式或绘制成极限功率曲线(即工作点落在极限功率曲线范围以内时,失效就可避免)。为避免上述各种失效形式,链传动实际使用应在各极限功率曲线范围以内,这样获得的曲线就是链条的额定功率曲线。

3. 链传动参数的合理选择

(1)传动比的选择

链传动传动比一般小于等于8,推荐 $i=2\sim3.5$,$i_{max}=10$,传动比越大,则链包在小链轮上的包角就越小,同时啮合的齿数就越少,轮齿的磨损就越大,容易出现跳齿现象,破坏正常啮合,通常小链轮上包角不应小于120°。

(2)链轮齿数选择

小链轮齿数 z_1 应大于等于 z_{min}。z_1 选得多一些,多边形效应将减小,动载减轻,有利于传动。大链轮齿数 z_2 应小于等于120。链轮齿数太多,链节磨损后就越容易跳齿或脱链,从而缩短链的使用寿命。另外小链轮齿数 z_1 最好与链条节数互为质数,以利均匀磨损。

(3)链节距和排数选择

链节距越大,链排数越多,则承载能力越大。但链节距越大,其运动不均性和附加动载荷越大。因此在满足承载能力的条件下,应尽量选择小节距的链,在转速高、载荷大,且要求传动平稳的场合,应尽量选择小节距多排链。在低速重载、中心距要求大、传动比小的场合,宜采用大节距单排链。

(4)中心距的选择

中心距过小,小轮上包角减小,轮齿受力增大,同时在一定链速下,单位时间内链条绕过链轮的次数增多,从而加剧链条的疲劳和磨损。中心距过大,链条松边 F 大,从而使链条易上、下颤动,设计时可初选中心距 $a=(30\sim50)p$,限定最大中心距 $a_{\max}=80p$。

(5)链速的选择

链条的线速度一般不应超过 12 m/s,因为链速越高,动载荷越大。

6.2.2 考点分析

1. 以基本题形式考查以下知识点:链传动的类型、工作原理、特点及应用;链条与链轮的结构形式;链传动的运动不均匀性(多边形效应)产生的原因和链传动的失效形式;功率曲线图的来历及使用方法;滚子链传动设计的方法和主要参数选择;链传动的合理布置,润滑和张紧方法。

2. 以分析简述题形式考核链传动的运动特性及其设计中的简单计算。

6.3 例题精选与解题指导

6.3.1 解题指导

链传动设计的已知条件为:传递功率 P ,链轮转速 n_1、n_2 (或传动比 i),工作条件,传动及结构尺寸要求等。

设计内容:确定链的节距 p 、链的长度(链节数 L_P)和链的列数;确定链轮的齿数 z_1、z_2 及传动中心距 a ;链轮的材料及结构设计;张紧力及润滑方法。

解题主要步骤:

(1)确定链轮齿数。根据传动比、估计链速 v,选取 z_1,$z_2=iz_1$。要求:$z_2\leqslant z_{\max}=120$;齿数尽量采用奇数。

(2)确定链节距。首先根据设计准则确定选择链节距的计算方法。

①对于一般速度的链传动,根据许用功率 $[P]$ 及转速 n_1 按图确定链的型号、节距与润滑方法。许用功率 $[P]=\dfrac{K_AP}{K_ZK_PK_L}$,中心距可根据传动尺寸要求初步选定,链的列数可先假定为单列,计算结果(节距)太大,再改用双列或多列。

②对于链速 $v\leqslant0.6$ m/s 的低速链传动,可先按上述方法选定节距,然后校核链条的静拉力强度,亦可按所需的破坏载荷 $Q_C=(4\sim8)K_WF_t$ 选择节距。选定节距 p 后,应验算链速是否与估计值一致。

(3)计算链节数 L_P 和中心距 a。

(4)确定链轮的主要尺寸并进行结构设计。

(5)计算链传动作用在轴上的力 F。

6.3.2 范例

例6-1 已知一单排滚子链传动,其主动轮转速 $n_1=960$ r/min,从动轮转速 $n_2=320$ r/min,主动轮齿数 $z_1=21$,中心距 $a=762$ mm,滚子链极限拉伸载荷为 31.1 kN,工作情况系数 $K_A=1.1$。试求该链条所能传递的功率。

解题过程及要点:

(1)由滚子链极限拉伸载荷等于 31.1 kN,查表得:滚子链型号为 12A,链节距 $p=19.05$ mm。

(2)确定链轮齿数 z_2:

$$z_2=\frac{n_1z_1}{n_2}=\frac{960\times21}{320}=63$$

(3)确定链条链节数 L_p:

$$L_p=2\frac{a}{p}+\frac{z_1+z_2}{2}+\left(\frac{z_2-z_1}{2\pi}\right)^2\frac{p}{a}$$

$$=\frac{2\times762}{19.05}+\frac{21+63}{2}+\left(\frac{63-21}{2\pi}\right)^2\times\frac{19.05}{762}\approx124$$

(4)确定单排链传递的许用功率 P_0:查图得 12A 型号的链条在小链轮转速 $n_1=960$ r/min 时,能传递的许用功率 $P_0=17$ kW。

(5)确定链所能传递的功率 P:

$$P=P_0\frac{K_zK_LK_P}{K_A}$$

$$K_z=\left(\frac{z_1}{19}\right)^{1.08}=\left(\frac{21}{19}\right)^{1.08}=1.11$$

$$K_L=\left(\frac{L_P}{100}\right)^{0.26}=\left(\frac{124}{100}\right)^{0.26}=1.06$$

$$K_P=1.0,K_A=1.0$$

所以
$$P=\frac{17\times1.11\times1.06\times1.0}{1.1}=18.182\ \text{kW}$$

例6-2 设计一电动机至螺旋输送机用的滚子链传动。已知电动机转速为 960 r/min,功率 $P=7$ kW,螺旋输送机转速为 240 r/min,载荷平稳,单班制工作。并计算链轮分度圆直径、齿顶圆直径、齿根圆直径和轮齿宽度。

解题过程及要点:

(1)选择链轮齿数 z_1、z_2

假定链速 $v=3\sim8$ m/s,查表选取小链轮齿数 $z_1=21$;大链轮齿数 $z_2=iz_1=\frac{960}{240}\times21=84$,根据链轮齿数最好为奇数的要求,取 $z_2=85$。

(2)计算功率 P_{ca}。查表得工作情况系数 $K_A=1.1$,所以

$$P_{ca}=K_A P=1.1\times7=7.7\ \text{kW}$$

(3)确定链条链节数 L_p。题目对中心距无特殊要求,初定中心距 $a_0=40\ p$,则链节数为

$$L'_p=2\frac{a_0}{p}+\frac{z_1+z_2}{2}+\left(\frac{z_2-z_1}{2\pi}\right)^2\frac{p}{a_0}=135.6\ 节$$

故取 $L_p=136$ 节。

(4)确定链条的节距 p。按小链轮转速估计,本传动的主要失效形式为链板疲劳破坏,链工作在功率曲线的左侧,查表得小链轮齿数系数:

$$K_z=\left(\frac{z_1}{19}\right)^{1.08}=\left(\frac{21}{19}\right)^{1.08}=1.114$$

$$K_L=\left(\frac{L_p}{100}\right)^{0.26}=\left(\frac{136}{100}\right)^{0.26}=1.038$$

选取单排链,查表得多排链系数 $K_P=1.0$,故得所需传递的功率为

$$P_0=\frac{P_{ca}}{K_z K_L K_P}=\frac{7.7}{1.114\times1.038\times1.0}=6.38\ \text{kW}$$

根据小链轮转速 $n_1=960$ r/min 和功率 $P_0=6.38$ kW,查图选取链号为 10 A 的单排链,同时也说明原估计链工作在额定功率曲线左侧是正确的。查表得链节距 $p=15.875$ mm。

(5)确定链长 L 及中心距 a:

$$L=\frac{L_P p}{1\,000}=\frac{136\times15.875}{1\,000}=2.159\ \text{m}$$

$$a=\frac{p}{4}\left[\left(L_p-\frac{z_1+z_2}{2}\right)+\sqrt{\left(L_p-\frac{z_1+z_2}{2}\right)^2-8\left(\frac{z_2-z_1}{2\pi}\right)^2}\right]$$

$$=\frac{15.875}{4}\left[\left(136-\frac{21+85}{2}\right)+\sqrt{\left(136-\frac{21+85}{2}\right)^2-8\left(\frac{85-21}{2\pi}\right)^2}\right]$$

$$=638.2\ \text{mm}$$

中心距减小量

$$\Delta a=(0.002\sim0.004)a=(0.002\sim0.004)\times638.2=1.3\sim2.6\ \text{mm}$$

实际中心距

$$a=a-\Delta a=638.2-(1.3\sim2.6)=636.9\sim635.6\ \text{mm}$$

故取 $a=636$ mm。

(6)验算链速:

$$v=\frac{n_1 z_1 p}{60\times1\,000}=\frac{960\times21\times15.875}{60\times1\,000}=5.33\ \text{m/s}$$

与原假定相符。

(7)作用在轴上的压轴力:

$$Q=K_Q F_e$$

有效圆周力

$$F_e=\frac{1\,000\ P_{ca}}{v}=\frac{1\,000\times7.7}{5.33}=1\,444.33\ \text{N}$$

按水平布置取压轴力系数 $K_Q=1.15$,则

$$Q=1.15\times1\ 444.33=1\ 661.10\ \text{N}$$

(8)定润滑方式。由链速 v 和链节距 p 查图，确定润滑方式为油浴或飞溅润滑。

(9)确定链轮直径。链轮分度圆直径

$$d_1 = p/\sin\left(\frac{180°}{z_1}\right) = 106.51\ \text{mm}$$

$$d_2 = p/\sin\left(\frac{180°}{z_2}\right) = 429.62\ \text{mm}$$

链轮齿顶圆直径

$$d_{a1} = p\left[0.54 - \cot\left(\frac{180°}{z_1}\right)\right] = 113.90\ \text{mm}$$

$$d_{a2} = p\left[0.54 - \cot\left(\frac{180°}{z_2}\right)\right] = 437.90\ \text{mm}$$

链轮齿根圆直径

$$d_f = d - d_1\text{，因为 } d_1 = 10.16\ \text{mm(滚子外径)}$$

所以 $d_{f1} = 96.35\ \text{mm}$，$d_{f2} = 419.46\ \text{mm}$

链轮齿宽 $b_{f1} = 0.95\,b_1$，因为 $b_1 = 9.4$ mm(内链节内宽)

所以 $b_{f1} = 8.93\ \text{mm}$

6.4 思考题与习题

6.4.1 复习思考题

6-1 与带传动相比，链传动有何特点？

6-2 为什么在一般情况下，链传动的瞬时传动比不是恒定的，在什么条件下是恒定的？

6-3 影响链传动速度不均匀性的主要参数是什么？

6-4 链传动的传动比写成 $i = \dfrac{n_1}{n_2} = \dfrac{z_2}{z_1} = \dfrac{d_2}{d_1}$ 是否正确，为什么？

6-5 链传动的主要失效形式有哪几种？

6-6 链传动的额定功率曲线是在什么条件下得到的，在实际使用中要进行哪些项目的修正？

6-7 链传动设计中，主从动轮齿数选择要受到下列条件限制：最少齿数 $z_{min}=9$，最多齿数 $z_{max}=120$，为什么？

6-8 链条节距的选用原则是什么？什么情况下宜选用小节距多排链，什么情况下宜选用大节距单排链？

6-9 链轮常用哪些材料制造？

6-10 链传动为什么要张紧，常用的张紧方法有哪些？

6-11 安装布置链传动时，应综合考虑哪些问题？

6-12 链传动有哪些润滑方法，各在什么情况下采用？

6.4.2 习题

6-13 一套筒滚子链传动装置，已知：主动链轮齿数 $z_1=23$，传动比 $i=3.75$，链节距 $p=12.7$ mm，主动链轮转速 $n_1=1\ 440$ r/min。试求：(1)链的平均速度 v；(2)瞬时链速的波动值；(3)两链轮的节圆直径。

6-14 链号为32A，主、从动链轮的齿数分别为 $z_1=21$，$z_2=65$，中心距约为800 mm的传动装置，试求链条的长度。

6-15 单排滚子链传动，已知链节距 $p=25.4$ mm，小链轮分度圆直径 $d_1=170.47$ mm，小链轮转速 $n_1=790$ r/min，单位长度的链条质量 $q=2.6$ kg/m，求：(1)小链轮齿数 z_1；(2)链所受的离心拉力 F_c。

6-16 一套筒滚子链传动，已知：链节距 $p=15.875$ mm，小链轮齿数 $z_1=18$，大链轮齿数 $z_2=60$，中心距 $a=700$ mm，小轮转速 $n_1=730$ r/min，载荷平稳，试计算：

(1)链节数；

(2)链所能传递的最大功率；

(3)链的工作拉力。

6-17 试设计由电动机到空气压缩机之间的套筒滚子链传动。已知数据如下：电动机功率 $P=10$ kW，小链轮转速 $n_1=970$ r/min，压缩机转速 $n_2=330$ r/min，两班制工作，采用人工定期润滑，链传动水平布置，要求中心距不大于600 mm。

6-18 一双排滚子链传动，传递功率 $P=1.5$ kW，传动中心距 $a=500$ mm，链节距 $p=12.7$ mm，单位长度的链条质量 $q=0.6$ kg/m，主动链轮转速 $n_1=130$ r/min，主动链轮齿数 $z_1=17$，工况系数 $K_A=1$，水平传动，静强度许用安全系数取 $[S]=7$，试校核此链传动的强度。

6.5 考试复习与习题选解

6.5.1 是非判断题

1. 链轮的转速越高、节距越小、齿数越多，则链传动的动载荷就越大。 ( )

2. 链传动布置时，主、从动链轮的轴线应相互平行。 ( )

3. 链传动属于带有中间挠性件的啮合传动。 ( )

4. 当两链轮的齿数 $z_1=z_2$，且中心距恰为链节距 p 的整数倍时，链传动的瞬时速比为常数。 ( )

5. 在链传动中，当两链轮的轴线处于同一水平面时，则最好将紧边布置在下边，松边布置在上边。 ( )

6. 链传动中，当主动链轮匀速回转时，链速是变化的。 ( )

7. 链传动中，当一根链的链节数为偶数时，需采用过渡链节。 ( )

8. 旧自行车的后链轮(小链轮)比前链轮(大链轮)容易脱链。 ( )

6.5.2　单项选择题

1. 与带传动相比,链传动的优点是________。
A. 工作平稳,无噪声　B. 寿命长
C. 制造费用低　D. 能保持准确的瞬时传动比
2. 若链条在小链轮上的包角过小,则________。
A. 链条易从链轮上滑落　B. 链条易被拉断,承载能力低
C. 同时啮合的齿数少,链条和轮齿的磨损快　D. 传动的不均匀性增大
3. 链传动设计中,一般链轮最多齿数限制为120,是为了________。
A. 减少传动的运动不均匀性　B. 限制传动比
C. 减少因磨损而产生脱链的可能性　D. 保证链轮轮齿的强度
4. 在一定的转速下,要减轻链传动运动的不均匀性和动载荷,应________。
A. 增大链节距和链轮齿数　B. 减小链节距和链轮齿数
C. 增大链节距,减小链轮齿数　D. 减小链节距,增大链轮齿数
5. 两轴线不在同一水平面的链传动,链条的紧边应布置在上边,松边应布置在下边,这样可以使________。
A. 链条平稳工作,降低运行噪声
B. 松边下垂量增大后不致与链轮发生咬链现象
C. 链条的磨损减小
D. 链传动达到自动张紧的目的
6. 链传动作用在轴和轴承上的载荷比带传动要小,这主要是因为________。
A. 链传动只用来传递较小功率　B. 链速较高,在传递相同功率时,圆周力小
C. 链传动是啮合传动,无须大的张紧力　D. 链的质量大,离心力大
7. 链条由于静强度不够而被拉断的现象,多发生在________情况下。
A. 低速重载　B. 高速重载　C. 高速轻载　D. 低速轻载
8. 在选择参数时,限制主动链轮的齿数不宜过少,其目的主要是________。
A. 减轻磨损　B. 减轻胶合　C. 降低传动的不均匀性和动载荷
9. 链传动中链节数取偶数,链轮齿数为奇数,最好互为质数,其原因是________。
A. 磨损均匀　B. 具有抗冲击力　C. 减少磨损与胶合　D. 瞬时传动比为定值
10. 链传动,链节数常采用偶数,这是为了使链传动________。
A. 工作平稳　B. 链条与链轮轮齿磨损均匀
C. 提高传动效率　D. 避免采用过渡链节
11. 应用标准套筒滚子链传动的许用功率曲线,必须根据________来选择链条的型号和润滑方法。
A. 链条的圆周力和传递功率　B. 小链轮的转速和计算功率
C. 链条的圆周力和计算功率　D. 链条的速度和计算功率
12. 链条在小链轮上的包角,一般应大于________。
A. 90°　B. 120°　C. 150°　D. 180°

13. 链传动中，链板受到应力属于________。

A. 静应力　　B. 对称循环变应力　　C. 脉动循环变应力　　D. 非对称循环变应力

6.5.3 填空题

1. 链传动中，即使主动链轮的角速度 ω_1 = 常数，也只有当________时，从动链轮的角速度 ω_2 和传动 i 才能得到恒定值。

2. 链传动一般应布置在____平面内，尽可能避免布置在____平面内。

3. 链传动的动载荷是随着链条节距 p ____和链轮齿数________而增加。

4. 对于高速重载的套筒滚子链传动，应选用节距________的______排链；对于低速重载的套筒滚子链传动，应选用节距________的链传动。

5. 链传动中，小链轮的齿数越多时，则传动平稳性越________。

6. 链传动中，当节距 p 增大时，优点是________________，缺点是________。

7. 若不计链传动中的动载荷，则链的紧边受到的拉力由________、________和________三部分组成。

8. 开式链传动的主要失效形式是____________________。

6.5.4 问答简述题

1. 试分析链节距和链轮的转速 n_1 对链和链轮轮齿间的冲击载荷的影响。设计中应如何考虑这一影响？

2. 在套筒滚子链传动的设计计算时应用额定功率曲线图，试根据此图分析影响传动能力的主要因素。

3. 在设计链传动时，为什么要限制传动比？传动比过大有什么缺点？

4. 为什么自行车采用链传动而不采用其他传动？

第7章 齿轮传动

7.1 教学内容小结

7.1.1 主要内容

(1)齿轮传动的基本知识(特点、应用、分类)、主要参数和精度等级。

(2)齿轮传动的失效形式,各种失效现象、机理和特点,各种失效的判别式及齿轮传动的计算准则。

(3)齿轮材料的基本要求,齿轮常用材料及热处理方法,材料选用原则及齿面硬度确定。

(4)齿轮传动的受力分析,计算载荷及载荷系数,各种载荷系数的物理意义与影响因素。

(5)齿轮承载能力计算:直齿圆柱齿轮传动的齿面接触疲劳强度计算与齿根弯曲疲劳强度计算;斜齿圆柱齿轮传动和直齿圆锥齿轮传动的强度计算特点;静强度计算。

(6)齿轮传动的设计计算:设计步骤、几何尺寸的确定、主要参数选择及齿轮许用应力。

(7)齿轮的结构设计;齿轮传动的润滑与效率。

7.1.2 学习要求

(1)熟悉齿轮传动的优缺点、适用场合、齿轮传动的各种分类与主要参数及精度选择。

(2)掌握齿轮传动的轮齿失效形式(轮齿折断、齿面点蚀、磨损、胶合、塑性流动)的特点、部位、机理,防止或减轻损伤的措施,针对不同损伤形式的判别及齿轮传动的设计计算准则。

(3)掌握选用齿轮材料的基本要求,常用齿轮材料与常用热处理方法,能合理地选用齿轮的配对材料。

(4)熟练掌握齿轮传动的受力分析方法,确定 F_t、F_a、F_r 三分力的大小、方向及相互关系。

(5)理解齿轮传动强度计算中要用计算载荷而不能用名义载荷的道理,了解四个载荷系数的物理意义及其影响因素,采取哪些措施可减小载荷系数的数值。

(6)掌握直齿圆柱齿轮传动的齿面接触疲劳强度与齿根弯曲疲劳强度的基本理论依据、力学模型、应力类型、变化特性、推导计算公式的思路、公式中参数的意义及应用公式的注意事项。对斜齿圆柱齿轮传动与直齿圆锥齿轮传动的强度计算应根据它的传动特点,由当量齿轮转化为直齿圆柱齿轮的强度计算,注意它们的计算与直齿圆柱齿轮传动计算的异同点。了解何时须进行静强度校核及如何进行静强度校核。

(7)通过例题与示范题解,掌握齿轮传动的设计步骤(包括设计计算、校核计算与分析计算等各种类型题),能进行数据处理(如圆整与取标准值等)与合理选择齿轮参数。

(8)能根据齿轮的尺寸、生产条件来选择毛坯种类与具体结构形式(齿轮轴、腹板式、轮辐式等),并会绘制齿轮零件工作图。

(9)了解齿轮传动的润滑方式与润滑剂的选择和齿轮传动的效率、振动和噪音,简单了解其他类型齿轮传动。

7.1.3 主要学习特点

(1)齿轮传动属于啮合传动,它以机械原理所学的啮合原理,即齿轮传动原理及参数计算为基础,分直齿圆柱齿轮、斜齿圆柱齿轮、直齿圆锥齿轮进行学习。其实质是设计两轴之间在传递一定功率 P、传动比 i、转速 n_1 下,满足工作条件的齿轮传动,即确定该齿轮传动的参数及几何尺寸,并完成相关结构设计。

(2)内容框图及思路分析(图 7.1)。

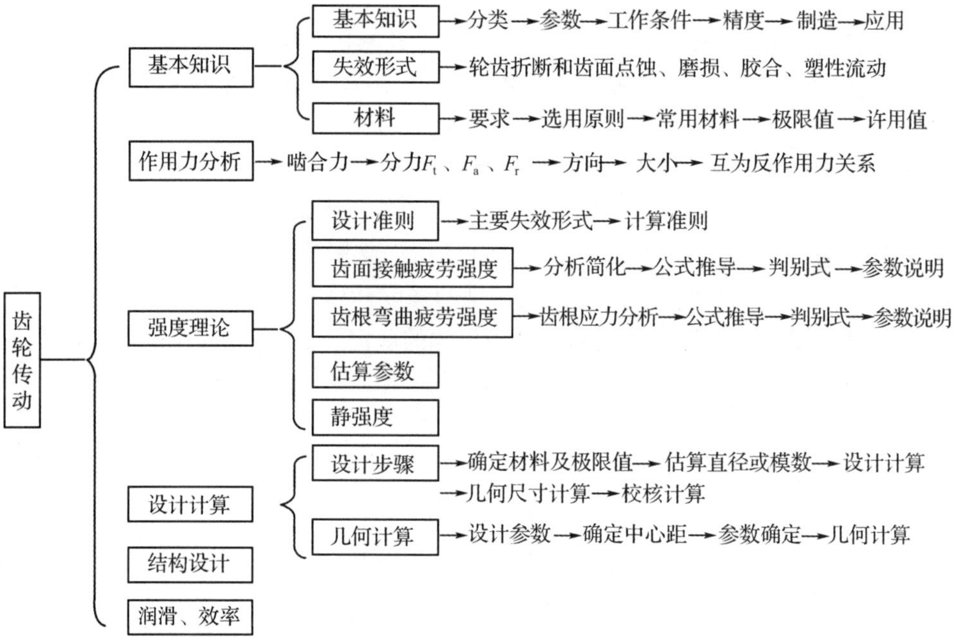

图 7.1 内容框图及思路分析

7.1.4 学习方法指导

(1)齿轮传动的基本知识涉及众多先修课程内容,因此要联系起来考虑。

(2)熟练掌握齿轮传动的受力分析方法,首先掌握直齿圆柱齿轮传动的法向力 F_n 及其分力(圆周力 F_t、径向力 F_r)的大小、方向及在图上正确表示,然后特别重视斜齿圆柱齿轮传动的轴向力 F_a 的大小与方向的确定,以及一对直齿圆锥齿轮传动中径向力 F_r 与轴向力 F_a 的特殊关系。

(3)齿轮传动力分析在搞清单级传动后,主要重点在多级啮合传动下力分析、旋转方向判断和螺旋方向判断,以及如何保证轴系合理的轴向力。

(4)强度理论是重点,一定要搞清不同工作条件下的主要失效形式及计算准则,如何用基本理论来分析齿轮传动,并完成公式推导,其重点为直齿轮、斜齿轮和锥齿轮的类比分析。

(5)齿轮传动涉及参数和系数很多,一定要搞清其含义、定性分析和定量选取。

(6)齿轮传动的内容较广,学完后应对失效形式及设计准则、受力分析和直齿(斜齿、锥齿)的强度计算及其设计进行分析、归纳、总结,以便获得全貌,抓住重点。

7.2　重点、难点和考点

7.2.1　重点与难点分析

1. 齿轮失效形式

齿轮传动的损伤主要发生在轮齿。轮齿的损伤分为齿面损伤和轮齿折断两大类。前者又分为齿面磨损、点蚀、胶合和塑性流动等。

(1)轮齿折断

轮齿折断分为弯曲疲劳折断和过载折断。闭式传动中的钢制硬齿面(>350HBS)齿轮,其主要损伤形式是轮齿的弯曲疲劳折断。过载折断是由于受到短时过载或冲击载荷或轮齿磨薄后,使轮齿应力超过其极限应力所造成的。用脆性材料制造的齿轮容易发生过载折断。

(2)齿面磨粒磨损

在开式齿轮传动中,齿面间易落入砂粒、铁屑、非金属物等磨粒性物质,将引起齿面的磨损。磨粒磨损往往是开式齿轮传动的主要失效形式。

(3)齿面点蚀

齿面点蚀是润滑良好的闭式齿轮传动最常见的失效形式。而且以软齿面、闭式齿轮传动最易出现疲劳点蚀。疲劳点蚀的发生机理分析如下:如图7.2(a)所示为一对互相压紧的滚轮,且接触表面的速度$v_2>v_1$,则滚轮2称为追越面,滚轮1称为被追越面。由试验可知,两滚轮在接触变应力和摩擦力的作用下,将先后产生疲劳裂纹,裂纹的扩展方向与摩擦力的方向相反。如图所示,当滚轮1的被追越面上裂纹进入接触区时,裂纹开口迎向高压油波,油波进入裂纹产生液体冲击,裂纹口被滚轮2压紧,润滑油被封闭在裂纹中,在随后的挤压过程中由于裂纹空隙减小,将产生很高的油压,促使裂纹扩展,最终超过材料强度而脱落,形成点蚀。润滑油黏度越低,越容易渗入裂纹,因而点蚀越容易发生。反之,滚轮2的追越面上的疲劳裂纹因开口背向运动方向,进入接触区时油被挤出,裂纹扩展慢,所以追越面不易产生点蚀。

当一对齿轮在啮合线上啮合时,就与一对滚轮相对滑动相似,如图7.2(b)所示,两齿廓在啮合点的切向分速度分别为v_{s1}和v_{s2},即相当于图7.2(a)两滚轮面的速度。当轮齿在B_2C段啮合时,主动轮1的齿根面与从动轮2的齿顶面相啮合,且$v_{s2}>v_{s1}$,所以主动轮1的齿根面是被追越面,裂纹容易扩展;在CB_1段啮合时,是主动轮1的齿顶面与从动轮2的齿根面相啮合,且$v_{s1}>v_{s2}$,从动轮2的齿根面是被追越面。因此,当两齿廓啮合时,总是齿根面的切向分速度较低,不论是主动轮或从动轮,都是齿根面为被追越面,也就是齿根面首先发生点蚀。

由于节线附近只有一对齿啮合,所以接触应力大,且节线附近相对滑动速度较小,不容易形成油膜,致使摩擦力达到最大值,因此点蚀常首先发生在节线附近的齿根表面。

(4)齿面胶合

闭式传动在高速、重载工况下工作时易产生热胶合;在低速、重载工况下工作时易产生冷胶合。热胶合是高速齿轮传动的主要损伤形式。

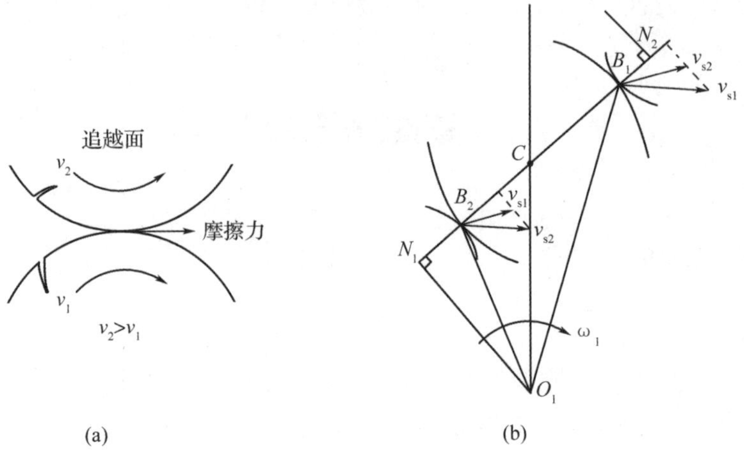

图 7.2 齿轮啮合运动分析

(5)齿面的塑性流动

齿面的塑性流动一般多发生在硬度低的齿轮上(如正火齿轮)。但在重载作用下,硬度高的齿轮上也经常发生。

研究齿轮损伤形式是为了建立相应的计算准则。具体确定设计准则时,应掌握几个基本点:损伤出现于轮齿的什么部位,损伤的基本原因,损伤表明了轮齿的什么能力(或强度)不足,以及保证齿轮传动所需工作寿命应采取的措施等。

2. 齿轮传动的计算准则

在不同工作条件下齿轮传动的主要失效形式也不同,针对防止齿轮不同失效就应该选用不同的设计计算准则来设计齿轮。但目前通用的强度计算,国家标准只有接触强度与弯曲强度两种,而胶合强度虽有国家标准,但实用资料尚缺乏,磨损与塑性流动计算目前尚无标准,故目前的强度计算主要采用:

(1)闭式软齿面齿轮传动,先按齿面接触疲劳强度进行设计,然后进行轮齿的弯曲疲劳强度校核。对于闭式硬齿面齿轮传动,则先按轮齿弯曲疲劳强度进行设计,然后进行齿面接触疲劳强度校核。

(2)开式齿轮传动只按弯曲疲劳强度设计,并用增大模数的方法来考虑磨损的影响。

(3)有较大短期过载传动,应按低循环疲劳强度或静强度进行计算,以防止轮齿过载折断或塑性流动。

(4)高速、重载齿轮传动(如航空发动机的齿轮),除保证接触疲劳强度和弯曲疲劳强度外,还须按抗胶合能力进行计算。

3. 齿轮传动的受力分析

齿轮传动的受力分析,应以直齿圆柱齿轮传动为基础,而以斜齿圆柱齿轮传动为重点来分析,要从力的分解与平衡关系着手,不但要讲清主动齿轮的受力,而且要讲清一对齿轮受力间的关系。

斜齿轮力的分解——当略去齿面间的摩擦力,主动斜齿轮上的法向力 F_{n1} 作用在齿面的法面内,它与分度圆柱面的切面的夹角为法面压力角 α_n,然后把 F_{n1} 在法面内分解为 F_{r1} 与 F_1,再把 F_1 在切面内分解为 F_{t1} 与 F_{a1},这样就得到三个分力:F_{t1}、F_{r1}、F_{a1}。其分解的顺序如下:

$$F_{n1}(\text{法面内分解})\begin{cases}F_1=F_{n1}\cos\alpha_n(\text{切面内分解})\begin{cases}F_{t1}=F_1\cos\beta=\dfrac{2T_1}{d_1}\\F_{a1}=F_1\sin\beta=F_{t1}\tan\beta\end{cases}\\F_{r1}=F_{n1}\sin\alpha_n=F_{t1}\tan\alpha_t=F_{t1}\dfrac{\tan\alpha_n}{\cos\beta}\end{cases}$$

这里注意,在切面内 F_1 与 F_{t1} 的夹角为 β,因此 F_{a1} 与 F_{t1} 的关系为:

$$F_{a1}=F_{t1}\tan\beta$$

而在端面内,$F_{r1}=F_{t1}\tan\alpha_t$,根据 α_t 与 α_n、β 的关系,$\tan\alpha_t=\tan\alpha_n/\cos\beta$,即可得到:

$$F_{r1}=F_{t1}\tan\alpha_n/\cos\beta$$

在进行齿轮传动的受力分析时,要不但能在平面图上表示 3 个分力的方向,而且能在一对齿轮轴侧图上表示 3 个分力的方向。特别注意力的作用点要画在齿宽的中点。将齿轮传动受力分析按直齿、斜齿、圆锥齿轮进行列表比较,见表 7.1。在掌握了一对齿轮传动的受力分析后,要综合分析各种齿轮传动组合的两级齿轮传动(如斜齿圆柱齿轮与直齿圆柱齿轮、两级斜齿圆柱齿轮、圆锥齿轮与斜齿圆柱齿轮)的受力状况,使传动方案受力合理,结构设计最佳。

表 7.1　齿轮传动受力分析

项 目	直齿圆柱齿轮	斜齿圆柱齿轮	锥齿轮	说明
受力分析简图	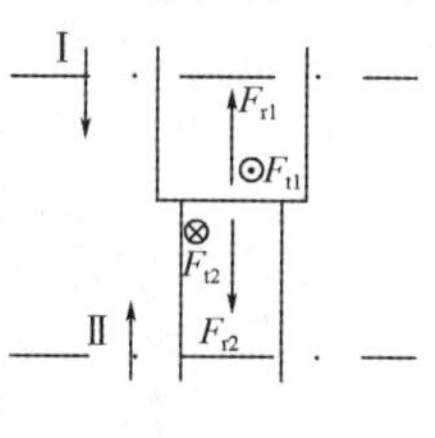	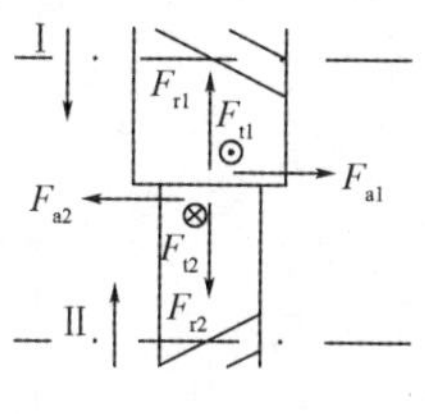	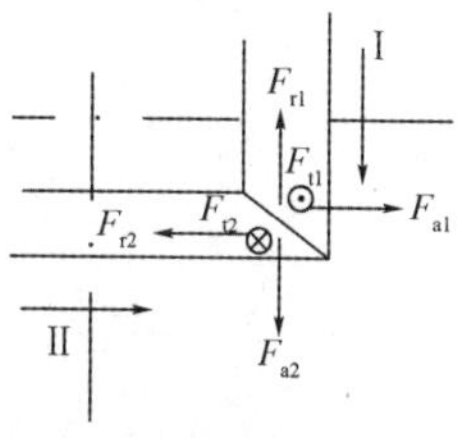	下标 1 为主动轮 下标 2 为从动轮
力的大小	$F_{t1}=\dfrac{2T_1}{d_1}$ $F_{r1}=F_{t1}\tan\alpha$ $(F_n=F_{t1}/\cos\alpha)$	$F_{t1}=\dfrac{2T_1}{d_1}$ $F_{r1}=F_{t1}\tan\alpha_n/\cos\beta$ $F_{a1}=F_{t1}\tan\beta$	$F_{t1}=\dfrac{2T_1}{d_{m1}}$ $F_{r1}=F_{t1}.\tan\alpha.\cos\delta_1$ $F_{a1}=F_{t1}.\tan\alpha.\sin\delta_1$	
互为反作用	$F_{t2}=-F_{t1}$ $F_{r2}=-F_{r1}$	$F_{t2}=-F_{t1}$ $F_{r2}=-F_{r1}$ $F_{a2}=-F_{a1}$	$F_{t2}=-F_{t1}$ $F_{r2}=-F_{a1}$ $F_{a2}=-F_{r1}$	
力的方向	F_t—与运动方向"主反从同"(即主动轮 F_t 与运动方向相反,从动轮 F_t 同运动方向相同) F_r—各自"指向轮心"	F_t—同直齿轮 F_r—同直齿轮 F_a—主动轮:用左右手法则,用与齿轮旋向相同的手来判断,判断时"四指顺转向,拇指指力向(F_a 的方向)";从动轮:用互为反作用力判断	F_t—同直齿轮 F_r—各自"指向轮心" F_a—由"小端指向大端"	若为内啮合,则 F_r 背离轮心

4. 齿轮强度计算

(1)强度计算公式

齿轮传动强度计算按不同性质列于表 7.2。

表 7.2　齿轮强度计算公式

传动类型	公式类型	齿面接触疲劳强度	齿根弯曲疲劳强度
直齿圆柱齿轮	校核公式	$\sigma_H = Z_E \cdot Z_H \cdot Z_\varepsilon \sqrt{\frac{2KT_1}{bd_1^2} \cdot \frac{u \pm 1}{u}} \leqslant [\sigma_H]$	$\sigma_F = \frac{2KT_1}{bd_1 m} \cdot Y_{F_a} \cdot Y_{S_a} \cdot Y_\varepsilon \leqslant [\sigma_F]$
	设计公式	$d_1 \geqslant \sqrt[3]{\frac{2KT_1}{\psi_d} \cdot \frac{u \pm 1}{u} \cdot \left(\frac{Z_E Z_H Z_\varepsilon}{[\sigma_H]}\right)^2}$	$m \geqslant \sqrt[3]{\frac{2KT_1}{\psi_d z_1^2} \cdot \frac{Y_{F_a} \cdot Y_{S_a} \cdot Y_\varepsilon}{[\sigma_F]}}$
斜齿圆柱齿轮	校核公式	$\sigma_H = Z_E \cdot Z_H \cdot Z_\varepsilon \cdot Z_\beta \sqrt{\frac{2KT_1}{bd_1^2} \cdot \frac{u \pm 1}{u}} \leqslant [\sigma_H]$	$\sigma_F = \frac{2KT_1}{bd_1 m_n} \cdot Y_{F_a} \cdot Y_{S_a} \cdot Y_\varepsilon \cdot Y_\beta \leqslant [\sigma_F]$
	设计公式	$d_1 \geqslant \sqrt[3]{\frac{2KT_1}{\psi_d} \cdot \frac{u \pm 1}{u} \cdot \left(\frac{Z_E Z_H Z_\varepsilon Z_\beta}{[\sigma_H]}\right)^2}$	$m_n \geqslant \sqrt[3]{\frac{2KT_1 \cos^2\beta}{\psi_d z_1^2} \cdot \frac{Y_{F_a} \cdot Y_{S_a} \cdot Y_\varepsilon \cdot Y_\beta}{[\sigma_F]}}$
直齿锥齿轮	校核公式	$\sigma_H = Z_E \cdot Z_H \cdot Z_\varepsilon \sqrt{\frac{4.7KT_1}{\psi_R(1-0.5\psi_R)^2 d_1^3 u}} \leqslant [\sigma_H]$	$\sigma_F = \frac{4.7KT_1}{\psi_R(1-0.5\psi_R)^2 z_1^2 m^3 \sqrt{u^2+1}} \cdot$ $Y_{F_a} \cdot Y_{S_a} \cdot Y_\varepsilon \leqslant [\sigma_F]$
	设计公式	$d_1 \geqslant \sqrt[3]{\frac{4.7KT_1}{\psi_R(1-0.5\psi_R)^2 u} \cdot \left(\frac{Z_E Z_H Z_\varepsilon}{[\sigma_H]}\right)^2}$	$m \geqslant$ $\sqrt[3]{\frac{4.7KT_1}{\psi_R(1-0.5\psi_R)^2 z_1^2 \sqrt{u^2+1}} \cdot \frac{Y_{F_a} \cdot Y_{S_a} \cdot Y_\varepsilon}{[\sigma_F]}}$
估计式		$d_1 \geq A_d \cdot \sqrt[3]{\frac{T_1}{\psi_d \cdot ([\sigma_H])^2} \cdot \frac{u \pm 1}{u}}$ $[\sigma_H] \approx 0.9\sigma_{H\lim}$	$m_n \geq A_m \cdot \sqrt[3]{\frac{T_1}{\psi_d \cdot z_1^2 \cdot [\sigma_F]}} \cdot Y_{Fa} \cdot Y_{Sa}$ $[\sigma_F] \approx 0.7\sigma_{F\lim}$(单向) $[\sigma_F] \approx 0.5\sigma_{F\lim}$(双向开式)
静强度	少循环次数	$\sigma_{Hst} = Z_E \cdot Z_H \cdot Z_\varepsilon \cdot$ $\sqrt{\frac{2K_V K_{H\alpha} K_{H\beta} T_{1\max}}{bd_1^2} \cdot \frac{u \pm 1}{u}} \leqslant [\sigma_{Hst}]$	$\sigma_{Fst} = \frac{2K_V K_{F\alpha} K_{F_\beta} T_{1\max}}{bd_1 m} \cdot Y_{F_a} \cdot Y_{S_a} \cdot Y_\varepsilon$ $\leqslant [\sigma_{Fst}]$
	瞬时过载		$\sigma_{F_{\max}} = \frac{F_{\max} \cdot K_{Hs}}{bm} \cdot Y_{F_a} \cdot Y_{S_a} \cdot Y_\varepsilon \leqslant [\sigma_s]$

(2)齿面接触疲劳强度分析

直齿圆柱齿轮传动中,两齿廓的接触过程有如下特点:

①齿廓曲线为渐开线。

②接触过程中曲率半径 ρ_1、ρ_2 是变化的。

③接触过程中 F_n 不变,但因存在重合度 ε_α,即存在单双齿啮合区,故啮合点力是变化的。

④接触过程中除节点处外,其余部位均存在摩擦力。

经大量分析计算认为可以将渐开线简化为圆弧线,则齿廓啮合过程简化为变曲率、变载荷的两圆柱体相接触的过程;考虑到节点处仅一对齿轮啮合,同时点蚀主要发生在节线附近靠齿根表面,因此,可进一步简化以节点处曲率半径为半径、节点处作用力 F_n 为载荷的两圆柱体相接触的过程。这样就可以用两圆柱体相接触的接触疲劳强度公式,进行分析推导,得出其接触疲劳强度校核式和设计式。

由于一对齿面的接触面积相等,而一对接触点的接触力是大小相等、方向相反的作用力与反作用力,因此,一对啮合齿轮的接触应力是相等的,即 $\sigma_{H1}=\sigma_{H2}$。但由于一对齿轮中,一般大小齿轮的材料与热处理硬度不一定相同,而且寿命系数也不一定相等,因此两个齿轮的许用接触应力不一定相等,即$[\sigma_{H1}]\neq[\sigma_{H2}]$。因此一对齿轮的接触强度一般不相等,由此得出在应用接触强度校核公式及设计公式时要用接触强度弱的许用应力代入公式,即$[\sigma_H]=\min\{[\sigma_{H1}],[\sigma_{H2}]\}$。

斜齿圆柱齿轮、直齿锥齿轮传动均按分析各自的啮合特点,并与直齿圆柱齿轮比较,进行分析推导得出其接触疲劳强度校核式和设计式。

从齿面接触疲劳强度条件式可知,当 T_1 与 u 一定时,要提高接触疲劳强度,只有通过 $\sigma_H\downarrow$ 或$[\sigma_H]\uparrow$来实现。要使 $\sigma_H\downarrow$ 只有通过以下途径:

①$d_1\uparrow$,$\sigma_H\propto\dfrac{1}{d_1}$,$\sigma_H$ 下降得多。

②$b\uparrow$,$\sigma_H\propto\dfrac{1}{\sqrt{b}}$,$\sigma_H$下降,但不如 $d_1\uparrow$ 使 σ_H下降显著;同时 $b\uparrow$,还会使 $K_\beta\uparrow$,反而使 $\sigma_H\uparrow$。

③在保证弯曲疲劳强度条件下,$m\downarrow$,则 $z\uparrow$,则 $\varepsilon_\alpha\uparrow$,从而使 $Z_\varepsilon\downarrow$,$\sigma_H\downarrow$。

④正角变位齿轮传动,$\alpha'>\alpha$,$X_\varepsilon=(x_1+x_2)\uparrow$,$Z_H\downarrow$,$\sigma_H\downarrow$。

(3)齿根弯曲疲劳强度

如图 7.3 所示,进行齿根弯曲强度计算时,将轮齿视为悬臂梁,齿根危险截面处,弯矩最大时的齿根弯曲应力也最大。由于 $\varepsilon_\alpha>1$,当载荷作用于齿顶时虽然力臂最大,因为有两对啮齿分担载荷,弯矩不是最大;只有当力作用于单对齿啮合区上界点 D,力由一对齿来承担时,弯矩才最大,这时齿根弯曲应力亦最大,本来这才是计算依据。但力作用点 D 的尺寸计算过于复杂,为了简化计算,以力作用于齿顶为计算依据,用重合度系数 Y_ε 把力作用于齿顶时的齿根弯曲应力折算为力作用于单对啮合区上界点 D 时的齿根弯曲应力。

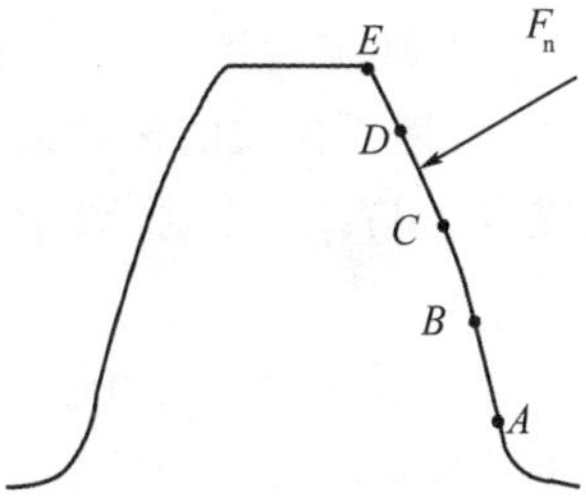

图 7.3　轮齿啮合分析

在进行齿根弯曲应力分析时,利用 30°切线法确定危险截面,并将齿形悬臂梁简化为矩形悬臂梁,分析齿根应力实为复合应力,有弯曲应力 σ_b,压应力 σ_1,剪应力 τ,按力学知识计算齿根应力较复杂,故将 $\sigma_F\approx\sigma_b$,并考虑应力修正系数 Y_{Sa}。

齿根弯曲疲劳强度计算公式中,大多数系数都好理解,只有齿形系数 Y_{Fa} 比较抽象,初学者对它的物理意义理解不深。为什么 Y_{Fa} 与齿轮模数无关?其实 Y_{Fa} 是反映当力作用于齿顶时,轮齿齿廓形状对齿根弯曲应力影响的系数,它是指齿根厚度与齿高的对比关系。当齿高增大,齿根厚减小,则轮齿为瘦高型,即 $Y_{Fa}\uparrow$,$\sigma_F\uparrow$,抗弯能力差;反之,齿高减小,齿根厚增大,则轮齿为矮胖型,即 $Y_{Fa}\downarrow$,$\sigma_F\downarrow$,抗弯能力强。因此,Y_{Fa} 是反映轮齿“高、矮、瘦、胖”程度的形态系数。而模数 m 的值反映一个轮齿绝对尺寸的大小,对用标准刀具加工的标准齿轮,若齿数相同仅模数不同,它们的轮齿都是相似几何图形,模数只是它们的放大比例。关于 Y_{Fa} 的影响因素,对于用标准刀具加工的标准直齿圆柱齿轮,Y_{Fa} 只取决于齿数 z,由于 $z\uparrow$,齿根厚↑,则 $Y_{Fa}\downarrow$,所以 $z\to\infty$ 的齿条 Y_{Fa} 最小为 2.063。当 z 一定时,可以用正变位方法使齿根厚增加达到 $Y_{Fa}\downarrow$ 的效果,而且变位系数 $x\uparrow$,则 $Y_{Fa}\downarrow$,抗弯强度愈高。对斜齿圆柱齿轮,由于 Y_{Fa} 要按当量齿数 $z_v=z/\cos^3\beta$ 来查图,而 $\beta\uparrow$、$z_v\uparrow$、$Y_{Fa}\downarrow$,所以斜齿轮的抗弯强度比直齿轮的高得多。此外,还应注意刀具的参数:α_n、h_a^*、h_{a0}^*、ρ_{a0}^* 都影响 Y_{Fa} 的值,而且 $\alpha_n\uparrow$、$h_a^*\downarrow$、$h_{a0}^*\downarrow$、$\rho_{a0}^*\uparrow$,则 $Y_{Fa}\downarrow$。

由轮齿弯曲疲劳强度计算式 $\sigma_F=\dfrac{2KT_1}{bz_1m^2}Y_{Fa}Y_{Sa}Y_\varepsilon\leqslant[\sigma_F]$ 知:影响齿根弯曲应力 σ_F 最主要的参数为 m,且 $\sigma_F\propto 1/m^2$。因此,当弯曲强度不足时,首先应该增加 m,其次才是适当加大齿宽 b(因 b 过大会使 $K_\beta\uparrow$)。当然 z_1 与 x 增加,还会使($Y_{Fa}\cdot Y_{Sa}$)↓及 $Y_\varepsilon\downarrow$,从而达到使 $\sigma_F\downarrow$。由于一对标准齿轮的 $z_1\neq z_2$,则 $Y_{Fa1}\neq Y_{Fa2}$(当然 $Y_{Sa1}\neq Y_{Sa2}$),所以,一对标准齿轮传动大、小齿轮的齿根弯曲应力并不相等,即 $\sigma_{F1}\neq\sigma_{F2}$;另外,一对齿轮传动大、小齿轮的材料与热处理硬度也不相同,还有寿命系数 Y_N 的影响,一般 $[\sigma_{F1}]\neq[\sigma_{F2}]$。因此一对齿轮的弯曲强度一般是不相等的。但从 $\dfrac{Y_{Fa}Y_{Sa}}{[\sigma_F]}$ 的比值可以看出,比值大者的弯曲强度弱,所以应将 $\dfrac{Y_{Fa1}Y_{Sa1}}{[\sigma_{F1}]}$ 和 $\dfrac{Y_{Fa2}Y_{Sa2}}{[\sigma_{F2}]}$ 中较大者代入计算。

(4)齿轮强度计算中主要参数的选择

①小齿轮齿数 z_1 的选择。

对于闭式软齿面齿轮传动,其主要失效形式是齿面疲劳点蚀。设计时,首先从保证齿轮的接触强度出发来确定齿轮直径(或中心距)。这时齿数的多少,主要影响齿轮的模数及弯曲疲劳强度。故其选择原则是:在满足弯曲疲劳强度的条件下,z_1 尽可能取大一些。这是因为:(a)$z_1\uparrow$,则重合度 $\varepsilon_\alpha\uparrow$,使传动平稳,降低齿轮传动的振动和噪声;(b)$\varepsilon_\alpha\uparrow$,从而使 $z_\varepsilon\downarrow$,$\sigma_H\downarrow$,可提高齿轮的接触强度;(c)$z_1\uparrow$,则 $m\downarrow$,可减轻齿轮的质量,减少金属切削量,减少加工成本;(d)$z_1\uparrow$ 还能降低齿高,减少滑动系数,减少磨损,提高传动效率和抗胶合能力。一般取 $z_1=20\sim40$。

对于闭式硬齿面齿轮传动,其主要失效形式是轮齿折断。设计时,首先从保证轮齿弯曲强度出发来确定齿轮的模数。这时,z_1 的多少直接影响齿轮结构尺寸的大小,故其选择原则为:在保证足够的接触疲劳强度的前提下,z_1 不宜过多。一般 $z_1\geqslant17$。

开式齿轮传动的尺寸主要取决于轮齿的弯曲强度,故 z_1 也不宜过多。对标准直齿轮,$z_1\geqslant17$,以避免根切。

②大齿轮齿数 z_2 的选择。

小齿轮齿数 z_1 选定后,按齿数比 $u=z_2/z_1$ 可计算出大齿轮齿数 z_2,为使相啮合齿对磨损均匀,传动平稳,z_1 与 z_2 最好互为质数。

③齿宽系数 ψ_d 的选择。

齿宽系数 ψ_d 既不能过大,又不宜过小。这是因为当载荷一定时,ψ_d 选大值,可使 $d\downarrow$(或 $a\downarrow$),降低圆周速度,而且能在一定程度上减小整个传动装置的质量,但使 $b\uparrow$,轴向尺寸增大,因而增加了载荷沿齿宽分布的不均匀性,故 ψ_d 不能选太大;若 ψ_d 过小,则 $d\uparrow$(或 $a\uparrow$),

增加了整个传动装置的质量,故 ψ_d 不能选得太小。因此,在设计时可把软齿面齿轮的 ψ_d 值比硬齿面齿轮的 ψ_d 值取得大一些。

一般齿轮制造、安装精度高,轴的刚度大,齿轮对称于轴承布置时,齿宽 b 或齿宽系数 ψ_d 可以取大些;相反,b 或 ψ_d 应取小些。

④螺旋角 β 的选择

$\beta\uparrow$,则重合度 $\varepsilon_\alpha\uparrow$,提高传动的平稳性和承载能力,但 β 过大,轴向力增加;若 β 过小,斜齿轮的优点不明显。一般取 $\beta=8°\sim25°$;对于人字齿轮,因轴向力可以互相抵消,可取 $\beta=20°\sim35°$。

5. 齿轮传动设计

(1)设计步骤

根据已知的功率 P,转速 n,传动比 i 及其工作条件等,可完成齿轮传动的设计,其设计步骤如下:

①根据工作条件及功率 P,选择合适的材料及热处理方法,查取材料的极限值。

②根据各种情况初步估算齿轮传动的主要尺寸 d_1 或 m。

③根据初估的齿轮参数计算许用值 $[\sigma_H]$、$[\sigma_F]$ 及载荷系数 K。

④根据设计准则,完成齿轮传动的设计计算,得出主参数 m 或 d_1(检查与初估值相差较大,则修正估算值重新计算)。

⑤根据主参数计算中心距,并进行中心距 a 圆整,分别计算齿轮传动参数及几何尺寸。

⑥校核齿轮强度,并完成结构设计。

软齿面闭式传动和硬齿面闭式传动的设计流程如图 7.4 和图 7.5 所示。

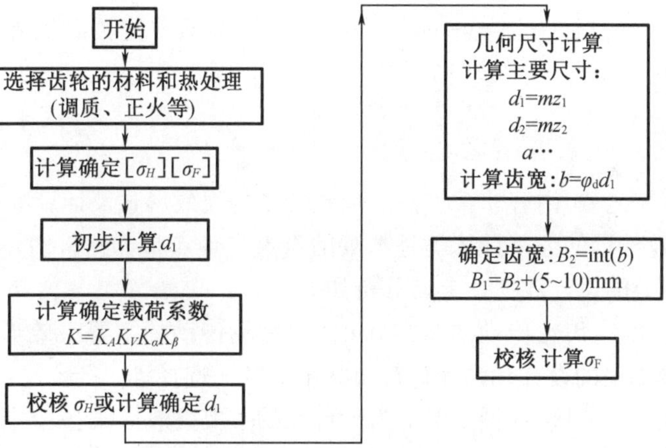

图 7.4　软齿面闭式传动设计流程图

设计时注意:硬齿面齿轮选取较小的齿宽系数和较少的小齿轮齿数 z_1。

(2)几何尺寸计算

齿轮传动设计中,完成设计计算求得 m 或 d_1,可初步计算得到中心距 a',将中心距 a' 进行取整得到 a 后,如何计算齿轮的参数,进而计算齿轮的几何尺寸,是一个难以理解的问题。现以斜齿轮为例进行分析。

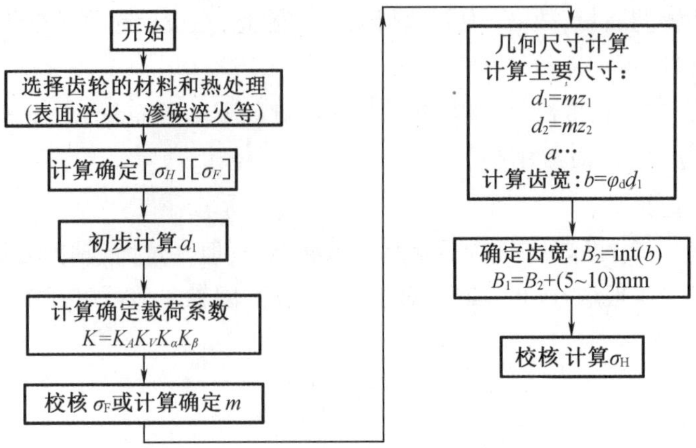

图 7.5 硬齿面闭式传动设计流程图

在已知中心距 a,传动比 i 后,如何求解得到齿轮参数:模数 m_n,齿数 z_1、z_2,螺旋角 β。求解中,必须满足的计算式仅有 $a=\frac{1}{2}m_n(z_1+z_2)/\cos\beta$。除此之外,仍需满足以下参数选择条件:

①模数 m_n:$m_n\geqslant 2$(一般指动力传动),并要求符合标准系列,尽量选用第Ⅰ系列。

②齿数 z_1,z_2:z_1,$z_2\geqslant 17$,并取整数,$z_2=z_1\cdot i$。

同时一般 $z_1=20\sim 40$ 齿,软齿面齿轮齿数 z_1 取大一些($z_1\geqslant 25\sim 29$),硬齿面齿轮数 z_1 取小一些($z_1\geqslant 21\sim 27$),开式齿轮传动则更少($z_1\geqslant 17\sim 20$)。

③螺旋角 β:$\beta=8°\sim 25°$。

求解时,初取 β_0,利用 $m_nz_1=2a\cos\beta/(i+1)$,求得 m_nz_1,按 m_n、z_1 要求分别选择 m_n、z_1,并计算 $z_2=z_1\cdot i$,取定 z_2,最后计算 $\beta=\arccos m_n(z_1+z_2)/2a$,检查 β 是否满足要求。

7.2.2 考点分析

本章是重点章节之一,内容非常丰富。齿轮传动的失效形式及计算准则、齿轮传动的受力分析、直齿圆柱齿轮传动的强度计算等是本章的重点。难点是如何针对不同条件合理地确定设计准则和选用相应的设计数据。考点分析如下。

1. 基本题主要考核:齿轮传动的基本知识(如齿轮传动的主要失效形式、设计准则、齿轮选用原则等);齿轮传动的设计和强度计算公式中参数的选择等。

2. 简述分析题主要考核:各种工况下齿轮传动的主要失效形式、失效原因及采取的主要措施;齿轮常用材料和热处理方法的选择;齿轮传动的计算载荷及载荷系数的意义;提高齿面接触疲劳强度与齿根弯曲疲劳强度的措施等。

3. 简单计算题主要考核:斜齿轮传动的几何尺寸计算;齿轮传动的受力分析及计算等。

4. 直齿圆柱齿轮传动的齿面接触疲劳强度与齿根弯曲疲劳强度计算公式中参数的意义、应用公式的注意事项及参数的选择等会以简述分析或简单计算的形式出现。

5. 各种齿轮传动会与蜗杆传动组合形成各种二级传动轮系以综合分析题的形式进行考核,其中会以小点考核失效形式及计算准则、受力分析计算、螺旋方向及旋转方向的判别、斜齿轮几何计算以及轴向力抵消时螺旋角计算等。

6. 齿轮传动设计计算及强度计算考核以直齿轮为主，斜齿圆柱齿轮和圆锥齿轮主要考核其与直齿轮的不同和特色，完整的设计计算和强度校核出现的可能性不大，但会拆零考核某一计算点。

7.3　例题精选与解题指导

7.3.1　解题指导

齿轮传动的计算可以有多种形式：设计计算，校核计算及分析计算。

设计计算时，已知条件为传递功率 P 或扭矩 T、齿轮转速 n_1、n_2 或齿数比 u（传动比 i）；传动的用途、工作条件及外廓尺寸和中心距等方面的要求。

要求确定：齿轮的材料、热处理及精度等级；主要尺寸及参数——模数 m、齿数 z_1 和 z_2、螺旋角 β（直齿 $\beta=0°$）、中心距 a 及齿宽 b 等。

校核计算时，则齿轮的尺寸参数亦为已知。此时有几种情况：

(1)要求确定齿轮传动能够传递的最大扭矩或功率；

(2)根据所需传递的载荷，要求校核齿轮的强度；

(3)根据承载能力，要求选择合适的材料及热处理方法。

分析计算题，通常是在保证承载能力的前提条件下，改变传动的一些条件或参数（如缩小中心距、改变模数等），要求对齿轮传动的尺寸做一些方案上的分析比较。

解题主要步骤：

1. 对设计计算题

(1)选择齿轮传动的类型、材料（包括热处理方法及硬度）和精度等级。

(2)根据该传动的主要失效形式和设计计算准则，进行承载能力计算，确定齿轮传动的主要参数和尺寸。

对于 HB≤350 的软齿面闭式传动：

①应用齿面接触疲劳强度设计计算公式求得小齿轮的分度圆直径 d_1 或中心距 a。

②根据参数选择原则和齿轮传动几何关系确定齿数 z，模数 m 和其他几何尺寸。

③按齿根弯曲疲劳强度校核计算公式，校核所设计的齿轮传动的齿根弯曲疲劳强度。

对于 HB>350 的硬齿面闭式传动和开式传动：

①应用齿根弯曲疲劳强度设计计算公式求出齿轮模数 m_n，开式齿轮传动还应将求得的模数加大 10%~20%，以补偿磨损对齿轮轮齿的削弱。

②根据参数选择原则和齿轮传动的几何关系确定齿数 z、小齿轮分度圆直径 d_1 及其他几何尺寸。

③对闭式传动，按齿面接触疲劳强度校核计算公式，校核所设计的齿轮传动的齿面接触疲劳强度，对于开式传动，由于它不会发生点蚀破坏，故不需进行齿面接触疲劳强度校核计算。

对于工作中受短时过载的齿轮传动，不论是闭式还是开式传动，都应使用齿面接触静强度计算公式和齿根弯曲静强度计算公式，校核其短时过载的承载能力。

2. 对校核计算题

(1)要求确定齿轮传动能够传递的最大扭矩时，可由齿面的接触疲劳强度和齿根弯曲疲劳强度校核计算公式,写出计算扭矩 T_1 的公式,然后找出式中各个代号及参数的数值代入计算之,并在两计算结果中取较小值。需求功率时,则可按 $P_1=T_1n_1/(9.55\times10^6)$ kW 计算之。

(2)要求校核齿轮强度时,则直接按齿面接触疲劳强度和齿根弯曲疲劳强度校核计算公式进行。

7.3.2 范例

例 7-1 如图 7.6 (a)所示为直齿锥齿轮和斜齿圆柱齿轮组成的两级传动,已知小锥齿轮为主动轮,其旋转方向如图所示。试标出斜齿轮合理的螺旋方向及齿轮 2,3 所受各分力的方向。

解题过程和要点:

斜齿轮合理的旋向要保证锥齿轮 2 和斜齿轮 3 的轴向力能相互抵消一部分。力的作用点应标注在啮合位置齿宽中点处,如图 7.6 (b)所示。

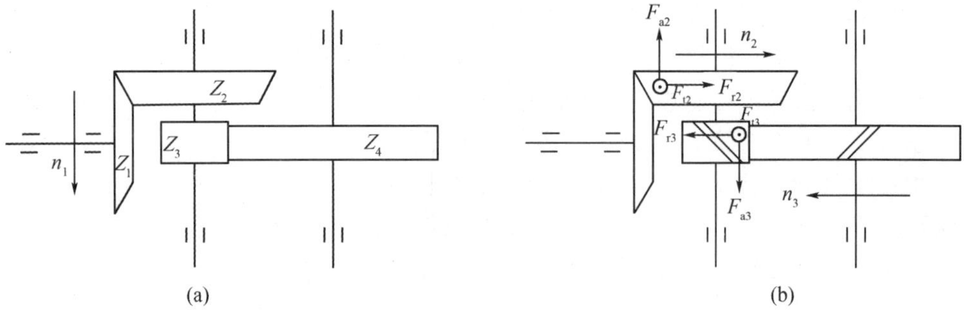

图 7.6 直齿锥齿轮和斜齿轮组成的两级传动

例 7-2 上例中斜齿圆柱齿轮传动的中心距为 140,传动比为 $i=3.4$,试确定该斜齿轮合理的参数。

解题过程和要点:

设该斜齿圆柱齿轮的参数为 m_n、z_1、z_2、β,则齿轮参数必须满足 $a=m_n(z_1+z_2)/2\cos\beta$,同时满足如下条件:$\beta$ 为 8°~25°。

m_n 为标准参数,并且尽量取第 I 系列,z_1、z_2 均大于 17,同时要满足 $z_2=i\cdot z_1$,并取整数,为此,初取 $\beta_0=15°$,$z_2=i\cdot z_1$ 代入计算得

$$m_nz_1=\frac{2a\cdot\cos\beta_0}{i+1}\approx61.5$$

分配:$m_n=2$,$z_1=31$,则 $z_2=105$,计算得

$$\beta=\arccos\frac{m_n(z_1+z_2)}{2a}=\arccos\frac{2\times(31+105)}{2\times140}=13°43'45''$$

$m_n=2.5$,$z_1=25$,则 $z_2=85$,计算得

$$\beta=\arccos\frac{m_n(z_1+z_2)}{2a}=\arccos\frac{2.5\times(25+85)}{2\times140}=10°50'39''$$

$m_n=3$,$z_1=20$,则 $z_2=68$,计算得

$$\beta = \arccos \frac{m_n(z_1 + z_2)}{2a} = \arccos \frac{3 \times (20 + 68)}{2 \times 140} = 19°27'47''$$

根据工作情况、期望的螺旋角β、齿数z_1和模数m_n，从中选择一组齿轮参数。本题结果应为：$m_n = 2.5$，$z_1 = 25$，$z_2 = 85$，$\beta = 10°50'39''$。

例 7-3　如图 7.7 (a)所示两级斜齿圆柱齿轮减速器。已知齿轮 1 的螺旋方向和Ⅲ轴的转向，齿轮 2 的参数$m_n = 3$ mm，$z_2 = 57$，$\beta_2 = 16°$，齿轮 3 的参数$m_n = 5$ mm，$z_3 = 21$。试求：

(1) 为使Ⅱ轴所受轴向力最小，齿轮 3 轮齿应选取的螺旋方向，并在(a)图上标出齿轮 2 和 3 轮齿的螺旋线方向；

(2) 在图 7.7(a)上标出齿轮 2 和 3 所受各分力的方向；

(3) 如果使Ⅱ轴的轴承不受轴向力，则齿轮 3 的螺旋角β_3应取多大值(忽略摩擦损失)？

解题过程和要点：

(1) 如图 7.7 (b)所示，根据Ⅲ轴转向$n_{Ⅲ}$，在图中标出Ⅱ轴的转向$n_{Ⅱ}$和Ⅰ轴的转向$n_{Ⅰ}$。而齿轮 2 轮齿的螺旋方向应和齿轮 1 轮齿的螺旋线方向相反，即为右旋。因为齿轮 1 为左旋，所以根据主动轮左手定则，判断齿轮 1 的轴向力F_{a1}向左，所以齿轮 2 的轴向力F_{a2}的方向向右。为了使Ⅱ轴所受轴向力最小，则齿轮 3 的轴向力方向应和F_{a2}相反，即F_{a3}的方向向左。再根据Ⅱ轴的转向和轴向力F_{a3}的方向，用主动轮左、右手定则，可判断齿轮 3 轮齿的螺旋线方向也是右旋。由此可以看出：当一根轴上有两个齿轮(包括蜗杆在内)，且一齿轮为主动，另一齿轮为从动时，若使轴向力抵消一部分，则两齿轮轮齿的螺旋线方向应相同。

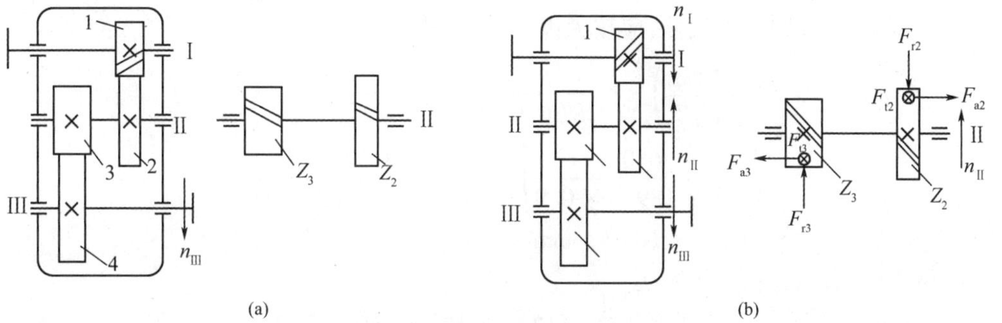

图 7.7　两级斜齿圆柱齿轮减速器

(2) 因为轮 2 是从动轮，轮 3 是主动轮，根据从动轮的圆周力和转向相同，主动轮的圆周力和转向相反，判断圆周力的方向；根据径向力指向各自的轴心的原则，判断径向力的方向。将各力的方向在啮合点上画出。

(3) 若使Ⅱ轴轴承不受轴向力，则

$$|F_{a2}| = |F_{a3}|$$

而

$$F_{a2} = F_{t2}\tan\beta_2$$

$$F_{a3} = F_{t3}\tan\beta_3$$

所以

$$F_{t2}\tan\beta_2 = F_{t3}\tan\beta_3$$

略去摩擦损失，由转矩平衡条件得

$$F_{t2}\frac{d_2}{2} = F_{t3}\frac{d_3}{2}$$

所以 $$\tan\beta_3=\frac{F_{t2}}{F_{t3}}\tan\beta_2=\frac{d_3}{d_2}\tan\beta_2=\frac{m_{n3}z_3/\cos\beta_3}{m_{n2}z_2/\cos\beta_2}\cdot\tan\beta_2$$

得 $$\sin\beta_3=\frac{m_{n3}z_3}{m_{n2}z_2}\sin\beta_2=\frac{5\times27}{3\times57}\sin16^\circ=0.169\ 25$$

$$\beta_3=9.744\ 3^\circ=9^\circ44'39''$$

即为使Ⅱ轴轴承不受轴向力,则齿轮 3 的螺旋角 β_3 应取 $9^\circ44'39''$。

例 7-4　一对闭式直齿圆柱齿轮,已知:$z_1=20$,$z_2=60$;$m=3$ mm;$\psi_d=1$;小齿轮转速$n_1=950$ r/min。若主、从动齿轮的$[\sigma_{H1}]=700$ MPa,$[\sigma_{H2}]=650$ MPa;载荷系数$K=1.6$;节点区域系数 $z_H=2.5$;弹性系数 $Z_E=189.8\sqrt{\text{MPa}}$;重合度系数 $Z_\varepsilon=0.9$。试按接触疲劳强度,求该齿轮传动所能传递的功率。

提示:接触强度校核公式为

$$\sigma_H=Z_HZ_EZ_\varepsilon\sqrt{\frac{2KT_1(u+1)}{bd_1^2u}}\leqslant[\sigma_H]$$

解题过程和要点:

(1)上述提示式中

$$u=\frac{z_2}{z_1}=\frac{60}{20}=3$$

$$d_1=mz_1=3\times20=60\ \text{mm}$$

$$b=\psi_dd_1=1\times60=60\ \text{mm}$$

因为大齿轮的许用应力较低,应按大齿轮计算,故

$$\begin{aligned}T_1&=\left(\frac{[\sigma]_{H2}}{Z_HZ_EZ_\varepsilon}\right)^2\times\frac{bd_1^2u}{2K(u+1)}\\&=\left(\frac{650}{2.5\times189.8\times0.9}\right)^2\times\frac{60\times60^2\times3}{2\times1.6\times(3+1)}\\&=117.3\times10^3\ \text{N}\cdot\text{mm}\end{aligned}$$

(2)该齿轮所能传递的功率为

$$P=\frac{T_1n_1}{9.55\times10^6}=\frac{117.3\times10^3\times950}{9.55\times10^6}=11.67\ \text{kW}$$

例 7-5　设计一台电动机驱动的单级直齿圆柱齿轮减速器的齿轮传动。已知:传动比 $i=5$,齿轮按 8 级精度,单向回转,单班制工作,要求使用 10 年,主动轮传递功率 $P_1=20$ kW,$n_1=1\ 440$ r/min,载荷有中等冲击,设备可靠度要求一般。

解题过程和要点:

(1)齿轮材料选择

因齿轮有中等冲击,精度为 8 级且传递功率较大,采用硬齿面较为合理,材料均选择 40Cr 钢,大、小齿轮表面淬火 HRC=48~55。

(2)许用应力计算

①接触强度的工作应力循环次数 N_e 和寿命系数 Z_N。

齿轮的工作时间 t_h:

$$t_h=1\times8\times300\times10\ \text{h}=24\ 000\ \text{h}$$

齿轮每转一转,同侧齿面只啮合一次,即 $a=1$

所以

$$N_{e1}=60\ ant_h=60\times1\times1\ 440\times24\ 000=2.074\times10^9$$

$$N_{e2}=\frac{N_{e1}}{i}=\frac{2.074\times10^9}{5}=4.147\times10^8$$

经查图得

$$Z_{N1}=0.92,\ Z_{N2}=0.95$$

②弯曲强度的寿命系数 Y_N。

查图得

$$Y_{N1}=0.89,\ Y_{N2}=0.92$$

③许用接触疲劳应力。

因为设备可靠度要求一般,取 $S_{H\min}=1.04$,经查图得

大、小齿轮 $\sigma_{H\lim1}=1\ 200$ MPa

所以

$$[\sigma_{H1}]=\frac{\sigma_{H\lim1}}{S_{H\min}}Z_{N1}=\frac{1\ 200}{1.04}\times0.92=1\ 062\ \text{MPa}$$

$$[\sigma_{H2}]=\frac{\sigma_{H\lim2}}{S_{H\min}}Z_{N2}=\frac{1\ 200}{1.04}\times0.95=1\ 096\ \text{MPa}$$

④许用弯曲疲劳应力。

查图得

设 $m\leqslant5$, $Y_X=1$

因为设备可靠度要求一般,查表取 $S_{F\min}=1.25$,查图得

$$\sigma_{F\lim1}=750\ \text{MPa},\ \sigma_{F\lim2}=700\ \text{MPa}$$

所以

$$[\sigma_{F1}]=\frac{\sigma_{F\lim1}}{S_{F\min}}Y_{N1}Y_X=\frac{750}{1.25}\times0.89\times1=534\ \text{MPa}$$

$$[\sigma_{F2}]=\frac{\sigma_{F\lim2}}{S_{F\min}}Y_{N2}Y_X=\frac{700}{1.25}\times0.92\times1=515\ \text{MPa}$$

(3)按齿根弯曲疲劳强度设计

①计算工作转矩。

$$T_1=9.55\times10^6\frac{P_1}{n_1}=9.55\times10^6\times\frac{20}{1\ 440}\ \text{N}\cdot\text{mm}=132\ 638.9\ \text{N}\cdot\text{mm}$$

②初选系数和参数。

初取 $z_1=27$, $z_2=i\cdot z_1=27\times5=135$,经查表得

$$\psi_d=0.8$$

经查图得

$$Y_{Fa1}=2.60,\ Y_{Sa1}=1.61$$

$$Y_{Fa2}=2.18,\ Y_{Sa2}=1.82$$

$$\frac{Y_{Fa1}Y_{Sa1}}{[\sigma_{F1}]}=0.007\ 84\qquad\qquad\frac{Y_{Fa2}Y_{Sa2}}{[\sigma_{F2}]}=0.007\ 70$$

经查表得

$$A_m=1.5$$

所以

$$m \geqslant A_m \sqrt[3]{\frac{T_1}{\psi_d z_1^2[\sigma_{F1}]} Y_{Fa1} Y_{Sa1}} = 1.5 \times \sqrt[3]{\frac{132\ 638.9}{0.8 \times 27^2} \times 0.007\ 84} = 1.82$$

(4)齿轮几何尺寸计算

取 $m=2.0$,取 $z_1=27$,则 $z_2=z_1 \cdot i=135$;中心距 $a=\dfrac{m(z_1+z_2)}{2}=\dfrac{2\times(27+135)}{2}=162$ mm;

$z_1=27$, $z_2=135$, $m=2.0$, $a=162$ mm; $d_1=54$ mm, $d_2=270$ mm; $b=\psi_d \cdot d_1=0.8\times 54=44$ mm(向上取整数)。

(5)校核齿根弯曲疲劳强度

①工作转矩 $T_1=9.55\times 10^6 \dfrac{P_1}{n_1}=9.55\times 10^6 \times \dfrac{20}{1\ 440}=132\ 638.9$ N·mm。

②系数选取:

圆周速度 $v=\dfrac{\pi d_1 n_1}{60\times 1\ 000}=\dfrac{\pi\times 54\times 1\ 440}{60\times 1\ 000}=4.07$ m/s。

使用系数,查表得:$K_A=1.5$;

动载系数 K_V,查图得:$K_V=1.19$;

齿间载荷分配系数 $K_{F\alpha}$:

$$F_t=\frac{2T_1}{d_1}=\frac{2\times 132\ 638.9}{54}=4\ 921\text{ N}$$

$$\frac{K_A F_t}{b}=\frac{1.5\times 4\ 921}{44}=167.8\text{ N/mm}\geqslant 100\text{ N/mm}$$

$$K_{F\alpha}=1.2$$

齿向载荷分布系数 $K_{F\beta}$:

$$b/h=44/(2.25\times 2)=9.78$$

经查表得

$$K_{F\beta}=1.2$$

$$K=K_A \cdot K_V \cdot K_{F\alpha} \cdot K_{F\beta}=1.5\times 1.19\times 1.2\times 1.2=2.57$$

$$\begin{aligned}\sigma_{F1}&=\frac{2KT_1}{bd_1m}Y_{Fa1}\cdot Y_{Sa1}\cdot Y_\varepsilon\\&=\frac{2\times 2.57\times 132\ 638.9}{44\times 54\times 2}\times 2.6\times 1.61\times 0.68\\&=408.4\text{ MPa}<[\sigma_{F1}]\end{aligned}$$

$$\sigma_{F2}=\sigma_{F1}\frac{Y_{Fa2}Y_{Sa2}}{Y_{Fa1}Y_{Sa1}}=387.1\text{ MPa}<[\sigma_{F2}]$$

(6)校核齿面接触疲劳强度

齿间载荷分配系数 $K_{H\alpha}=1.2$。

齿向载荷分布系数 $K_{H\beta}=A+B\left(\dfrac{b}{d_1}\right)^2+C\cdot 10^{-3}b$ 经查表得

$$K_{H\beta}=1.05+0.26\times\left(\frac{44}{54}\right)^2+0.16\times 10^{-3}\times 44=1.23$$

$$K = K_A \cdot K_V \cdot K_{H\alpha} \cdot K_{H\beta} = 1.5 \times 1.19 \times 1.2 \times 1.23 = 2.635$$

弹性系数 Z_E，由表得 $Z_E = 189.8\sqrt{\mathrm{MPa}}$；节点区域系数 Z_H，由图得：$Z_H = 2.5$。

$$\sigma_H = Z_E \cdot Z_H \cdot Z_\varepsilon \sqrt{\frac{2KT_1}{bd_1^2} \cdot \frac{u+1}{u}}$$

$$= 189.8 \times 2.5 \times 0.87 \times \sqrt{\frac{2 \times 2.635 \times 132\,638.9}{44 \times 54^2} \times \frac{5+1}{5}}$$

$$= 1\,055\ \mathrm{MPa} < [\sigma_{H1}]$$

例 7-6　某传动装置采用一对闭式软齿面标准直齿圆柱齿轮，齿轮参数 $z_1 = 20, z_2 = 54$，$m = 4$ mm。加工时误将箱体孔距镗大为 $a' = 150$ mm。齿轮尚未加工，应采取何种方法进行补救？新方案的齿轮强度能满足要求吗？

解题过程和要点：

标准直齿圆柱齿轮的中心距为

$$a = m(z_1 + z_2)/2 = 4(20 + 54)/2\ \mathrm{mm} = 148\ \mathrm{mm}\ (\text{可补救})$$

将齿轮改为斜齿轮，使中心距 $a' = a$：

$$a' = m_n(z_1 + z_2)/(2\cos\beta) = 4(20 + 54)/(2\cos\beta) = 150$$

$$\cos\beta = a/a' = 148/150 = 0.986\,7$$

$$\beta = 9.367° = 9°22'01''$$

通过调整 β 角，达到 $a' = 150$ mm，用斜齿代替直齿，新方案不仅强度有所提高，而且传动性能也有所改善。

或者采用正角度变位齿轮（$X_1 + X_2 > 0$），同样可使 $a' > a, d' > d$，而仍用直齿轮，选用合适的变位系数 X_1 与 X_2 值，同样可达到 $a' = 150$ mm。此时，则 σ'_H 减少，接触疲劳强度可提高。

7.4　思考题与习题

7.4.1　复习思考题

7-1　齿轮传动的主要失效形式有哪些，主要在哪种使用情况下发生？开式、闭式齿轮传动的主要损伤形式有什么不同？

7-2　造成轮齿折断的原因有哪些？如何提高齿根弯曲疲劳强度？疲劳裂纹首先发生在轮齿的哪一侧，为什么？

7-3　齿轮为什么会发生齿面点蚀与剥落，点蚀首先发生在什么部位？早期点蚀与破坏性点蚀各在什么情况下发生，防止点蚀有哪些措施？

7-4　齿轮传动的设计计算准则有哪些，它们分别是针对什么损伤形式？目前有哪几种强度计算方法较成熟，如何选用它们进行设计计算或校核计算？

7-5　对齿轮材料的基本要求是什么，常用材料有哪些，它们采用哪些热处理方法，能达到的硬度范围是多少，它们各适用于什么场合下的齿轮传动？

7-6　斜齿圆柱齿轮的法向力作用在什么平面内，它的分力与直齿圆柱齿轮有何不同，各分力方向如何判别？

7-7　直齿圆锥齿轮（$\Sigma = 90°$）的受力有什么特点？一对直齿圆锥齿轮的各分力之间有

什么关系,其分力方向又如何确定?

7-8 齿轮强度计算为什么要用计算载荷?载荷系数 K 包括哪几部分?要考虑哪些因素对载荷的影响?

7-9 如题 7-9 图中国(a)~图(d)四种两级减速器的齿轮不同布置方案中,从提高轮齿的强度考虑,试问哪种方案最好,哪种其次,哪种最差,为什么?

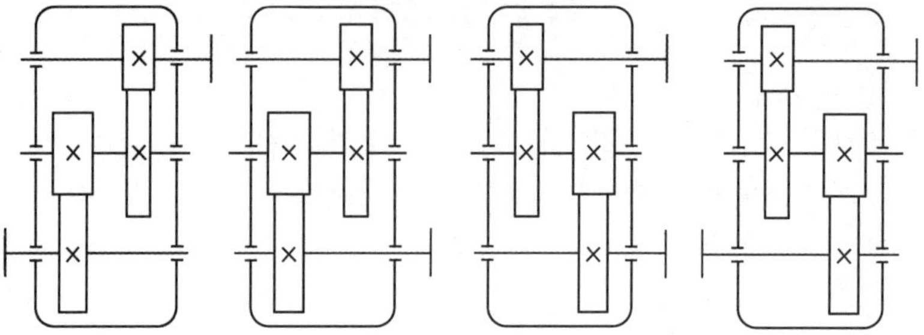

(a) (b) (c) (d)

题 7-9 图

7-10 提高接触疲劳强度有哪些措施?若接触疲劳强度不够时,首先应改变齿轮的哪个几何参数?若齿轮的径向尺寸或轴向尺寸受限制时,齿轮的哪个几何参数选大些、哪个参数选小些为好?

7-11 一对斜齿圆柱齿轮若其分度圆直径、齿宽、法向模数及许用应力与另一对直齿圆柱齿轮分别相等。在同一个应用场合下,试问:接触疲劳强度计算公式中哪几个参数与系数有变化?哪一对齿轮的接触应力大?哪一对齿轮的接触强度高?由此可得出什么结论?

7-12 试问:直齿圆柱齿轮传动齿根弯曲疲劳计算的力学模型和危险截面的位置是如何确定的?载荷作用在何处的齿根弯曲应力最大?为了简化计算通常假定载荷作用于何处来进行计算,然后用什么系数进行折算?

7-13 齿形系数 Y_{Fa} 的物理意义是什么?它取决于齿轮与加工齿轮刀具的哪些参数?对斜齿圆柱齿轮按什么来查 Y_{Fa} 的值?为什么 Y_{Fa} 的值与模数无关?

7-14 有一对标准直齿圆柱齿轮传动,原设计如图(a)所示,因工作需要输入轴转向与输出轴要求相同,所以加入图(b)所示一介轮 z_3,若 $z_1 = z_3 = 20$,$z_2 = 60$,各齿轮的材料与热处理相同,按长期工作考虑,单向回转,小齿轮主动。试问:z_1 与 z_3 及 z_3 与 z_2 两对齿轮的承载能力与原来 z_1 与 z_2 比较有何变化?接触强度与弯曲强度校核公式中哪几个参数有变化,是变大了还是变小了?

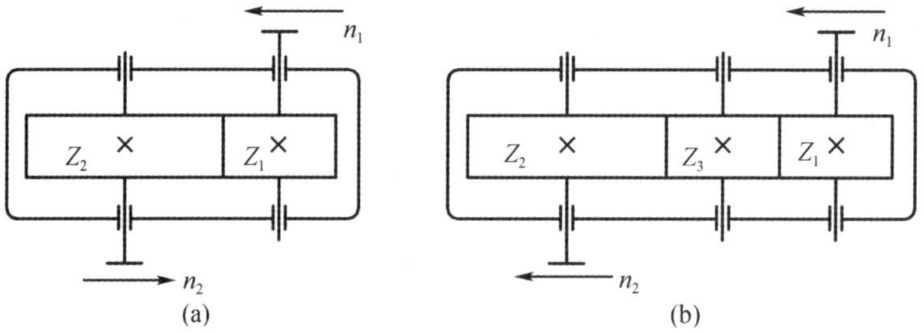

题 7-14 图

7-15　设计标准斜齿圆柱齿轮减速传动,现有两种方案,其一为:$m_n = 4$ mm,$z_1 = 35$,$z_2 = 157$,$\beta = 16°15'37''$;其二为:$m_n' = 8$ mm,$z_1' = 18$,$z_2' = 81$,$\beta' = 8°6'35''$。但两方案的中心距与齿宽皆相同:$a = 400$ mm,$b = 145$ mm。若两方案齿轮强度都通过,试分析两种方案的优缺点,并说明在什么使用条件下选用哪种方案更合适?

7-16　齿轮齿数的选择对传动质量有何影响,它影响强度计算中哪几个系数?闭式传动软齿面与硬齿面齿轮及开式传动齿数选择有何不同?

7-17　在齿轮强度设计公式中,为什么要引入齿宽系数?圆柱齿轮的 ψ_d 与圆锥齿轮的 ψ_R 和 ψ_{dm} 是怎样定义的?选择齿宽系数时,要考虑哪些问题?它的取值大小对齿轮几何尺寸产生什么影响?

7-18　两级圆柱齿轮减速器中,已知主动轮 1 的转向如图所示,若两级皆用斜齿轮,为使中间轴上的轴向力最小,4 个斜齿轮的螺旋角方向应如何选取,为什么?并在图上画出各齿轮所受的圆周力、径向力与轴向力方向。

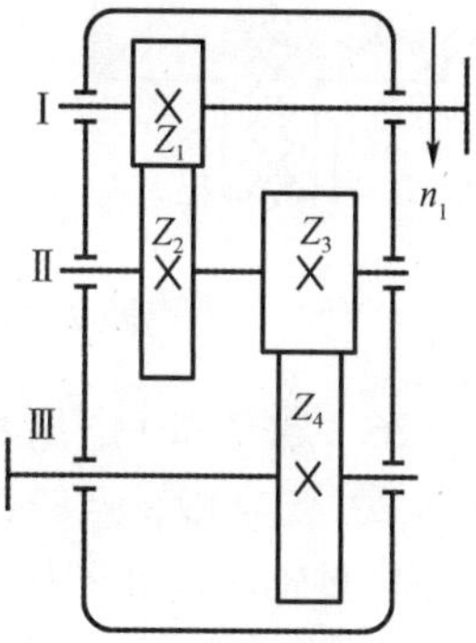

题 7-18 图

7-19　题 7-18 图中,如果选一对直齿圆柱齿轮和一对斜齿圆柱齿轮的传动方案,那么斜齿圆柱齿轮放在高速级还是低速级,为什么?

7-20　在圆锥-圆柱齿轮减速器中,为什么把圆锥齿轮放在高速级?若减速器输出轴转向如图所示,斜齿圆柱齿轮的螺旋角方向应如何选择才能使中间轴上的轴向力最小?并在图上画出四个齿轮的轴向力方向。若减速器正、反转皆要工作,问正、反转时各轴上的受力是否会变化?

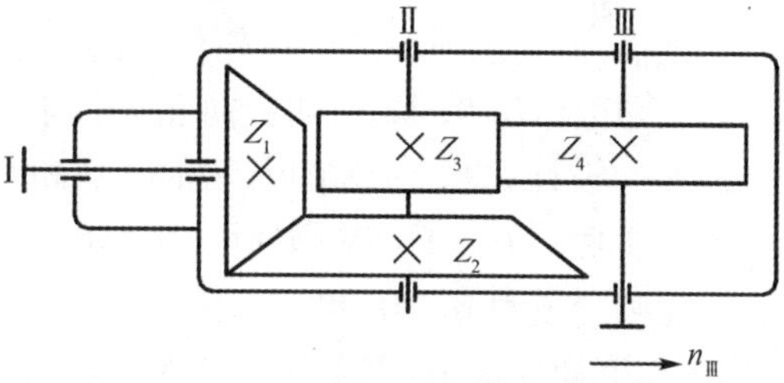

题 7-20 图

7-21　设计齿轮传动中的下列参数:斜齿圆柱齿轮的法向模数与端面模数、圆锥齿轮的大端模数与平均模数、齿数与当量齿数、螺旋角、分度圆直径、齿顶圆直径与齿根圆直径、齿宽、中心距,哪些应取标准值?哪些应圆整?哪些既没有标准值,也不应该圆整,而应该算得很准确?哪些应在装配图或零件工作图上标注?哪几个尺寸有公差?

7-22　如何选择齿轮传动的传动比?圆锥齿轮的传动比为什么常比圆柱齿轮选得小些?它们的常用范围是多少?斜齿圆柱齿轮的传动比为什么又可比直齿圆柱齿轮选得大些?传动比 i 与齿数比 u 有什么区别?设计增速器时要注意什么问题?

7-23　在直齿圆柱齿轮传动设计中,保持传动比 i、中心距 a、齿宽 b 及许用应力不变的情况下,如减小模数 m,并相应地增加齿数 z_1 与 z_2。试问对齿面接触强度和齿根弯曲强度有何影响?在闭式传动中,如齿根弯曲强度允许,采用减小模数 m 与增加齿数的方法有何益处?

7.4.2　习题

7-24　图示为斜齿轮、螺旋起重装置,当手轮 1 按图示方向回转时,需将重物 W 举起,试确定:① 螺杆 5 和锥齿轮 4 内螺纹的旋向;② 为使轴Ⅱ上传动件轴向力相抵消,斜齿轮 1,2 轮齿的旋向;③ 用图表示轴Ⅱ上传动件的受力情况(用各分力表示)。

7-25 图为两级斜齿轮传动,由电机带动的齿轮 1 转向、旋向如图示,今欲使轴Ⅱ上传动件轴向力完全抵消,试确定:①斜齿轮 3、4 轮齿的旋向;②斜齿轮 3、4 螺旋角的大小;③用图表示轴Ⅱ上传动件受力情况(用各分力表示)。

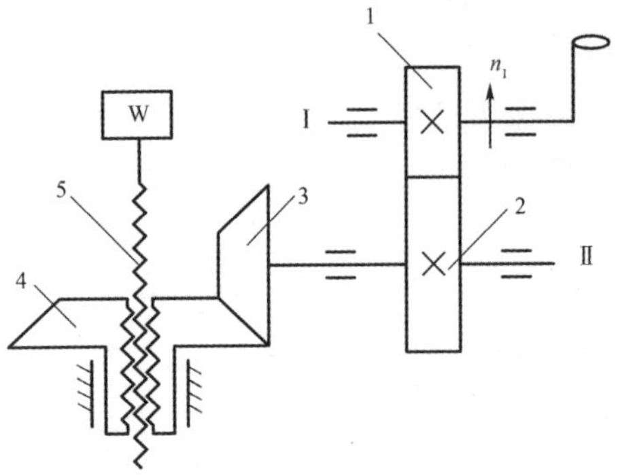

题 7-24 图

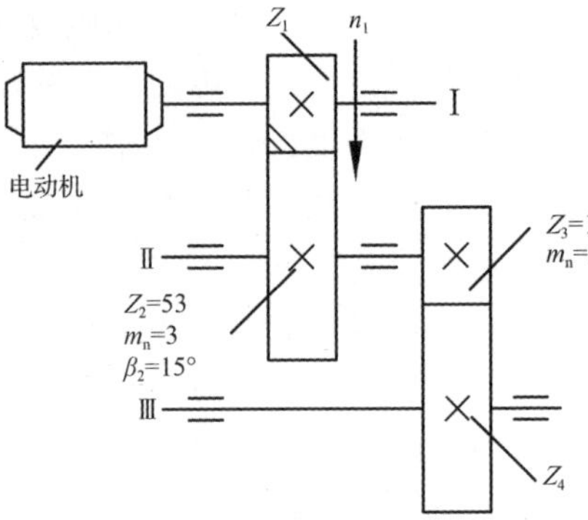

题 7-25 图

7-26 题 7-20 图所示的圆锥-圆柱齿轮减速器中,已知 $z_1=19$,$z_2=40$,$m=3$ mm,$\psi_R=0.3$,$\alpha=20°$,$z_3=19$,$z_4=82$,$m_n=5$ mm,$\alpha_n=20°$;$T_1=100$ N·m,$n_1=800$ r/min,齿轮与轴承效率近似取 1,Ⅲ轴转向如图所示 。试求:

(1) 计算各轴的转矩与转速,并标出Ⅰ、Ⅱ轴的转向;

(2) 当斜齿圆柱齿轮 z_3 的螺旋角 β_3 为多少时,方能使大锥齿轮和小斜齿圆柱齿轮的轴向力完全抵消;若要求斜齿圆柱齿轮传动的中心距达圆整值时,β_3 的精确值应是多少?

(3) 图上标出 β_3 与 β_4 的旋向和 F_{a2} 与 F_{a3} 的方向。

7-27 设计如题 7-18 图所示的卷扬机用两级圆柱齿轮减速器中的齿轮传动。已知:主动轴上传递功率 $P_1=15$ kW,转速 $n_1=970$ r/min,高速级用斜齿轮 $i_1=4$,低速级用直齿轮 $i_2=3.2$,齿轮啮合效率 $\eta_1=0.98$,一对滚动轴承效率 $\eta_2=0.99$,载荷有轻微冲击,单向回转工作,二班制,工作寿命要求 10 年。并计算作用在齿轮上的全部作用力和决定低速级大、小齿轮的毛坯种类与结构形式。

7-28 用题 7-27 的全部原数据,只是高速级与低速级全部采用斜齿轮,并要求中间轴上两斜齿轮的轴向力几乎完全抵消。试设计这两对斜齿轮,并与题 7-27 的设计结果(中心距、齿轮直径与齿宽等)进行比较。

7-29 有一软齿面斜齿圆柱齿轮传动,要求中心距 $a=300$ mm,传动比 $i=4.5$,载荷有中等冲击,试配置该斜齿轮传动的主要参数:模数 m_n、齿轮 z_1、z_2 与分度圆螺旋角 β;若 $\psi_d=0.8$,计算出全部几何尺寸。

7-30 有一单级直齿圆柱齿轮减速器,根据强度计算与传动比要求,$z_1=30$,$z_2=115$,$m=4$ mm,为使中心距 $a=300$,试问该齿轮传动参数应如何选择?若 $\psi_d=0.8$,计算出全部几何尺寸。

7-31 一对标准直齿圆柱齿轮传动,参数见表,试求:

(1)比较哪个齿轮易点蚀?哪个齿轮易折断?

(2)齿宽系数 ψ_d 等于多少?

(3)若载荷系数 $K=1.3$,$Y_\varepsilon=1$,按齿根弯曲疲劳强度计算,齿轮允许传递的最大扭矩 T_1 等于多少?

题 7-31　参数表

齿轮	m	z	b	Y_{Fa}	Y_{Sa}	$[\sigma_F]$	$[\sigma_H]$
1	3	17	60	2.97	1.52	390	500
2	3	45	55	2.35	1.68	370	470

7-32　图示的直齿圆柱齿轮传动中，齿轮 1 为主动轮，齿轮 2 为中间齿轮（惰轮），齿轮 3 为从动轮，已知齿轮 1 所受的转矩 $T_1 = 80\ 000$ N · mm，转速 $n_1 = 400$ r/min，$z_1 = 20$，$z_2 = 40$，$z_3 = 80$，$m = 4$ mm，假设齿轮与轴承效率均近似取 1，试求：

（1）齿轮工作时，作用在各齿轮上圆周力 F_t 和径向力 F_r，并将各力及齿轮转向标在图上。

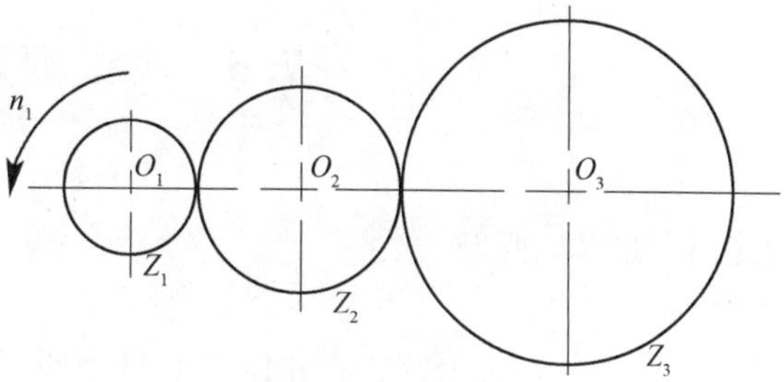

题 7-32 图

（2）说明中间齿轮 2 在工作时的应力性质以及强度计算时应注意的问题。

（3）若把齿轮 2 作为主动轮，齿轮 1 与 3 皆为从动轮，则工作时其应力性质有何变化？其强度计算与前面有什么不同？若主动轮上的转矩 $T_2 = 160\ 000$ N · mm，则从动轮 1 与 3 上的转矩各等于多少？

7-33　设计一冶金机械上用的电动机驱动的闭式斜齿轮圆柱齿轮传动。已知：$P = 30$ kW，$n_1 = 730$ r/min，$n_2 = 130$ r/min，载荷有严重冲击，总工作时间 $t_h = 10\ 000$ h，齿轮对轴承为不对称布置，但轴的刚度较大，不稳定变载荷简化后的载荷如图所示，设计可靠要求较高。

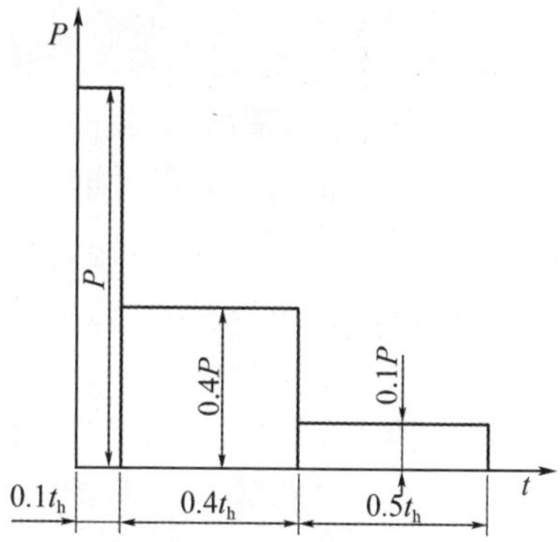

题 7-33 图

7-34　一对机床进给机构的闭式直齿圆锥齿轮：$\Sigma = 90°$，$z_1 = 20$，$z_2 = 63$，$m = 2$ mm，$b = 15$ mm，由电动机驱动，$n_1 = 600$ r/min，双向转动皆工作，工作寿命 $t_h = 2\ 000$ h，齿轮材料均为 20 Cr 渗碳淬火后经磨齿 HRC = 56～60，达 7 级精度，小锥齿轮悬臂布置，可靠度要求较高，若主动轮上转矩 $T_1 = 30\ 000$ N · mm。试问该圆锥齿轮强度是否满足？这对齿轮能传递的最大转矩是多少？

7-35　设计一对由电动机驱动的闭式直齿圆锥齿轮传动（$\Sigma = 90°$）。已知：$P_1 = 4$ kW，$n_1 = 1\ 440$ r/min，$i = 3.2$，齿轮为 8 级精度，载荷有轻度的冲击，单向转动工作，单班制，要求使用 10 年，可靠度要求一般。

7-36　设有一对标准直齿圆柱齿轮，已知齿轮的模数为 $m = 5$ mm，小、大齿轮的参数分别为：应力修正系数 $Y_{Sa1} = 1.56$，$Y_{Sa2} = 1.76$；齿形系数 $Y_{Fa1} = 2.8$，$Y_{Fa2} = 2.28$；许用应力 $[\sigma_{F1}] = 314$ MPa，$[\sigma_{F2}] = 286$ MPa，并算得小齿轮的齿根弯曲应力 $\sigma_{F1} = 306$ MPa。试问：

（1）哪一个齿轮的弯曲疲劳强度较大？

（2）两齿轮的弯曲疲劳强度是否均满足要求？

7-37　今有两对标准直齿圆柱齿轮，其材料、热处理方法、精度等级和齿宽均对应相等，并按无限寿命考虑，已知齿轮的模数和齿数分别为：第一对 $m = 4$ mm，$z_1 = 20$，$z_2 = 40$；第二对

$m'=2$ mm, $z'_1=40$, $z'_2=80$。若不考虑重合度不同产生的影响,试问,在同样工况下工作时,求这两对齿轮应力的比值 σ_H/σ'_H 和 σ_F/σ'_F。

7-38 有一对直齿圆柱齿轮传动,传递功率 $P_1=22$ kW。小齿轮材料为40Cr钢(调质),$[\sigma_{H1}]=500$ MPa;大齿轮材料为45号钢(正火),$[\sigma_{H2}]=420$ MPa。如果通过热处理方法将材料的机械性能分别高到 $[\sigma_{H1}]'=680$ MPa, $[\sigma_{H2}]'=600$ MPa。试问此传动在不改变工作条件及其他设计参数的情况下,它的计算转矩(KT_1)能提高百分之几?

7.5 考试复习与习题选解

7.5.1 是非判断题

1. 若齿轮在轴上的布置和位置不同,则齿宽系数 ψ_d 越大,齿向载荷分布系数 K_β 越大。 ( )

2. 齿轮传动中,经过热处理的齿面称为硬齿面,而未经热处理的齿面称为软齿面。 ( )

3. 动载荷系数 K_V 是考虑主、从动齿轮啮合振动产生的内部附加动载荷对齿轮载荷的影响系数。为了减小内部附加动载荷,可采用修缘齿。 ( )

4. 在计算齿轮的弯曲强度时,将齿轮简化为悬臂梁,并假定全部载荷作用在轮齿的节圆处,则以此时的齿根弯曲应力作为计算强度的依据。 ( )

5. 齿向载荷分布系数 K_β 与齿轮的制造精度、装配误差、以及轴、轴承和机座等的变形有关。 ( )

6. 齿轮传动中,主、从动齿轮齿面上产生塑性变形的方向是相同的。 ( )

7. 标准渐开线齿轮的齿形系数大小与模数有关,与齿数无关。 ( )

8. 由于锥齿轮的几何尺寸是以大端为标准的,因此,受力分析也在大端上进行。 ( )

9. 在直齿锥齿轮传动的强度计算中,通常近似地以齿宽中点分度圆处的当量圆柱齿轮来代替锥齿轮进行强度计算。 ( )

7.5.2 单项选择题

1. 在机械传动中,理论上能保证瞬时传动比为常数的是________。

A. 带传动　B. 齿轮传动　C. 链传动　D. 摩擦轮传动

2. 高速重载齿轮传动,当润滑不良时,最可能出现的失效形式是________。

A. 齿面胶合　B. 齿面疲劳点蚀　C. 齿面磨损　D. 轮齿疲劳折断

3. 一般参数的开式齿轮传动,其主要失效形式是________。

A. 齿面胶合　B. 齿面疲劳点蚀

C. 齿面磨损或轮齿疲劳折断　D. 轮齿塑性变形

4. 对于齿面硬度≤350 HBS的齿轮传动,当大、小齿轮均采用45钢,一般采取的热处理方式为________。

A. 小齿轮淬火,大齿轮调质　B. 小齿轮淬火,大齿轮正火

C. 小齿轮调质,大齿轮正火　　D. 小齿轮正火,大齿轮调质

5. 斜齿圆柱齿轮的齿数 z 与模数 m 不变,若增大螺旋角 β ,则分度圆直径 d_1 ________。

A. 增大　B. 减小　C. 不变　D. 不一定增大或减小

6. 一对 45 号钢制直齿圆柱齿轮传动,已知: $z_1 = 20$,硬度为 220~250 HBS; $z_2 = 60$,硬度为 190~220 HBS,则有:

Y_{Fa1} ________ Y_{Fa2} , σ_{F1} ________ σ_{F2} , σ_{H1} ________ σ_{H2} ; $\sigma_{H\lim1}$ ________ $\sigma_{H\lim2}$; $\sigma_{F\lim1}$ ________ $\sigma_{F\lim2}$ 。

A. <　B. >　C. =　D. ≥

7. 对于齿面硬度≤350HBS 的闭式钢制齿轮传动,其主要失效形式为________。

A. 轮齿疲劳折断　B. 齿面磨损　C. 齿面疲劳点蚀　D. 齿面胶合

8. 设计一对减速软齿面齿轮传动时,从等强度要求出发,决定大、小齿轮的硬度时,应使________。

A. 两者硬度相等　　B. 小齿轮硬度高于大齿轮硬度

C. 大齿轮硬度高于小齿轮硬度　　D. 小齿轮采用硬齿面,大齿轮采用软齿面

9. 对于硬度≤350 HBS 的闭式齿轮传动,设计时一般________。

A. 先按接触强度计算　　B. 先按弯曲强度计算

C. 先按磨损条件计算　　D. 先按胶合条件计算

10. 一对标准渐开线圆柱齿轮要正确啮合,它们的________必须相等。

A. 直径 d　B. 模数 m　C. 齿宽 b　D. 齿数 z

11. 设计闭式软齿面直齿传动时,选择齿数 z_1 的原则是________。

A. z_1 越多越好

B. z_1 越少越好

C. $z_1 \geq 17$,不产生根切即可

D. 在保证轮齿有足够的抗弯疲劳强度的前提下,齿数选多些有利

12. 轮齿的弯曲强度,当________,则齿根弯曲强度增大。

A. 模数不变,增多齿数时　　B. 模数不变,增大中心距时

C. 模数不变,增大直径时　　D. 齿数不变,增大模数时

13. 为了提高齿轮传动的接触强度,可采取________的方法。

A. 采用闭式传动　　B. 增大传动中心距

C. 减少齿数　　D. 增大模数

14. 圆柱齿轮传动中,当齿轮的直径一定时,减小齿轮的模数、增加齿轮的齿数,则可以________。

A. 提高齿轮的弯曲强度　　B. 提高齿面的接触强度

C. 改善齿轮传动的平稳性　　D. 减少齿轮的塑性变形

15. 标准直齿圆柱齿轮传动的弯曲疲劳强度计算中,齿形系数 Y_{Fa} 只取决于________。

A. 模数 m　B. 齿数 z　C. 分度圆直径 d_1　D. 齿宽系数 ψ_d

16. 一对圆柱齿轮,通常把小齿轮的齿宽做得比大齿轮宽一些,其主要原因是________。

A. 为使传动平稳　　B. 为了提高传动效率

C. 为了提高齿面接触强度　　D. 为了便于安装,保证接触线长

17. 一对圆柱齿轮传动,小齿轮分度圆直径 $d_1 = 50$ mm ,齿宽 $b_1 = 55$ mm ;大齿轮分度圆直

径 d_2 = 90 mm，齿宽 b_2 = 50 mm，则齿宽系数 ψ_d =________。

A. 1.1　　B. 5/9　　C. 1　　D. 1.3

18. 下列________的措施，可以降低齿轮传动的齿向载荷分布系数 K_β。

A. 降低齿面粗糙度　B. 提高轴系刚度　C. 增加齿轮宽度　D. 增大端面重合度

7.5.3 填空题

1. 对于闭式软齿面齿轮传动，主要按________强度进行设计，而按________强度进行校核，这时影响齿轮强度的最主要几何参数是________。

2. 对于开式齿轮传动，虽然主要失效形式是________，但目前尚无成熟可靠的________计算方法，故按________强度计算。这时影响齿轮强度的主要几何参数是________。

3. 一对标准直齿渐开线圆柱齿轮要正确啮合，它们必须________和________都相等。

4. 齿面硬度为 56~62 HRC 的合金钢制齿轮的加工工艺过程一般为________。

5. 一对齿轮啮合时，其大、小齿轮的接触应力是________；而其许用接触应力是________的；小齿轮的弯曲应力与大齿轮的弯曲应力一般也是________。

6. 在齿轮传动中，主动轮所受的圆周力 F_{t1} 与其回转方向________，而从动轮所受的圆周力 F_{t2} 与其回转方向________。

7. 设计闭式硬齿面齿轮传动时，当直径 d_1 一定时，应取________的齿数 z_1，使________增大，以提高轮齿的弯曲强度。

8. 圆柱齿轮传动中，当轮齿为________布置时，其齿宽系数 ψ_d 可以选得大一些。

9. 今有两个标准齿圆柱齿轮，齿轮 1 的模数 m_1 = 5 mm，z_1 = 25；齿轮 2 的模数 m_2 = 3 mm，z_2 = 40。此时它们的齿形系数 Y_{Fa1} ________ Y_{Fa2}。

10. 一对圆柱齿轮传动，当其他条件不变时，仅将齿轮传动所受的载荷增为原载荷的 4 倍，其齿面接触应力将增为原应力的________倍。

11. 斜齿圆柱齿轮的动载荷系数 K_V 和相同尺寸精度的直齿圆柱齿轮相比较是________的。

12. 对直齿锥齿轮进行接触强度计算时，可近似地按________处的当量齿轮来进行计算，而其当量齿数为 z_v =________。

13. 对大批量生产、尺寸较大(D>500 mm)、形状复杂的齿轮，设计时应选择________毛坯。

14. 圆柱齿轮设计时，齿宽系数 $\psi_d = b/d_1$，当 b 愈宽，承载能力也愈________，但使________现象严重。选择 ψ_d 的原则是：两齿轮均为硬齿面时，ψ_d 值取偏________值；精度高时，ψ_d 取偏________值；对称布置比悬臂布置取偏________ ψ_d 值。

15. 齿轮传动的主要失效形式有：________、________、________、________、________。

16. 对齿轮材料的基本要求是：齿面________；齿芯________，以抵抗各种齿面失效和齿根折断。

17. 在斜齿圆柱齿轮设计中，应取________模数为标准值；而直齿锥齿轮设计中，应取________模数为标准值。

18. 一对外啮合斜齿圆柱齿轮的正确啮合条件是：①________；②________；③________。

19. 材料、热处理及几何参数均相同的三种齿轮（即直齿圆柱齿轮、斜齿圆柱齿轮和直齿锥齿轮)传动中,承载能力最高的是________传动;承载能力最低的是________。

20. 两对直齿圆柱齿轮,当材料、热处理完全相同,工作条件也相同($N < N_0$,其中 N 为应力循环次数;N_0 为应力循环基数)。在下述两方案中:① $z_1 = 20, z_2 = 40, m = 6$ mm, $a = 180$ mm, $b = 60$ mm, $\alpha = 20°$;② $z_1 = 40, z_2 = 80, m = 3$ mm, $a = 180$ mm, $b = 60$ mm, $\alpha = 20°$。方案________的轮齿弯曲疲劳强度大;方案① 与② 的接触疲劳强度________;方案________的毛坯重。

7.5.4　问答简述题

1. 齿轮传动的主要失效形式有哪些?开式、闭式齿轮传动的失效形式有什么不同?设计准则通常是按哪些失效形式制定的?

2. 齿面点蚀一般首先发生在节线附近的齿根面上,试对这一现象加以解释。

3. 载荷系数 K 由哪几部分组成?各考虑什么因素的影响?

4. 为什么设计齿轮时,所选齿宽系数 ψ_d 既不能太大,又不能太小?

5. 在设计一对软齿面齿轮传动时,为什么常使小齿轮的齿面硬度高于大齿轮的齿面硬度30~50 HBS?

6. 一对圆柱齿轮的实际齿宽为什么做成不相等?哪个齿轮的齿宽大?在强度计算公式中的齿宽 b 应以哪个齿轮的齿宽代入?锥齿轮的齿宽是否也是这样?

7. 一对直齿圆柱齿轮传动中,大、小齿轮齿面接触应力是否相等?大、小齿轮的抗弯曲疲劳强度是否相等?在什么条件下两齿轮的接触强度相等?

8. 一对直齿圆柱齿轮传动中,大、小齿轮齿根弯曲应力是否相等?大、小齿轮的抗弯曲疲劳强度相等的条件是什么?

9. 试分析一对标准直齿圆柱齿轮传动,在中心距和传动比一定的情况下,齿数和模数的不同选择方案各有何利弊。

7.5.5　习题选解指导

习题 7-36　解题要点:

(1)由

$$\frac{[\sigma]_{F1}}{Y_{Fa1}Y_{Sa1}} = \frac{314}{2.8 \times 1.56} = 71.886$$

$$\frac{[\sigma]_{F2}}{Y_{Fa2}Y_{Sa2}} = \frac{286}{2.28 \times 1.76} = 71.272$$

故小齿轮的弯曲疲劳强度大。

(2)已知:$\sigma_{F1} = 306$ MPa $< [\sigma]_{F1} = 314$ MPa,故小齿轮的弯曲疲劳强度满足要求。而

$$\sigma_{F2} = \sigma_{F1}\frac{Y_{Fa2}Y_{Sa2}}{Y_{Fa1}Y_{Sa1}} = 306 \times \frac{2.28 \times 1.76}{2.8 \times 1.56} = 281.1\ \text{MPa} < [\sigma]_{F2} = 286\ \text{MPa}。$$

结论:两齿轮的弯曲强度均满足要求。

习题 7-37　解题要点:

(1)接触疲劳强度和直径有关

两对齿轮 $d_1 = d'_1$,其他条件均未变,则接触疲劳强度亦不变,即 $\sigma_H/\sigma'_H = 1$。

(2)弯曲疲劳强度,根据弯曲疲劳强度计算式

$$\sigma_{F1} = \frac{2KT_1}{bd_1m}Y_{Fa1}Y_{Sa1}Y_{\varepsilon} \leqslant [\sigma]_{F1}\ ; \quad ①$$

$$\sigma'_{F1} = \frac{2KT_1}{bd'_1m'}Y'_{Fa1}Y'_{Sa1}Y_{\varepsilon} \leqslant [\sigma]'_{F1}\ ; \quad ②$$

再由题设条件及计算已知 $d_1 = d'_1$, $Y_{\varepsilon 1} \approx Y_{\varepsilon 2}$,两对齿轮的应力比为

$$\frac{\sigma_{F1}}{\sigma'_{F1}} = \frac{Y_{Fa1}Y_{Sa1}}{m} \cdot \frac{m'}{Y'_{Fa1}Y'_{Sa1}} = \frac{2.8 \times 1.56}{4} \times \frac{2}{2.42 \times 1.67} = 0.540\ 4$$

$$\frac{\sigma_{F2}}{\sigma'_{F2}} = \frac{Y_{Fa2}Y_{Sa2}}{m} \cdot \frac{m'}{Y'_{Fa2}Y'_{Sa2}} = \frac{2.42 \times 1.67}{4} \times \frac{2}{2.22 \times 1.77} = 0.514\ 3$$

即第二对齿轮比第一对齿轮的弯曲应力大,因它们许用弯曲应力相同,则其弯曲疲劳强度低。

习题 7-38 解题要点:

(1)将强度计算公式转换成

$$KT_1 = \left(\frac{[\sigma]_H}{Z_HZ_EZ_{\varepsilon}}\right)^2 \times \frac{bd_1^2u}{2(u+1)}$$

(2) KT_1 为该齿轮的计算转矩,在工作条件及其他设计参数不变的情况下,从式中可以看出该传动的 KT_1 仅与许用接触应力 $[\sigma]_H$ 有关。

$$\frac{KT_1'}{KT_1} = \frac{[\sigma]'^2_H}{[\sigma]^2_H} = \frac{(600)^2}{(420)^2} = 2.04$$

结论:计算转矩可以提高 104%。

第8章　蜗杆传动

8.1　教学内容小结

8.1.1　主要内容

(1)蜗杆传动的分类、特点及应用;
(2)蜗杆传动的失效形式、材料选择及计算准则;
(3)普通圆柱蜗杆传动的主要参数及几何尺寸计算;
(4)蜗杆传动的受力分析、旋向判断;
(5)普通圆柱蜗杆的承载能力计算;
(6)蜗杆传动的效率及热平衡计算。

8.1.2　学习要求

(1)了解各种类型蜗杆传动的工作原理、特点及应用场合,并进行相互比较,理解为什么普遍采用阿基米德蜗杆传动。

(2)掌握普通圆柱蜗杆传动的主要参数和几何尺寸计算,特别是导程角 γ,蜗杆直径系数 q 及蜗杆头数 z_1 等参数的定义及它们之间的关系。

(3)掌握蜗杆传动的受力分析及失效形式,从而合理选择蜗杆及蜗轮的材料,并进行强度计算。

(4)掌握蜗杆传动设计有关参数的选择原则及其影响因素。

(5)能对蜗杆传动进行效率计算及热平衡计算,并能合理地解决散热问题。

8.1.3　主要学习特点

(1)蜗杆传动是啮合传动中具有较大啮合面相对滑动速度的传动类型,而且属于不间断连续啮合,因此,既具有啮合传动的特点,又具有螺旋传动的特点。

(2)内容框图及思路分析(见图8.1)。

8.1.4　学习方法指导

(1)蜗杆传动是啮合传动中具有较大啮合面相对滑动速度的传动,因此传动效率低。失效形式以胶合、磨损、点蚀为主,并且以蜗轮齿面失效为主。

(2)根据蜗杆传动的啮合特点,在设计时蜗轮应以蜗轮齿面接触疲劳强度为主要设计准

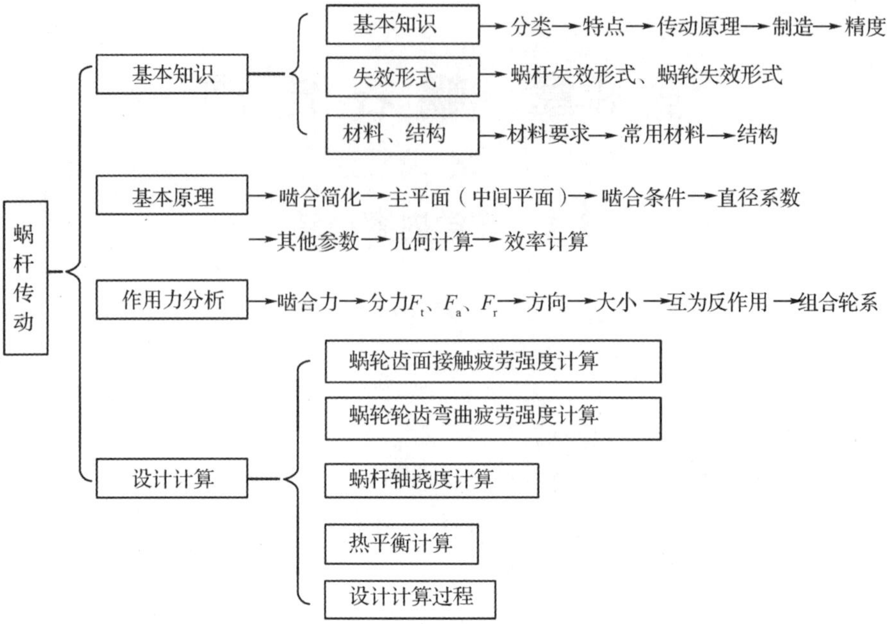

图 8.1 内容框图及思路分析

则,而蜗杆则以蜗杆轴的强度和刚度为主要设计准则,同时需要进行热平衡计算。

(3)蜗杆传动在主平面(中间平面)相当于齿条-齿轮传动,其承载能力计算仿照圆柱齿轮承载能力的计算方法进行。

(4)蜗杆传动中旋转方向、螺旋方向及受力方向的分析不同于圆柱齿轮传动。其受力关系见表 8.1 中。

(5)要求将蜗杆传动强度计算公式补至表 7.2 中。

8.2 重点、难点和考点

8.2.1 重点与难点分析

1. 主要参数及有关几何关系

(1)蜗杆传动的正确啮合条件:蜗杆的轴向模数和压力角应分别等于蜗轮端面上的模数和压力角,且均等于标准值;蜗杆分度圆柱导程角等于蜗轮的螺旋角,且螺旋线方向相同,即同为右旋或同为左旋。

(2)蜗杆传动的传动比:$i = n_1/n_2 = z_2/z_1 \neq d_2/d_1$,这与齿轮传动不同。

(3)蜗杆直径系数:为了刀具标准化和限制蜗轮滚刀的数目,对每一种 m 的 d_1 值进行标准化,引入蜗杆直径系数 $q = d_1/m = z_1/\tan\gamma$。由此可见,$q$ 大,则 d_1 大,表明蜗杆刚度大。为保证蜗杆刚度,对于小模数蜗杆,采用大的 q 值。

(4)蜗杆头数 z_1:一般取蜗杆头数 $z_1 = 1 \sim 4$。啮合效率 $\eta = \tan\gamma/\tan(\gamma+\rho_v)$,当 q 一定时,z_1

值增大，γ 值亦随之增大，从而导致 η 值增大。为此，可采用多头蜗杆来提高效率，但是多头蜗杆加工困难。对要求自锁的特殊场合，应选小的 γ，故常采用单头蜗杆。

(5)蜗杆导程角 γ：$\tan\gamma = z_1/q$，导程角 γ 越大，蜗杆传动的效率越高。

(6)蜗杆传动的标准中心距：$a=(d_1+d_2)/2=m(q+z_2)/2\neq m(z_1+z_2)/2$，这与齿轮传动不同。

2. 蜗杆传动的变位特点

蜗杆传动的变位方式与齿轮传动的变位方式相同，都是切削时刀具的移位。因蜗轮滚刀是标准的，刀具尺寸不变，而蜗杆齿形及尺寸与蜗轮滚刀相同，所以蜗杆尺寸是不变的(齿顶圆、分度圆及齿根圆均不变)。蜗杆传动只能对蜗轮变位，蜗杆不变位。

3. 受力分析

蜗杆传动齿面间的相对滑动速度较大，则作用在啮合面上的力(见受力分析图 8.2)除法向力 F_n 外，还有摩擦力 μF_n。为简化计算，在受力分析中，仅考虑 F_n，而 μF_n 的影响是通过效率 η 来计算的。这样，蜗杆传动的受力分析与斜齿圆柱齿轮传动大体相同。但应注意到蜗杆轴线与蜗轮轴线是空间成 90°交错配置的。F_n 为一空间力，它同样分解为圆周力 F_t、径向力 F_r 和轴向力 F_a。所以，蜗杆的圆周力与蜗轮的轴向力大小相等，方向相反(即 $F_{t1}=-F_{a2}$)；蜗杆的径向力与蜗轮的径向力大小相等，方向相反(即 $F_{r1}=-F_{r2}$)；蜗杆的轴向力与蜗轮的圆周力大小相等，方向相反(即 $F_{a1}=-F_{t2}$)。分析时，应特别注意主动件蜗杆的轴向力 F_{a1} 的方向，它与蜗杆螺旋线的旋向及蜗杆轴的转向 n_1 有关。可用左(右)手螺旋法则来判别。其受力关系见表 8.1。

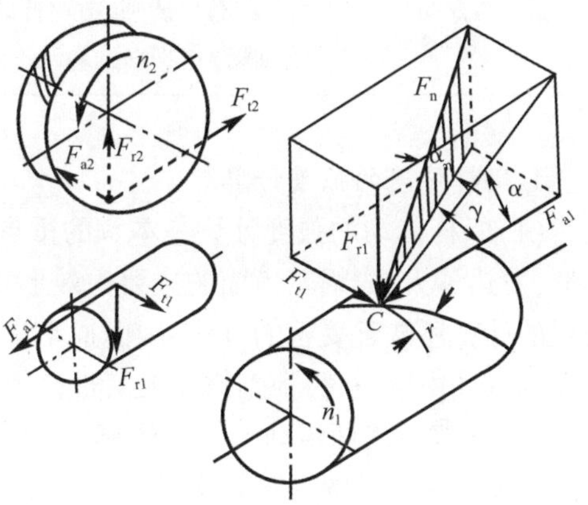

图 8.2　受力分析

表 8.1　蜗杆传动受力关系

项目	蜗杆传动	说明
受力分析简图	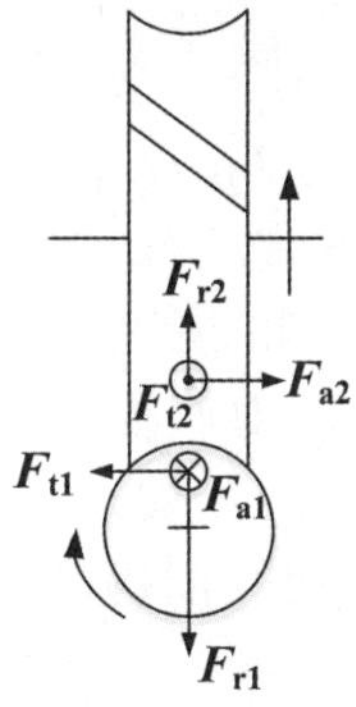	蜗杆为主动件， 蜗轮为从动件

表 8.1(续)

项目	蜗杆传动	说明
力的大小	$F_{t2}=\dfrac{2T_2}{d_2}$ $F_{a2}=F_{t2}\tan(\gamma\pm\rho_v)\approx F_{t2}\tan\gamma$ $F_{r2}=F_n\sin\alpha_n\approx F_{t2}\tan\alpha_t$	
互为反作用力	$F_{t2}=-F_{a1}$ $F_{a2}=-F_{t1}$ $F_{r2}=-F_{r1}$	
力的方向	F_{t1}:与蜗杆齿在啮合点处运动方向相反; F_{a1}:左右手法则,由蜗杆的螺旋线方向和蜗杆转向决定; F_{r1}:啮合点指向轴心	

4. 蜗杆传动的强度计算

(1)蜗杆传动的强度计算是本章的重点。应该明确,由于蜗杆传动的相对滑动速度大,效率低,发热量大,故蜗轮齿面的主要失效形式是胶合,其次才是点蚀和磨损。但目前对胶合和磨损的计算还缺乏妥善的方法,因而通常只仿照圆柱齿轮进行齿面及齿根强度的条件性计算,并在选取许用应力时,根据蜗轮的特性来考虑胶合和磨损失效因素的影响。

(2)在普通蜗杆传动的强度计算中,把蜗轮看成一个斜齿圆柱齿轮,因此,其强度计算是仿照斜齿圆柱齿轮的计算方法进行的。

(3)圆弧圆柱蜗杆传动的受力情况与普通圆柱蜗杆传动相似,由于传动时是凹、凸弧齿廓相啮合,且齿形角 $\alpha=23°$,故轮齿强度高于普通圆柱蜗杆。在进行圆弧圆柱蜗杆传动的设计计算时,可先按传动输入功率 P_1、转速 n_1 和传动比 i 初步确定传动的中心距 a,并确定传动的几何参数,然后校核其蜗轮的齿面接触疲劳强度和齿根弯曲疲劳强度。

(4)这里要注意,由于蜗杆螺旋部分从材质上来看,其强度总是高于蜗轮轮齿的强度,故失效常发生在蜗轮轮齿上,这是蜗杆传动中的薄弱环节。因而在进行齿面接触强度和齿根弯曲强度计算时是以蜗轮为主的。由于蜗杆轴通常较细,且支承间距较长,故进行刚度计算时应以蜗杆轴为主。

5. 蜗杆传动的热平衡计算

在闭式齿轮传动中,并不是都要进行热平衡计算。但是在普通圆柱蜗杆传动中,因为有很大的滑动速度,摩擦损耗大(特别是轮齿的啮合摩擦损耗),所以传动效率低,工作时发热量大。由于蜗杆传动结构紧凑,箱体的散热面积小,散热能力差,所以在闭式传动中所产生的热量不能及时散去,油温会急剧升高,从而容易使齿面产生胶合,这就是蜗杆传动要进行热平衡计算的原因。

热平衡计算的基本原理是单位时间内产生的热量等于或小于同时间内散发出去的热量,即 $H_1\leqslant H_2$。

在实际工作中,主要是利用热平衡条件,找出工作条件下应该控制的油温 t。只要油的工作温度能满足要求,蜗杆传动就能正常地进行工作。

8.2.2　考点分析

蜗杆传动的主要参数选择、受力分析、强度计算、效率及热平衡计算是本章的重点。难点是蜗杆、蜗轮各力之间的关系、蜗杆轴向力方向及蜗轮转动方向的判断。考点分析如下：

(1)基本题主要考核：蜗杆传动的基本知识(如蜗杆传动的主要失效形式、设计准则、材料选用等)；蜗杆传动的主要参数的定义和选择等。

(2)简述分析题主要考核：蜗杆传动的主要失效形式及预防措施；蜗轮常用材料和多种结构形式的选择；蜗杆传动热平衡计算的意义；蜗杆直径系数的意义以及几个主要参数之间的关系等。

(3)简单计算题主要考核：普通圆柱蜗杆传动的几何尺寸计算；蜗杆传动的受力分析及计算；蜗杆传动的热平衡计算等。

(4)蜗杆传动会与各种齿轮传动组合形成各种二级传动轮系以综合分析题的形式进行考核，其中会以小点考核失效形式及计算准则、受力分析计算、螺旋方向及旋转方向的判别、几何尺寸计算等。

(5)蜗杆传动设计计算及强度计算主要考核其与齿轮传动的不同和特色。

8.3　例题精选与解题指导

8.3.1　解题指导

蜗杆传动的计算与齿轮传动基本相同，也有设计计算、校核计算和分析计算等多种形式。其已知条件和要求确定的内容也相类似。但对蜗杆传动，必要时还要进行一些特殊性的计算，例如蜗杆轴的强度和刚度计算以及热平衡计算等。

解题主要步骤：

设计计算题

(1)根据已知条件估算滑动速度 $v_s=(0.03\sim0.04)\sqrt[3]{P_1\cdot n_1^2}$，按 v_s 和传动用途及工作条件确定蜗杆、蜗轮的材料、毛坯、加工、热处理和许用应力；

(2)根据设计计算准则，进行承载能力计算。闭式传动的计算步骤如下：

①按蜗杆齿面接触强度进行设计计算：

根据传动比选择蜗杆头数 z_1 和蜗轮齿数 z_2；

估计蜗轮圆周速度 v_2，初定蜗杆直径系数 $q\leqslant0.25Z_2$，确定载荷系数 K，估算传动效率 η，计算蜗轮扭矩 T_2；

根据接触强度计算公式，计算并查取标准模数 m 和蜗杆直径系数 q；

计算速度 v_2 和 v_s，校核载荷系数 K 和传动效率 η，并修正计算扭矩 KT_2，若与估算值相差较大，则应重算所需的 m 及 q。

②按蜗轮齿根弯曲强度进行校核计算，并最后确定传动主要参数和几何尺寸；

③蜗杆轴的强度和刚度计算(对不重要的传动可从略)；

④按热平衡条件计算润滑油的温升。

8.3.2 范例

例 8-1 已知一带式运输机用阿基米德蜗杆传动，传递功率 $P_1 = 8.8\ \text{kW}$，$n_1 = 960\ \text{r/min}$，传动比 $i = 18$，蜗杆头数 $z_1 = 2$，直径系数 $q = 8$，蜗杆导程角 $\gamma = 14°2'10''$，蜗轮端面模数 $m = 10\ \text{mm}$，当蜗杆主动时的传动效率 $\eta = 0.88$，蜗杆为右螺旋，转动方向如图 8.3 (a)所示。

(1)试在图上标出蜗轮的转向，及各力的指向。

(2)计算蜗杆与蜗轮各自所受到的圆周力 F_t、轴向力 F_a、径向力 F_r(单位为 N)。

解题过程和要点：

(1)蜗轮旋转方向及各力指向如图 8.3 (b)所示。

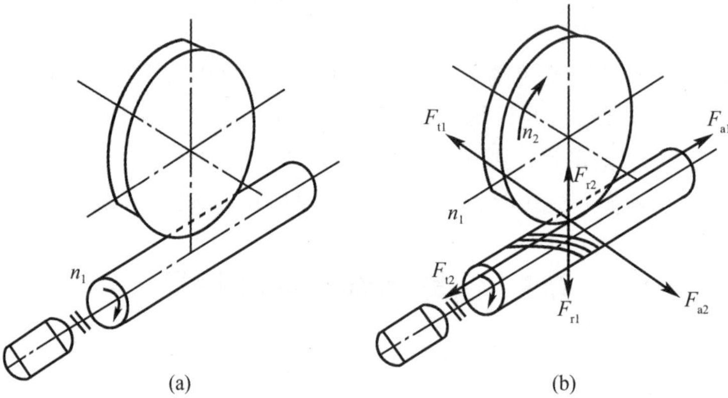

图 8.3 蜗杆传动受力分析

(2)各分力大小的计算如下：

① 计算蜗杆与蜗轮所传递的转矩 T_1、T_2。

$$T_1 = 9.55 \times 10^6 \frac{P_1}{n_1} = 9.55 \times 10^6 \frac{8.8}{960} = 87\ 542\ \text{N} \cdot \text{mm}$$

$$T_2 = 9.55 \times 10^6 \frac{P_1}{n_1} i\eta = 9.55 \times 10^6 \frac{8.8}{960} \times 18 \times 0.88\ \text{N} \cdot \text{mm} = 1\ 386\ 660\ \text{N} \cdot \text{mm}$$

②计算蜗轮、蜗杆分度圆直径 d_1、d_2。

$$d_1 = mq = 10 \times 8 = 80\ \text{mm}$$

$$d_2 = mz_2 = mz_1 i = 10 \times 2 \times 18 = 360\ \text{mm}$$

③计算 F_t、F_a、F_r。

$$F_{t1} = F_{a2} = \frac{2T_1}{d_1} = \frac{2 \times 87\ 542}{80} = 2\ 189\ \text{N}$$

$$F_{a1} = F_{t2} = \frac{2T_2}{d_2} = \frac{2 \times 1\ 386\ 660}{360} = 7\ 700\ \text{N}$$

$$F_{r1} = F_{r2} \approx F_{t2}\tan\alpha = 7\ 700 \times \tan 20° = 2\ 800\ \text{N}$$

例 8-2 如图 8.4 (a)所示传动系统中，已知蜗杆 1 为主动件，要求输出轴的旋转方向如图所示。试确定：

(1)各轴的回转方向(在图上画出);

(2)要求Ⅱ轴轴向力能抵消一部分,确定蜗杆、蜗轮的螺旋角方向(在图上画出);

(3)画出各轮的力方向(用三个分力表示)。

解题过程和要点:

根据锥齿齿轮的旋向,可确定锥齿轮的分力方向和旋向;

根据Ⅱ轴轴向力要求,可确定蜗轮轴向力和切向力方向,因蜗轮为从动轮,故必须根据互为反作用关系,确定蜗杆的切向力和轴向力,并由此确定蜗杆螺旋方向和旋转方向。解题结果见图8.4 (b)。

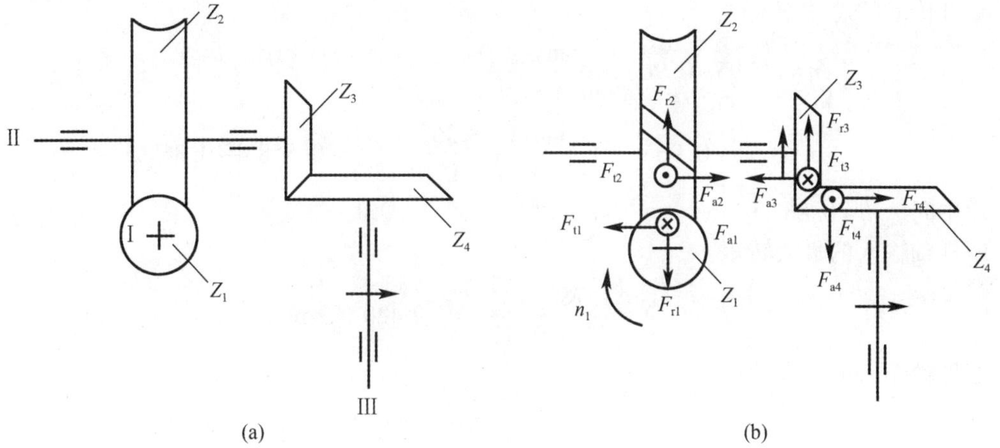

图8.4　蜗杆–圆锥齿轮传动受力分析

例8-3　已知:一单级普通圆柱蜗杆传动,蜗杆的转速 $n_1 = 1\ 460$ r/min,传动比 $i = 26$, $z_1 = 2$, $m = 10$ mm, $q = 8$,蜗杆材料为45钢,表面淬火HRC56;蜗轮材料为ZCuSn10Pb,砂模铸造,并查得 $N = 10^7$ 时蜗轮材料的基本许用接触应力 $\sigma'_{HP} = 200$ MPa。若工作条件为单向运转,载荷平稳,载荷系数 $K_A = 1.05$。每天工作8小时,每年工作300天,工作寿命为10年。试求蜗杆轴输入的最大功率 P_1。

提示:接触疲劳强度计算式为:

$$\sigma_H = Z_E\sqrt{\frac{9K_A T_2}{m^2 d_1 z_2^2}} \leqslant \sigma_{HP}(\text{MPa})$$

并已知:弹性系数 $Z_E = 160\sqrt{\text{MPa}}$,导程角 $\gamma = 11°18'36''$,当量摩擦角 $\rho_v = 1°10'13''$。

解题过程和要点:

(1)由接触疲劳强度式求 T_2:

$$T_2 \leqslant \frac{m^2 d_1 z_2^2}{9K_A}\left(\frac{\sigma_{HP}}{Z_E}\right)^2$$

(2)确定上式中各计算参数:

$$n_2 = \frac{n_1}{i} = \frac{1\ 460}{26} = 56.15\ \text{r/min}$$

$$d_1 = mq = 10 \times 8 = 80\ \text{mm}$$

应力循环次数为 N,并考虑单向传动:

$$N = 60n_2t_h = 60 \times 56.15 \times (8 \times 300 \times 10) = 8.086 \times 10^7$$

则寿命系数

$$Z_N = \sqrt[6]{\frac{10^7}{N}} = \sqrt[6]{\frac{10^7}{8.086 \times 10^7}} = 0.705\ 86$$

蜗杆的许用接触应力

$$\sigma_{HP} = Z_N\sigma'_{HP} = 0.705\ 86 \times 200\ \text{MPa} = 141.17\ \text{MPa}$$

(3)确定蜗杆轴输入的最大功率:

$$T_2 = \frac{m^2d_1z_2^2}{9K_A}\left(\frac{\sigma_{HP}}{Z_E}\right)^2 = \frac{10^2 \times 80 \times 52^2}{9 \times 1.05}\left(\frac{141.17}{160}\right)^2 = 1.782 \times 10^6\ \text{N}\cdot\text{mm}$$

蜗杆传动的总效率

$$\eta = (0.95 \sim 0.96)\frac{\tan\gamma}{\tan(\gamma+\rho_v)}$$

$$= (0.95 \sim 0.96)\frac{\tan 11°18'36''}{\tan(11°18'36''+1°10'13'')} = 0.858\ 4 \sim 0.867\ 5$$

取中间值 $\eta = 0.863$

蜗杆轴输入的最大转矩

$$T_1 = \frac{T_2}{i\eta} = \frac{1.782 \times 10^6}{26 \times 0.863} = 79\ 420\ \text{N}\cdot\text{mm}$$

蜗杆轴输入的最大功率

$$P_1 = \frac{T_1n_1}{9.55 \times 10^6} = \frac{79\ 420 \times 1\ 460}{9.55 \times 10^6} = 12.14\ \text{kW}$$

例题 8-4 如图 8.5 所示为一蜗杆起重装置。已知:蜗杆头数 $z_1 = 1$,模数 $m = 5$ mm,分度圆直径 $d_1 = 60$ mm,传递效率 $\eta = 0.25$,卷筒直径 $D = 320$ mm,需要起重的重量 $G = 6\ 300$ N,作用在手柄上的力 $F = 280$ N,手柄半径 $l = 180$ mm。试确定:

(1)蜗轮的齿数 z_2;

(2)蜗杆所受轴向力 F_{a1} 的大小及方向;

(3)提升重物时手柄的转向。

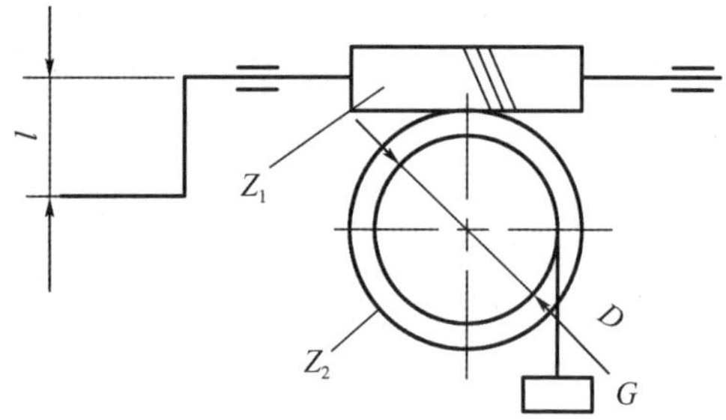

图 8.5 蜗杆起重装置

解题过程和要点:

(1)通过手柄施加给蜗杆的驱动转矩为

$$T_1 = Fl = 280 \times 180 = 5.04 \times 10^4\ \text{N}\cdot\text{mm}$$

提升重物 G 所需要的蜗轮的转矩为

$$T_2 = G\cdot\frac{D}{2} = 6\ 300 \times \frac{320}{2} = 1.008 \times 10^6\ \text{N}\cdot\text{mm}$$

由于 T_1 和 T_2 满足关系式 $T_2 = T_1i\eta$,因此有 $i = \frac{T_2}{T_1\eta} = \frac{1.008\times10^6}{5.04\times10^4\times0.25} = 50$,所以 $z_2 = z_1i = 1\times50 = 50$。

(2)蜗杆所受的轴向力 F_{a1} 为

$$F_{a1} = -F_{t2} = \frac{2T_2}{d_2} = \frac{2T_2}{mz_2} = \frac{2\times1.008\times10^6}{5\times50} = 8\ 064\ \text{N}$$

F_{a1} 的方向水平向右。

(3) 当提升重物时，蜗轮逆时针转动，蜗杆所受轴向力水平向右，由于蜗杆右旋，所以，根据右手定则可以判断出手柄的转向为竖直向下（即从手柄端看为顺时针方向）。

8.4　思考题与习题

8.4.1　复习思考题

8-1　蜗杆传动与齿轮传动相比，其主要缺点是什么，常应用于什么场合？

8-2　蜗杆传动可分为哪几种类型，其几何结构及切制过程有何特点及不同，使用上有何特点？

8-3　何谓蜗杆传动的主平面（中性平面）？阿基米德蜗杆在主平面内相当于什么传动？

8-4　蜗杆传动以什么模数作为标准模数？常用蜗杆传动比范围和齿数范围是多少？z_1、z_2 的大小对传动有何影响？设计时如何确定 z_1 和 z_2？

8-5　为什么要引入蜗杆直径系数 q，如何选用，它对蜗杆传动的强度、刚度、啮合效率及尺寸有何影响？

8-6　蜗杆传动的正确啮合条件是什么？自锁条件是什么？

8-7　蜗杆的主要参数 γ、z_1、p_{x1}、m、q 之间有何关系？

8-8　指出蜗杆传动的变位与齿轮传动的变位有何异同点，变位的特点和目的是什么？

8-9　蜗杆传动的失效形式及计算准则是什么？常用的材料配对有哪些？选择材料应满足哪些要求？

8-10　蜗杆传动的强度计算与齿轮传动的强度计算有何区别？许用应力如何确定？

8-11　影响蜗杆传动效率的主要因素有哪些？导程角 γ 的大小对效率有何影响？

8-12　蜗杆传动的热平衡如何计算？可采用哪些措施来改善热条件？

8-13　蜗轮结构有哪几种形式，各有什么特点，分别用在什么场合？

8.4.2　习题

8-14　试标出图中两种传动形式的蜗杆、蜗轮和齿轮的转向，绘出其啮合点的受力图（各用 3 个分力表示），并分析这两种传动形式的优缺点。

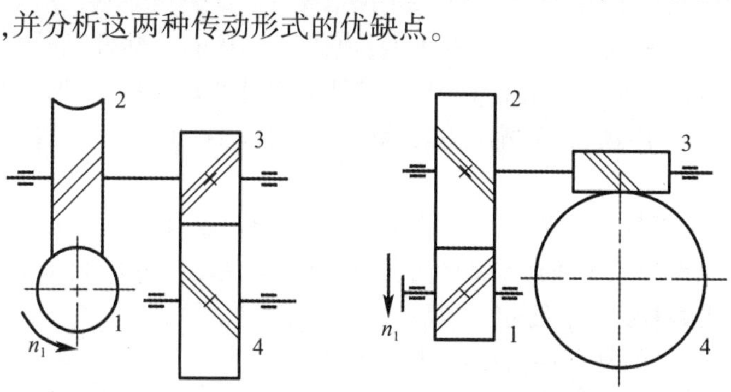

(a) 蜗杆主动　　(b) 小齿轮主动

题 8-14 图

8-15 如图所示为一斜齿圆柱齿轮-蜗杆传动。小齿轮由电动机驱动。已知蜗轮齿的螺旋线方向为右旋,转向如图示,试在图上标出:

(1)蜗杆螺旋线方向及转向;

(2)大齿轮轮齿的螺旋方向,务必使大齿轮所产生的轴向力与蜗杆产生的轴向力抵消一部分;

(3)小齿轮的螺旋线方向及轴的转向;

(4)蜗杆轴(包括大齿轮)上诸作用力的方向,画出空间受力图。

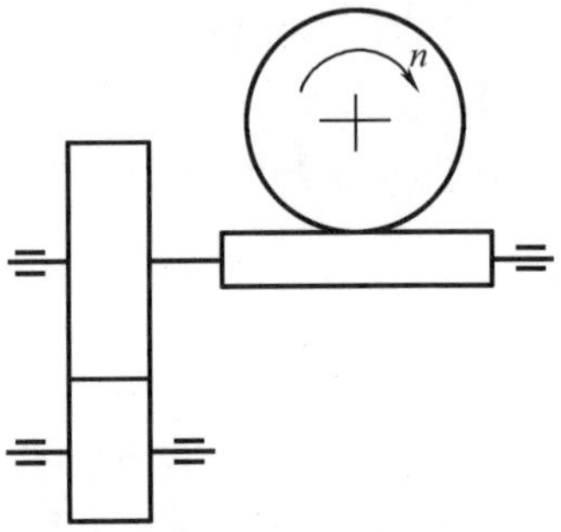

题 8-15 图

8-16 如图所示的手摇起重绞车,钢丝绳绕过一个定滑轮(图中未表示)提起重物。已知:钢丝绳的最大拉力 $Q=8\ 000$ N,卷筒直径 $D_1=250$ mm,手摇时所施加的力 $F=100$ N,摇把力臂长度 $L=300$ mm,蜗杆头数 $z_1=2$,蜗杆材料为 45 钢,表面淬火硬度值>45 HRC,蜗轮材料 HT200。初步分析中心距应小于 200 mm,试确定该蜗轮传动的基本参数及主要几何尺寸,并校核其强度。

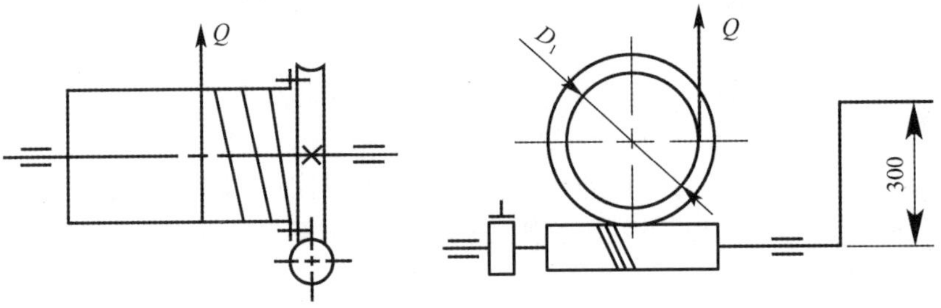

题 8-16 图

8-17 设计一起重设备用的蜗杆传动。载荷有中等冲击。蜗杆轴由电动机驱动,传递功率 $P=10.3$ kW,$n_1=1\ 470$ r/min,$n_2=120$ r/min,短期最大载荷为额定载荷的 2 倍,间歇工作,每天工作以 2 小时计算,要求使用寿命为 10 年。

8-18 已知一运输自动线蜗轮减速器的电机功率 $P_1=20$ kW,减速器的效率 $\eta=0.76$,散热面积 $S=3.5\ m^2$,散热系数 $k_s=12\ W/(m^2\cdot ℃)$,允许油温 $t_{max}=70$ ℃,试校核该减速器在连续工作时油温是否在允许值内。

8-19 有一对蜗杆蜗轮,已知其主要参数:模数 $m=10$ mm,蜗杆直径系数 $q=8$,蜗杆头数 $z_1=2$,蜗轮齿数 $z_2=39$,蜗轮变位系数 $x=0.5$,试计算蜗杆及蜗轮的全部几何尺寸。

8-20 一单头蜗杆传动,已知蜗轮的齿数 $z_2=40$,蜗杆的直径系数 $q=10$,分度圆直径 $d_2=200$ mm。试求:

(1) 模数 m、轴向周节 p_{a1},蜗杆分度圆直径 d_1、中心距 a 及传动比 i_{12}。

(2) 若当量摩擦系数 $f_v=0.08$,求蜗杆、蜗轮分别为主动件时的效率 η 及 η'。

(3) 若改用双头蜗杆,其 η 及 η' 又为多少?

(4) 从效率 η 与 η' 的计算中可得出什么结论?

8-21 如图所示的机械传动系统中,设蜗杆 1 为动力输入端,其转向和蜗轮 2 的轮齿旋向如图所示。已知 1、2 和 5、6 为蜗杆传动,3、4 为斜齿圆柱齿轮传动,7、8 为直齿锥齿轮传动。若要使Ⅱ、Ⅲ、Ⅳ轴上所受的轴向力较小,试确定并在图上标出:

(1)各轴的转动方向；

(2)各轮的轴向力方向；

(3)轮3,4,5,6的螺旋线方向。

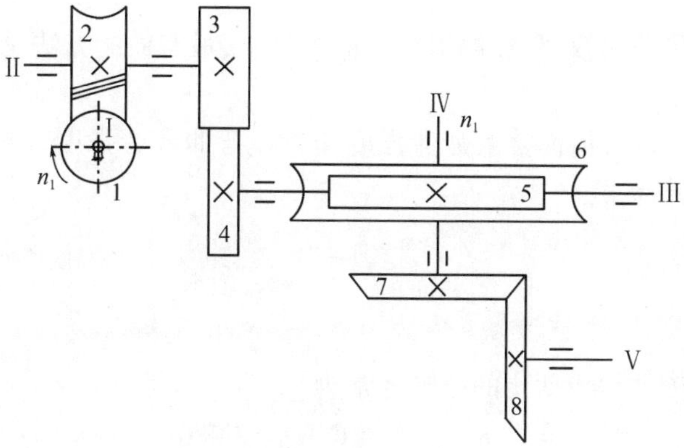

题8-21图

8-22　如图所示为一升降机传动装置示意图。已知电动机功率 $P = 8$ kW,转速 $n_1 = 970$ r/min,蜗杆传动参数为 $z_1 = 1, z_2 = 40, m = 10$ mm, $q = 8$, $\lambda = 7°20'30''$,右旋,蜗杆蜗轮副效率 $\eta_1 = 0.75$。设整个传动系统的总效率为 $\eta = 0.68$,卷筒直径 $D = 630$ mm。试求：

(1)当升降机上行时,电机的转向(在图中标出即可)；

(2)升降机上行时的速度 v；

(3)升降机的最大载重量 Q；

(4)蜗杆所受的各力的大小及方向(方向在图中标出即可)。

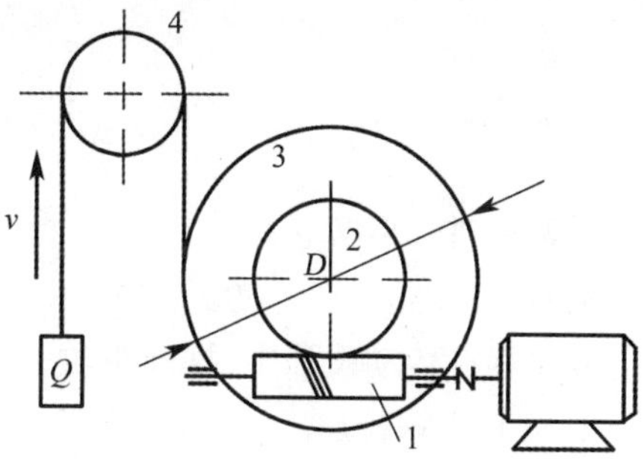

题8-22图

8.5　考试复习与习题选解

8.5.1　是非判断题

1. “蜗杆的导程角和蜗轮的螺旋角大小相等,方向相反”是蜗杆传动正确啮合条件之一。 (　　)

2. 在蜗杆传动中,如果模数和蜗杆头数一定,增加蜗杆的分度圆直径,将会增加蜗杆的刚度,但也会使传动效率降低。 (　　)

3. “蜗杆的端面模数与蜗轮的端面模数相等”是蜗杆传动的正确啮合条件之一。 (　　)

4. 蜗杆传动由于在啮合传动过程中有相当大的滑动,因而容易产生齿面点蚀和塑性变形。 (　　)

5. 采用铸铝青铜 ZCuAl10Fe3 作蜗轮材料时,其主要失效方式是胶合。 (　　)

6. 蜗杆传动中，蜗杆头数越少，传动效率越低。 (　　)

7. 在蜗杆传动设计中，必须进行蜗杆轮齿的强度校核。 (　　)

8. 标准蜗杆传动的中心距 $a=\frac{m}{2}(z_1+z_2)$。 (　　)

9. 为了提高蜗杆传动的效率，在润滑良好的条件下，最有效的方法是增大直径系数 q。 (　　)

10. 在蜗杆传动中，进行齿面接触疲劳强度和齿根弯曲疲劳强度计算是以蜗轮为主，而进行刚度计算则以蜗杆轴为主。 (　　)

8.5.2 单项选择题

1. 动力传动蜗杆传动的传动比的范围通常为__________。

A. $i_{12}<1$　B. $i_{12}=1\sim8$　C. $i_{12}=8\sim80$　D. $i_{12}>80\sim120$

2. 与齿轮传动相比较，__________不能作为蜗杆传动的优点。

A. 传动平稳，噪声小　B. 传动比可以较大　C. 可产生自锁　D. 传动效率高

3. 在标准蜗杆传动中，蜗杆头数 z_1 一定时，若增大蜗杆直径系数 q，将使传动效率__________。

A. 提高　B. 减小

C. 不变　D. 可能增大也可能减小

4. 蜗杆直径系数 $q=$__________。

A. $q=d_1/m$　B. $q=d_1/z_1$　C. $q=a/d$　D. $q=a/m$

5. 在蜗杆传动设计中，蜗杆头数 z_1 选多一些，则__________。

A. 有利于蜗杆加工　B. 有利于提高蜗杆刚度

C. 有利于提高传动的承载能力　D. 有利于提高传动效率

6. 蜗杆直径系数 q 的标准化，是为了__________。

A. 保证蜗杆有足够的刚度　B. 减少加工时蜗轮滚刀的数目

C. 提高蜗杆传动的效率　D. 减小蜗杆的直径

7. 蜗杆常用材料是__________。

A. HT150　B. ZCuSn10P1　C. 45 钢　D. GCr15

8. 蜗杆传动中，齿面在节点处的相对滑动速度 $v_s=$__________。

A. $v_1/\sin\gamma$　B. $v_1/\cos\gamma$　C. $v_1/\tan\gamma$　D. $v_1/\cot\gamma$

9. 我国标准规定：蜗杆传动的模数应取__________为标准。

A. 蜗轮法面模数 m_n　B. 蜗杆轴向模数 m_a　C. 蜗杆周向模数 m_t　D. 蜗杆法向模数 m_n

10. 对蜗杆传动进行热平衡计算，其主要目的是为了防止温升过高导致__________。

A. 材料的机械性能下降　B. 润滑油变质

C. 蜗杆热变形过大　D. 润滑条件恶化而产生胶合失效

11. 下列公式中，用__________确定蜗杆传动比的公式是错误的。

A. $i=\omega_1/\omega_2$　B. $i=z_2/z_1$　C. $i=d_2/d_1$　D. $i=n_1/n_2$

12. 在闭式蜗杆传动设计计算中，除进行强度计算外，还必须进行__________。

A. 刚度计算　B. 磨损计算　C. 稳定性计算　D. 热平衡计算

13. 在蜗杆传动设计中，除规定模数标准化外，还规定蜗杆直径 d_1 取标准值，其目的是________。

A. 限制加工蜗杆的刀具数量

B. 限制加工蜗轮的刀具数量，并便于刀具的标准化

C. 便于装配

D. 提高加工精度

14. 下列蜗杆分度圆直径计算公式：(a) $d_1 = mq$；(b) $d_1 = mz_1$；(c) $d_1 = d_2/i$；(d) $d_1 = mz_2/(i\tan\gamma)$ (e) $d_1 = 2a/(i+1)$。其中有________是错误的。

A. 一个　　B. 二个　　C. 三个　　D. 四个

15. 蜗杆传动中，η 为传动效率，则蜗杆轴上所受力矩 T_1 与蜗轮轴上所受力矩 T_2 之间的关系为________。

A. $T_2 = T_1 \cdot \dfrac{d_2}{d_1} \cdot \eta$　　B. $\eta T_2 = T_1 \cdot \dfrac{d_2}{d_1}$

C. $T_2 = T_1 \cdot \dfrac{z_2}{z_1} \cdot \eta$　　D. $\eta T_2 = T_1 \cdot \dfrac{z_2}{z_1}$

8.5.3 填空题

1. 在蜗杆传动中，蜗杆头数越少，则传动效率越________，自锁性越________。一般蜗杆头数常取 $z_1 =$ ________。

2. 在蜗杆传动中，产生自锁的条件是________。

3. 阿基米德蜗杆和蜗轮在主平面(又称中间平面)相当于________与________相啮合。因此蜗杆的________模数应与蜗轮的________模数相等。

4. 在标准蜗杆传动中，当蜗杆为主动时，若蜗杆头数 z_1 和模数 m 一定时，而增大直径系数 q，则蜗杆刚度________；若增大导程角 γ，则传动效率________。

5. 蜗杆分度圆直径 $d_1 =$ ________；蜗轮分度圆直径 $d_2 =$ ________。

6. 为了提高蜗杆传动的效率，应选用________头蜗杆；为了满足自锁要求，应选 $z_1 =$ ________。

7. 蜗杆传动发热计算的目的是防止________，以防止齿面________失效。发热计算的出发点是________，等于________。

8. 为了蜗杆传动能自锁，应选用________头蜗杆；为了提高蜗杆的刚度，应采用________的直径系数 q。

9. 蜗杆传动时蜗杆的螺旋线方向应与蜗轮螺旋线方向________；蜗杆的________角应等于蜗轮的螺旋角。

10. 蜗杆的标准模数是________模数，其分度圆直径 $d_1 =$ ________；蜗轮的标准模数是________模数，其分度圆直径 $d_2 =$ ________。

11. 有一普通圆柱蜗杆传动，已知蜗杆头数 $z_1 = 2$，蜗杆直径系数 $q = 8$，蜗轮齿数 $z_2 = 37$，模数 $m = 8$ mm，则蜗杆分度圆直径 $d_1 =$ ________ mm；蜗轮分度圆直径 $d_2 =$ ________ mm；传动中心距 $a =$ ________ mm；传动比 $i =$ ________；蜗轮分度圆上螺旋角 $\beta_2 =$ ________。

12. 阿基米德圆柱蜗杆传动的中间平面是指________的平面。

8.5.4 问答简述题

1. 蜗杆传动中为什么要进行热平衡计算,若热平衡计算不合要求时,怎么办?

2. 对于蜗杆传动,下面三式有无错误,为什么?

(1) $i=\omega_1/\omega_2=n_1/n_2=z_2/z_1=d_2/d_1$;

(2) $a=(d_1+d_2)/2=m(z_1+z_2)/2$;

(3) $F_{t2}=2T_2/d_2=2T_1 i/d_2=2T_1/d_1=F_{t1}$。

3. 蜗杆传动中为何常用蜗杆为主动件?

4. 蜗杆传动中标准模数和标准压力角在什么地方?为什么蜗杆分度圆直径要标准化?

5. 影响蜗杆传动效率的主要因素有哪些?导程角 γ 的大小对效率有何影响?

6. 蜗杆传动的正确啮合条件是什么,自锁条件是什么?

7. 蜗轮蜗杆常用的材料有哪些,一般的选材原则是什么?

8. 选择蜗杆的头数 z_1 和蜗轮的齿数 z_2 应考虑哪些因素?

9. 蜗杆在进行承载能力计算时,为什么只考虑蜗轮,而蜗杆的强度如何考虑?在什么情况下,需要进行蜗杆的刚度计算?

8.5.5 习题选解指导

习题 8-16 解题要点:

(1)根据 z_1 查取 η,这里 $z_1=2$,传动效率 η 约为 0.8;

(2)计算传动比 i,取为公称值;

(3)确定蜗轮齿数;

(4)根据中心距的要求确定 m,q 等,计算蜗杆分度圆直径 d_1、导程角 γ 以及其他几何尺寸;

(5)校核蜗轮轮齿弯曲疲劳强度 σ_F。

习题 8-21 解题要点:

见题 8-21 图。根据蜗杆传动的正确啮合条件可知,已知蜗轮 2 左旋,则蜗杆 1 也左旋,再根据题目给定的蜗杆 1 转向可判断出蜗轮 2 所受的切向力方向为垂直纸面向里,故可确定Ⅱ轴的转向(左视为顺时针转动),同时还可以确定蜗杆 1 和蜗轮 2 所受的轴向力的方向(分别为垂直纸面向里和水平向右)。根据已知条件,要求Ⅱ、Ⅲ、Ⅳ轴上所受的轴向力较小,因此,可判断出齿轮 3 所受的轴向力的方向应该水平向左,显然齿轮 4 所受的轴向力的方向应该水平向右。再根据Ⅱ轴的转向,用左右手定则,可判断出齿轮 3 的轮齿旋向向左(左旋),故齿轮 4 为右旋,同时可得Ⅲ轴的转向(左视为逆时针转动)。同理可得,蜗杆 5 所受的轴向力水平向左(和齿轮 4 的轴向力方向相反),轮齿旋向为右旋;则蜗轮 6 所受的轴向力竖直向下,轮齿旋向为右旋;蜗轮 6 切向力的方向与蜗杆 5 轴向力的方向相反,故可以确定Ⅳ轴的转向(俯视为逆时针转动)。锥齿轮 7,8 的轴向力方向比较容易判断,都是指向大端。由Ⅳ轴的转向易得出Ⅴ轴的转向(左视为逆时针转动)。

综上所述,该传动系统中各轴的转向、各轮的轴向力方向以及轮 3,4,5,6 的螺旋线方向如题 8-21 图所示。

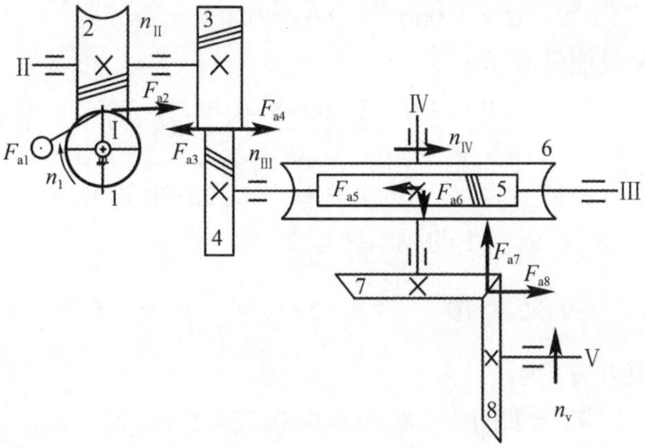

题 8-21 图

受力分析方法小结：

对于受力分析类题目，主要是进行齿轮（或轴）的转动方向、齿轮的轮齿旋向、受力方向的判定以及力的大小计算等内容。至于力的大小计算，根据公式即可求解。而齿轮的转动方向、轮齿旋向和受力方向这三者之间，通常是相互关联的，一般需要知道两项才可以分析得到第三项。而且，对于不同的传动类型，其分析顺序也稍有不同。因此，同学在分析此类问题时应该多加注意。

习题 8-22　解题要点：

当升降机上行时，电动机的转向 $n_{电}$ 如题 8-22 图（a）所示。

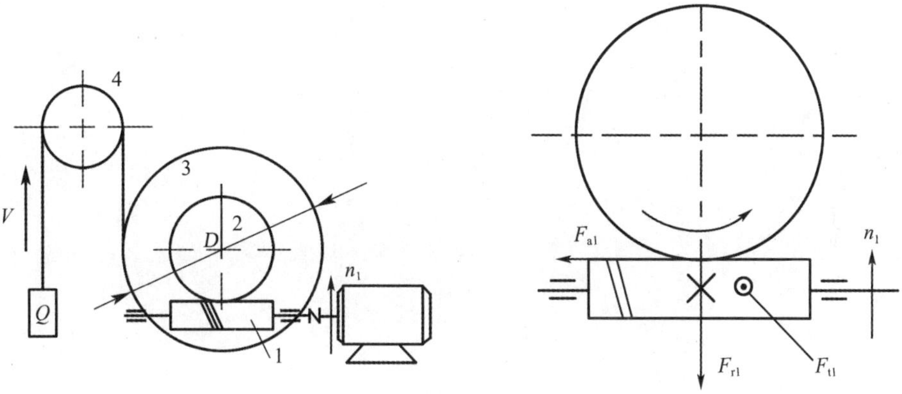

(a)　　(b)

题 8-22 图

（1）因为传动比 $i=\frac{n_1}{n_2}=\frac{z_2}{z_1}=\frac{40}{1}=40$，所以有

$$n_2=n_3=\frac{n_1}{i}=\frac{970}{40}=24.25\ \mathrm{r/min}$$

又因为卷筒 3 的线速度即为升降机上行的速度，所以

$$v=\frac{\pi D n_3}{60\times 1\ 000}=\frac{\pi\times 630\times 24.25}{60\times 1\ 000}=0.8\ \text{m/s}$$

(2)升降机的最大载重量 Q 为

$$Q=\frac{1\ 000\ P\eta}{v}=\frac{1\ 000\times 8\times 0.68}{0.8}=6\ 800\ \text{N}$$

(3)对蜗杆进行受力分析,其各分力的方向如题 8-22 图(b)所示。

升降机工作时,电动机对蜗杆 1 的驱动转矩 T_1 为

$$T_1=9.55\times 10^6\frac{P}{n_1}=9.55\times 10^6\times\frac{8}{970}=78.76\ \text{N}\cdot\text{m}$$

蜗轮 2 所产生的转矩 T_2 为

$$T_2=T_1 i\eta_1=78.76\times 40\times 0.75=2\ 363\ \text{N}\cdot\text{m}$$

所以,蜗杆所受的各分力的大小为

$$F_{t1}=\frac{2T_1}{d_1}=\frac{2T_1}{mq}=\frac{2\times 78.76\times 10^3}{10\times 8}=1\ 969\ \text{N}$$

$$F_{a1}=-F_{t2}=\frac{2T_2}{d_2}=\frac{2T_2}{mz_2}=\frac{2\times 2\ 363\times 10^3}{10\times 40}=11\ 815\ \text{N}$$

$$F_{r1}=F_{t2}\tan\alpha=11\ 815\times\tan 20^\circ=4\ 300\ \text{N}$$

第9章 滚动轴承

9.1 教学内容小结

9.1.1 主要内容

(1)滚动轴承的主要结构、类型、特点和代号。

(2)滚动轴承类型选择的原则和方法。

(3)滚动轴承的载荷、应力分析、失效形式和设计计算准则。

(4)滚动轴承的选择校核计算(包括疲劳寿命计算、静强度计算等)。

(5)滚动轴承的组合部件结构设计(包括轴承和轴系固定、装拆、调整、配合、预紧、润滑、密封等)。

9.1.2 学习要求

(1)了解滚动轴承的主要性能参数和各类滚动轴承的特点。

(2)了解滚动轴承类型的选择原则。

(3)了解滚动轴承的受载情况、应力特点、失效形式和设计计算准则。

(4)了解滚动轴承的尺寸选择计算中有关基本概念(如疲劳寿命,基本额定寿命,额定动载荷,当量动载荷,压力中心,附加轴向力,额定静载荷,当量静载荷,极限转速,修正额定寿命等)。

(5)了解滚动轴承的静强度计算。

(6)了解滚动轴承的组合结构设计基本要求和主要内容。

(7)掌握滚动轴承的基本代号和后置代号中的主要内容(内部结构、公差等级、游隙系列)。

(8)掌握滚动轴承的尺寸选择计算,主要有疲劳寿命计算(特别要求对常用类型60000,70000,30000必须掌握),当量动载荷计算(包括滚动轴承所承受的径向载荷和轴向载荷的确定和计算)。

(9)掌握影响滚动轴承尺寸选择和疲劳寿命的主要因素,学会分析滚动轴承尺寸选择和疲劳寿命,指导滚动轴承的设计。

(10)掌握滚动轴承部件的组合结构设计(主要包括滚动轴承和轴系的固定结构形式,滚动轴承的固定和调整,装拆要求,滚动轴承的配合,滚动轴承的预紧,滚动轴承的润滑和密封等)。

9.1.3 主要学习特点

(1)滚动轴承是标准部件,设计标准化,尺寸系列化。设计的特点是选择和校核(对滚动轴承而言是寿命计算),以及组合结构设计(保证设计寿命),在学习中应注意和针对此特点,以便抓住重点。

(2)内容框图及思路分析(见图 9.1)。

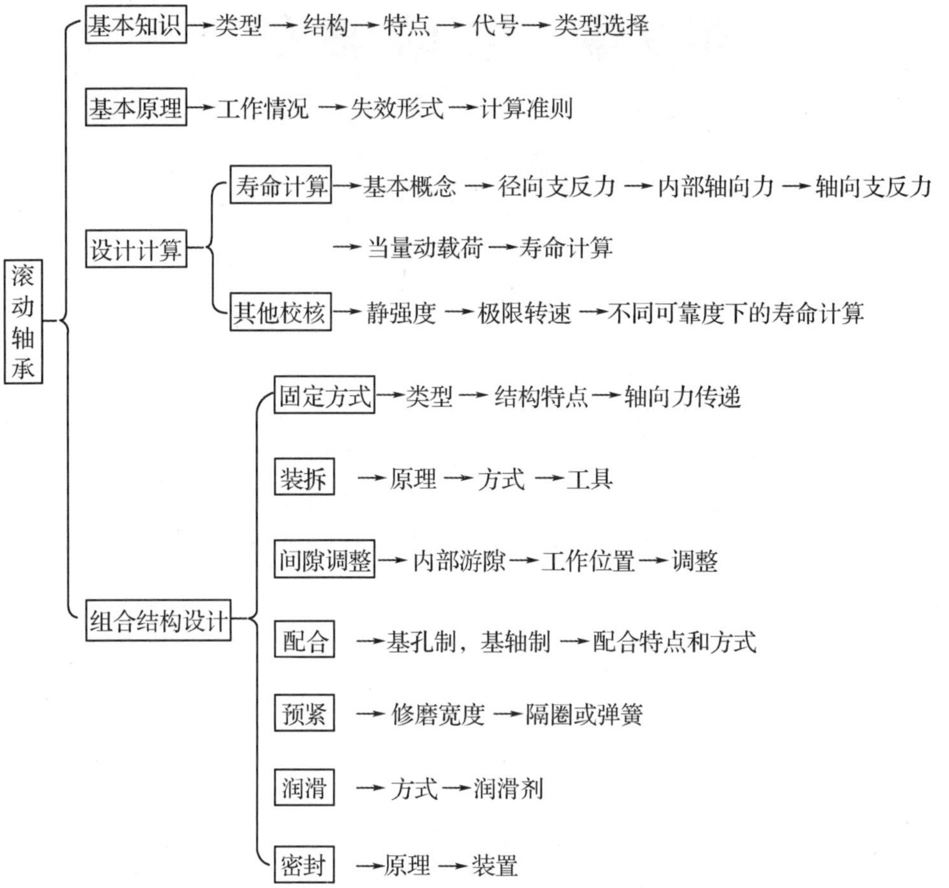

图 9.1 内容框图及思路分析

9.1.4 学习方法指导

(1)滚动轴承基本知识应熟练掌握和记忆,尤其对滚动轴承的代号必须牢记。

(2)对滚动轴承类型的选择原则可以采用分析现有机械轴系中的滚动轴承类型来熟悉和练习如何选择滚动轴承的类型。

分析现有机械轴系的工作条件,载荷大小、方向和变化情况,轴的刚度,支承结构等,与采用的滚动轴承类型特点是如何联系的,以便学会选择滚动轴承的类型。

(3)学会计算滚动轴承的寿命,正确使用寿命计算的公式,重点对常用类型 60000,70000,30000 的计算必须学会。使用寿命计算公式中,应注意当量动载荷 P 的正确计算。

(4)学会分析滚动轴承选择的代号和计算寿命之间的关系,以达到正确选择滚动轴承,满足使用要求,正确指导滚动轴承的设计。

(5)对滚动轴承组合结构设计要求,首先以分析现有轴系中滚动轴承结构着手,对照各项要求找出结构的特点;或者以改错的方法寻找轴系中滚动轴承结构错误,练习和熟悉,提高对滚动轴承结构设计的认识。

9.2　重点、难点和考点

9.2.1　重点与难点分析

1. 主要类型滚动轴承的特点

60000——宜用于转速高,以径向载荷为主,承受轴向载荷有限,旋转精度高。可优先采用。

30000——适合中等转速,同时承受径向载荷+轴向载荷,线接触,承载能力较大,应成对使用。

70000——适合较高转速,同时承受径向载荷+轴向载荷,点接触,承载能力比 30000 系列小,应成对使用。

2. 滚动轴承后置代号注意点

(1)若对后置代号项目内容无特殊要求,则省略后置代号。按顺序用规定符号写出后置代号的特殊要求时,应在基本代号和后置代号之间空半个汉字距离(当紧接在基本代号后的后置代号前有符号"-""/"时除外)。

(2)若对第 4 组或其后的项目有特殊要求时,则应在该代号前面用"/"与前面代号隔开。

(3)0 级公差等级,0 组游隙在后置代号中省略。

3. 角接触球轴承与圆锥滚子轴承的轴向载荷计算

(1)附加轴向力 F_s

径向载荷 F_r 由轴的计算确定的支点反力,由滚动轴承承受(如图 9.2)。

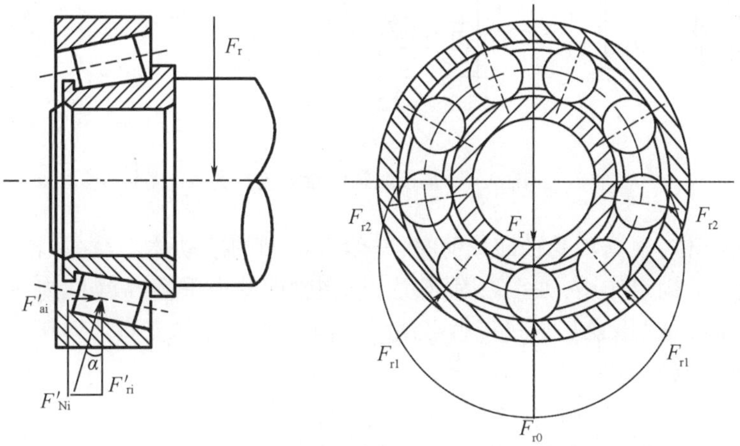

图 9.2　附加轴向力

当角接触球轴承或圆锥滚子轴承承受径向载荷 F_r 时,半圈内滚动体受力,力的传递经由内、外圈与滚动体接触点的法线方向,由于存在接触角,每个接触点的作用力 F_{Ni} 可分解为轴向 F_{ai} 和径向 F_{ri} 两个分力。因轴向分力 F_{ai} 的方向均相同,可叠加为总轴向力,得 $F_s \approx 1.25F_r \cdot \tan\alpha$。

具体是：70000C　　$F_s = e\ F_r$

70000AC　　$F_s = 0.68\ F_r$

70000B　　$F_s = 1.14\ F_r$

30000　　$F_s = F_r/2Y$

(2)轴向载荷 F_a 的计算

①向心球轴承(60000 类滚动轴承)。

向心球轴承支承轴系轴向支反力的分析计算,取决于滚动轴承的安装固定方式。若为一固一游,则固定端承受轴向力;若为两端固定,则轴向力所指向的一端承受轴向力。如图 9.3 所示,若采用两端固定,则 $F_{a1}=0$,$F_{a2}=F_A$。

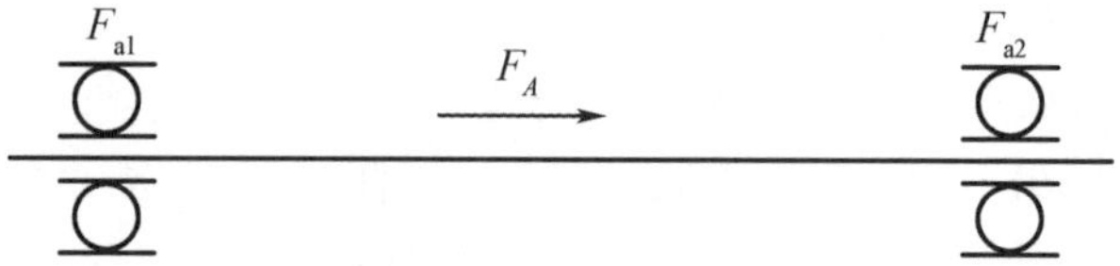

图 9.3 向心球轴承

②角接触球轴承(70000 类、30000 类滚动轴承)。

如图 9.4 所示,F_R 和 F_A 分别为作用于轴上的径向和轴向外载,由 F_R 等外载引起并计算得两轴承的径向反力为 F_{r1} 和 F_{r2},相应由此产生的附加轴向力分别为 F_{s1} 和 F_{s2},注意正确标出附加轴向力的方向。

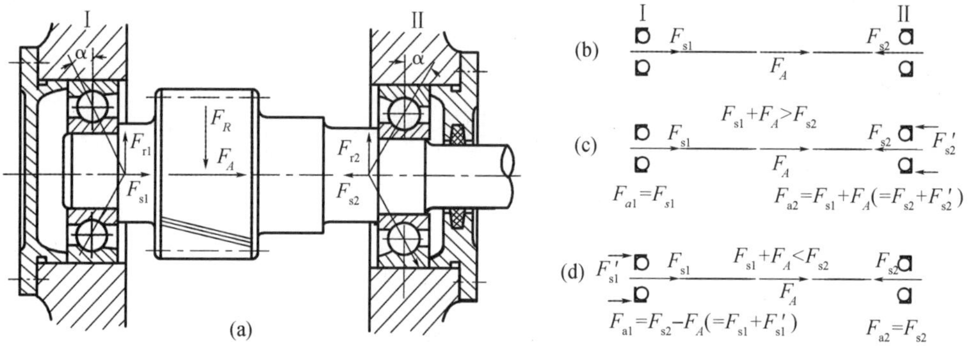

图 9.4 角接触轴承轴向支反力

以轴系为隔离体,根据轴受径向载荷时,一般仅半圈的滚动体受载,且轴承内圈与轴可视为一体,由于轴承的固定作用,轴系被固定,因此,在轴向受力平衡,故如:$F_{s1}+F_A>F_{s2}$ 轴有向右移倾向,轴承Ⅱ被“压紧”,通过接触点法线方向向轴承Ⅱ和支座传递压力,支座产生一反力作用在轴承Ⅱ上与之平衡,

$$F'_{s2}=(F_{s1}+F_A)-F_{s2}$$

该反作用力与附加轴向力均作用在轴承Ⅱ的轴向,得:

$$F_{a2}=F_{s2}+F'_{s2}=F_{s1}+F_A$$

轴承Ⅰ在轴向仅有附加轴向力 F_{s1},故 $F_{a1}=F_{s1}$。

其他情况同样如上分析。

4. 滚动轴承配合类别选择注意点

(1)选择配合时应考虑工作载荷的大小、方向和性质,以及转速高低、轴承类型和使用条件。当外载荷方向不变时,转动内圈应比固定外圈的配合紧一些;若外载荷方向随转动而改变,则转动内圈应比固定外圈的配合松一些,以防套圈受力方向固定而缩短疲劳寿命。

(2)载荷平稳,配合可松一点;变载荷、冲击载荷或旋转精度要求高,应选紧一点的配合。

(3)当滚动轴承为游动支承时,外圈与座孔应选小间隙配合。

(4)工作温度较高时,若与轴承相配合的零件热膨胀量大于轴承时,外圈与座孔配合应偏紧一些,内圈与轴配合应偏松一些。

5. 深沟球轴承和角接触球轴承的接触角和轴向承载能力关系

球轴承由于有径向游隙存在,当内、外圈在轴向相对移动时形成初始接触角 α_0。

在轴向载荷 F_a 作用下,实际接触角变大。因此,在考虑轴向载荷作用的承载能力时,应考虑接触角的变化(见图 9.5)。

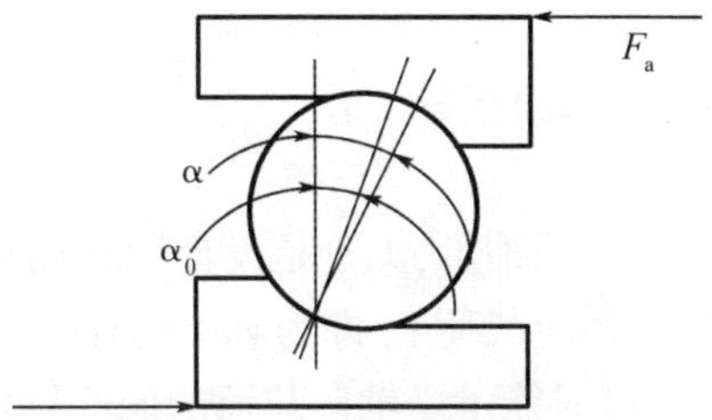

图 9.5　接触角与承载能力

在同时承受径向载荷和轴向载荷时,确定其当量动载荷,也要考虑其接触角的变化,且其接触是随滚动体的位置不同而不同。在考虑到轴承存在径向游隙和滚动体与内、外圈接触处存在的弹性变形量,可计算得实际接触角 α、轴向载荷影响系数 e 及载荷系数 Y 均是 F_a/C_0 的不同函数关系,其列表数值见教材表 18-7。

球轴承承受的轴向载荷 F_a 越大,接触角越大。过大的接触角将使其产生边缘接触和应力集中,故应规定其安全接触角,限制其轴向载荷,即对应的轴向载荷有一定的最大限值。从表中可以看到深沟球轴承最大限值为 $F_a/C_0=0.56$,$e=0.44$,$Y=1.0$。

6. 滚动轴承的预紧

预紧可使轴承的滚动体与内、外圈之间保持压紧状态,产生一定的预变形,以后在工作载荷作用下,轴承的实际变形减少,支承刚度提高,振动和噪声减小。同时在一定的预紧下,产生负游隙,工作时恢复一定游隙,但比不预紧时的游隙要小。因此可保证轴承具有较高的运转精度,承载滚动体数目的增加亦提高了轴承的承载能力。

角接触球轴承与圆锥滚子轴承必须成对安装和预紧。预紧量的合理数值可参考有关资料或通过试验取得。

现在有滚动轴承的预紧产品可供选择,按一定的预紧力系列提供,具体可参见滚动轴承的产品手册。

9.2.2　考点分析

本章主要是在了解滚动轴承类型和基本概念的基础上,能正确地选择轴承并进行轴承的组合设计。考点分析如下:

(1)基本题主要考核:滚动轴承的基本知识(如滚动轴承的代号以及含义,滚动轴承的基本概念,如接触角、基本额定动载荷、基本额定寿命、当量动载荷等);滚动轴承的类型选择等。

(2)简述分析题主要考核:滚动轴承的基本代号和后置代号中的主要内容、角接触球轴承和圆锥滚子轴承附加轴向力产生原因、滚动轴承的组合部件结构设计(包括轴承和轴系固定、装拆、调整、配合、预紧、润滑、密封等)。

(3)简单计算题主要考核:滚动轴承的附加轴向力、轴向载荷、当量动载荷的计算等。

(4)计算大题多以寿命计算为主(特别要求对常用类型 60000,70000,30000,必须掌握),当量动载荷计算(包括滚动轴承所承受的径向载荷和轴向载荷的确定和计算)。

(5)以结构设计及改错题形式考核滚动轴承的组合设计,要求能正确设计轴系并对轴系错误进行改正。

9.3 例题精选与解题指导

9.3.1 解题指导

对滚动轴承,无论是设计计算还是校核计算,都必须求出作用在滚动轴承上的载荷。其中所受的径向载荷 F_r 即为轴上的径向合成支反力,而轴向载荷则应视轴承的不同类型而不同。

(1)对能承受轴向载荷的向心轴承或推力轴承,轴承所受的轴向载荷 F_a,即为轴上的轴向工作外载荷 F_A,至于哪个轴承承受,应视轴承的布置和固定方式而定;

(2) 对角接触轴承,轴承所受的轴向载荷 F_a,除轴上的工作外载荷 F_A 以外,还应考虑轴承本身由于结构特点而产生附加轴向力 F_s。

寿命计算公式中的载荷 $P=XF_r+YF_a$ 称为当量动载荷,在确定 X、Y 值时,必须预先知道分界特性系数 e。除 7000AC、7000B 型及 30000 型以外,它们的值均随轴承型号的不同而不同。但在设计时,轴承型号不知道,因此只能先假定一个 e 值和 Y 值(如可取平均值 e_m 和 Y_m),在初步计算确定轴承型号以后再进行寿命校核,或根据轴颈尺寸要求,初步确定一种直径系列的型号,进行寿命校核,若不合格再重新选择新的型号,直到满足为止。

解题主要步骤

1. 设计计算

(1)根据使用要求和工况条件选定轴承类型(或同时采用几种不同类型的轴承进行比较)。

(2)根据轴承工作情况及失效形式,确定轴承计算方法。

(3)若按寿命计算:

确定轴承预期寿命 L'_h;

计算轴承载荷 F_r、F_a 及 P;

计算轴承所需额定动载荷 C_c,然后从轴承样本或有关手册选择一合适的型号,要求所选轴承具备的额定动载荷 $C \geqslant C_c$;

上述计算中的 e 和 Y 为估计值时,则在选定型号后,应根据轴承的实际 e 和 Y 值进行校核计算,要求计算寿命 $L_h \geqslant L'_h$。

(4)若为低速重载荷轴承,尚需校核滚动轴承的静载能力。

2. 校核计算

对校核计算题,轴承的型号是已知的,因此在计算轴承载荷 F_r、F_a 和 P 以后,可直接校核轴承的寿命 $L_h \geqslant L'_h$ 或额定动载荷 $C_c \leqslant C$。

滚动轴承的组合结构设计,一般在轴的结构设计中以改错形式出现。

9.3.2 范例

例9-1 图9.6所示为某安装着两个斜齿圆柱齿轮的转轴，它由一对30312E型号的圆锥滚子轴承支承。已知：大斜齿轮的轴向力 F_{A1} = 3 000 N，小斜齿轮的轴向力 F_{A2} =8 000 N（它们的指向如图示）；轴承所受的径向负荷 F_{r1} = 13 600 N，F_{r2} = 22 100 N；轴承内部轴向力公式 $S = F_r/(2Y)$，$Y = 1.7$。试求两轴承所受的轴向负荷 F_{a1} 与 F_{a2}。

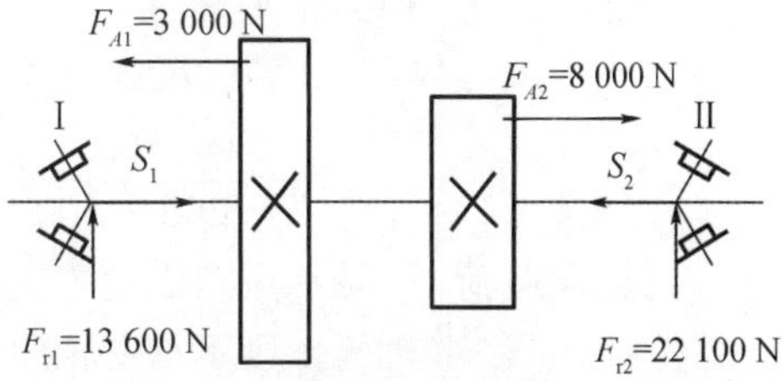

图9.6 轴系支撑结构

解题过程及要点：

（1）求轴承的内部轴向力 S

$$S_1 = \frac{F_{r1}}{2Y} = \frac{13\ 600}{2 \times 1.7} = 4\ 000\ \text{N}$$

方向由左→右，即→S_1；

$$S_2 = \frac{F_{r2}}{2Y} = \frac{22\ 100}{2 \times 1.7} = 6\ 500\ \text{N}$$

方向由右→左，即←S_2。

（2）求轴承所受的轴向力 F_a

①用“压紧端”判别法：

因 $S_1-F_{A1}+F_{A2}=4\ 000-3\ 000+8\ 000=9\ 000\ \text{N}>S_2=6\ 500\ \text{N}$，故轴有向右移动的趋势，这时轴承2是“压紧”，由此得轴承所受的轴向负荷为

$$F_{a1} = S_1 = 4\ 000\ \text{N}$$

$$F_{a2} = S_1 - F_{A1} + F_{A2} = 4\ 000-3\ 000+8\ 000=9\ 000\ \text{N}$$

②将轴承视为平衡体判别法：

轴承所受的轴向负荷为

因 $F_{a1}=S_1=4\ 000\ \text{N}$

$F_{a1}=S_2+F_{A1}-F_{A2}=6\ 500+3\ 000-8\ 000=1\ 500\ \text{N}$

则 $F_{a1}=4\ 000\ \text{N}$

因 $F_{a2}=S_2=6\ 500\ \text{N}$

$F_{a2}=S_1+F_{A2}-F_{A1}=4\ 000+8\ 000-3\ 000=9\ 000\ \text{N}$

则 $F_{a2}=9\ 000\ \text{N}$

因此，用两种方法得的结论是一样的。

例9-2 如图9.7所示，某轴由一对深沟球轴承支撑。已知：轴受径向力 F_R = 15 000 N，轴向力 F_A = 2 500 N，轴的转速 n = 400 r/min。取载荷系数 f_p = 1.1，轴承工作温度一般，要求轴承寿命 L'_{10h} = 10 000 h。若此轴的轴颈不小于50 mm，试选择这一对轴承的型号。

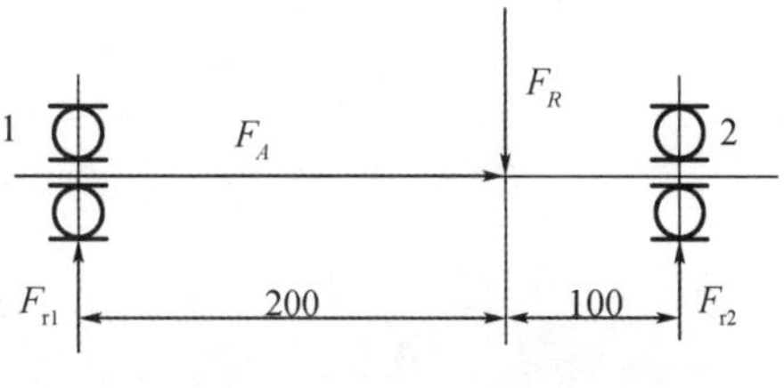

图9.7 轴系支撑结构

解题过程及要点：

(1)求轴承所受载荷

轴承1：

径向载荷 由力矩平衡得

$$(200+100)F_{r1}-100F_R=0$$

$$F_{r1}=\frac{100}{200+100}F_R=\frac{1}{3}\times 15\ 000=5\ 000\ \text{N}$$

轴向载荷 两轴承用双固定式支撑结构，F_A 指向轴承2，F_A 由轴承2承受；轴承1则不承受轴向载荷，即 $F_{a1}=0$ 。

轴承2：

径向载荷 由力平衡得

$$F_{r2}=F_R-F_{r1}=15\ 000-5\ 000=10\ 000\ \text{N}$$

轴向载荷 $F_{a2}=F_A=2\ 500\ \text{N}$

轴承2承受载荷远大于轴承1，故应按轴承2计算。

(2)试选用6310型轴承进行校验计算

根据题意轴颈不小于50 mm，试选用6310型轴承，查手册得 $C=48.4\ \text{kN}$，$C_0=36.3\ \text{kN}$。由《机械设计》教材或手册中的径向系数 X 和轴向系数 Y 表，得 $\frac{iF_{a2}}{C_0}=\frac{1\times 2\ 500}{36\ 300}=0.069$，应用线性内插法求 e，$e=0.26+\frac{0.28-0.26}{0.084-0.056}(0.069-0.056)=0.27$

$$\frac{F_{a2}}{F_{r2}}=\frac{2\ 500}{10\ 000}=0.25<e，取 X=1，Y=0$$

$$P_2=XF_{r2}+YF_{a2}=(1\times 10\ 000+0\times 2\ 500)=10\ 000\ \text{N}$$

$$C'=f_pP_2\sqrt[3]{\frac{60nL'_{10h}}{10^6}}=1.1\times 10\ 000\times\sqrt[3]{\frac{60\times 400\times 10\ 000}{10^6}}=68.36\ \text{kN}$$

$C'>C$，故6310轴承不合适。

(3)由 $C'=68.36\ \text{kN}$，选6410轴承进行核验计算，查机械设计手册，6410轴承：$C=71.8\ \text{kN}$，$C_0=46.4\ \text{kN}$。由《机械设计》教材或手册查得

$$\frac{iF_a}{C_0}=\frac{1\times 2\ 500}{56\ 400}=0.044$$

求得

$$e=0.24$$

$\frac{F_{a2}}{F_{r2}}=\frac{2\ 500}{10\ 000}=0.25>e$，取 $X=0.56$，Y 值用线性内插法：

$$Y=1.99+\frac{1.71-1.99}{0.056-0.028}(0.044-0.028)=1.83$$

$$P_2=XF_{r2}+YF_{a2}=(0.56\times 10\ 000+1.83\times 2\ 500)=10\ 175\ \text{N}$$

$$C'=f_pP_2\sqrt[3]{\frac{60\ nL'_{10\ h}}{10^6}}=1.1\times 10\ 175\times\sqrt[3]{\frac{60\times 400\times 10\ 000}{10^6}}=69.56\ \text{kN}<C=71.8\ \text{kN}$$

可知所选6410型滚动轴承合适。

(4)讨论

- 当试算6310滚动轴承不合适后,若采用增大轴颈的办法改选轴承型号,经计算可应用6312轴承,这时轴的各段轴径均应增大,显然不如6410轴承好。
- 也可通过计算试选轴承的工作寿命 L_{10h},根据 L_{10h} 是否大于等于预期寿命,判定试选轴承是否合适。

例9-3 某圆锥齿轮主动轴用两个圆锥滚子轴承30208支承。传递功率 $P=4$ kW,转速 $n=960$ r/min,每天三班制工作。已知锥齿轮圆周力 $F_t=1\ 270$ N,径向力 $F_R=400$ N,轴向力 $F_A=230$ N,力作用方向如图9.8所示,要求轴承的使用寿命大于 10^5 h,脂润滑。试验算该轴承是否合用?

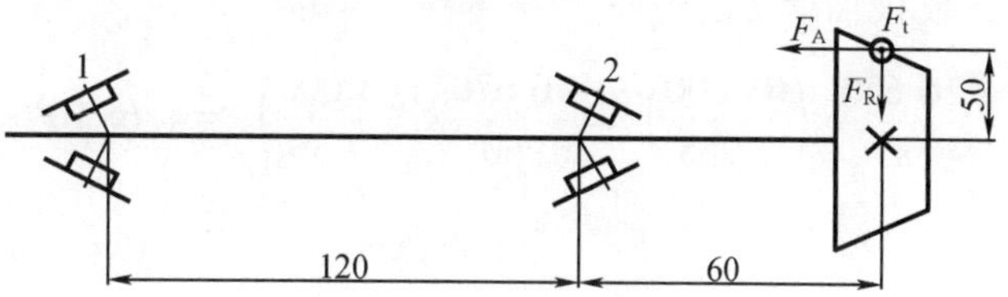

图9.8 力作用方向

解题过程及要点:

(1)计算轴承支反力

水平支反力:

$$F_{R1H}=\frac{F_t\times 60}{120}=\frac{1\ 270\times 60}{120}=635\ \text{N}$$

$$F_{R2H}=\frac{F_t\times 180}{120}=\frac{1\ 270\times 180}{120}=1\ 905\ \text{N}$$

垂直支反力:

$$F_{R1v}=\frac{F_R\times 60-F_A\times 50}{120}=\frac{400\times 60-230\times 50}{120}=104\ \text{N}$$

$$F_{R2v}=\frac{F_R\times 180-F_A\times 50}{120}=\frac{400\times 180-230\times 50}{120}=504\ \text{N}$$

$$F_{r1}=\sqrt{F_{R1H}^2+F_{R1v}^2}=\sqrt{635^2+104^2}=643\ \text{N}$$

$$F_{r2}=\sqrt{F_{R2H}^2+F_{R2v}^2}=\sqrt{1\ 905^2+504^2}=1\ 970\ \text{N}$$

(2)计算轴承的轴向负荷

查手册30208轴承主要性能参数如下:

$$C_r=63\ 000\ \text{N},C_{0r}=74\ 000\ \text{N}$$

$$N_0=5\ 000\ \text{r/min},e=0.37,Y=1.6,Y_0=0.9$$

$$S_1=\frac{F_{r1}}{2Y}=\frac{643}{2\times 1.6}=200\ \text{N}$$

$$S_2=\frac{F_{r2}}{2Y}=\frac{1\ 970}{2\times 1.6}=615\ \text{N}$$

$$S_2+F_A=615+230=845>S_1=200$$

轴承1被压紧,故

$$F_{a1}=S_2+F_A=615+230=845\ \text{N}$$

$$F_{a2}=S_2=615\ \text{N}$$

$$\frac{F_{a1}}{F_{r1}}=\frac{845}{643}=1.31>0.37\ \text{查表得}\ X_1=0.4,Y_1=1.6$$

$$\frac{F_{a2}}{F_{r2}}=\frac{615}{1\ 970}=0.31<0.37\quad X_2=1,Y_2=0$$

考虑中等冲击载荷 $f_d=1.5$。

(3)校核轴承的寿命

$$P_{r1}=f_d(X_1F_{r1}+Y_1F_{a1})=1.5(0.4\times643+1.6\times845)=2\ 413\ \text{N}$$
$$P_{r2}=f_d(X_2F_{r2}+Y_2F_{a2})=1.5(1\times1\ 970+0\times615)=2\ 955\ \text{N}$$

因为 $P_{r2}>P_{r1}$,只校核轴承 2 的寿命

$$L_h=\frac{16\ 670}{n}\times\left(\frac{63\ 000}{2\ 955}\right)^{\frac{10}{3}}=\frac{16\ 670}{960}\times\left(\frac{63\ 000}{2\ 955}\right)^{\frac{10}{3}}=4.6\times10^5>10^5$$

(4)静载荷验算

X_0,Y_0 查表得

$$X_{01}=0.5,Y_{01}=0.9,X_{02}=0.5,Y_{02}=0.9$$
$$P_{or1}=(X_{01}F_{r1}+Y_{01}F_{a1})=(0.5\times643+0.9\times845)=1\ 082\ \text{N}$$
$$P_{or2}=(X_{02}F_{r2}+Y_{02}F_{a2}=(0.5\times1\ 970+0.9\times615)=1\ 538.5\ \text{N}$$

安全系数 S_0,正常用滚子轴承。查表得

$$S_0=2.5$$

计算额定静载荷

$$C'_{or}=S_0\,P_{or2}=2.5\times1\ 538.5=3\ 846.25\ \text{N}$$
$$C_{or}>C'_{or}$$

(5)许用转速验算

载荷系数

$$f_{11}=\frac{P_2}{C_{r1}}=1$$
$$f_{12}=1$$

载荷分布载荷

$$f_{21}=0.96$$
$$f_{22}=0.75$$

许用转速

$$N_1=f_{21}f_{11}N_0=1\times0.96\times5\ 000=4\ 800\ \text{r/min}$$
$$N_2=f_{12}f_{22}N_0=1\times0.75\times500=3\ 800\ \text{r/min}$$
$$N_1,N_2>960\ \text{r/min}$$

例 9-4 某球轴承的预期寿命为 L_h,当量动负荷为 P,基本额定动负荷为 C。若转速不变,而当量动负荷由 P 增大到 $2P$,其寿命有何变化?若当量动负荷不变,而转速由 n 增大到 $2n$,(不超过极限转速),寿命又有何变化?

解题过程及要点:

必须注意,判断当量动负荷 P 和寿命 L_h、转速 n 和寿命 L_h 是否为线性关系,不能简单地认为 P 增大到 $2P$ 或 n 增大到 $2n$,寿命 L'_h 也就降到 $L_h/2$,而应该根据 P、n、L_h 的关系式 $L_h=\frac{10^6}{60n}(\frac{C}{P})^{\varepsilon}$ 来求解。

按题意,则

$$L'_{h1}=\frac{10^6}{60n}\left(\frac{C}{2P}\right)^{\varepsilon}$$

$$L'_{h2}=\frac{10^6}{60\times 2n}\left(\frac{C}{P}\right)^{\varepsilon}$$

对球轴承, $\varepsilon=3$,故

$$L'_{h1}=\left(\frac{1}{2}\right)^{3}L_h=\frac{1}{8}L_h$$

$$L'_{h2}=1/2\,L_h$$

由此可见,当量动负荷若增大1倍,寿命为原寿命的1/8;转速若增大1倍,寿命为原来的1/2。

9.4　思考题与习题

9.4.1　复习思考题

9-1　为什么现代机械设备上多采用滚动轴承?

9-2　滚动轴承由哪些基本元件组成,各元件的作用是什么?试用结构简图说明。

9-3　指出下列滚动轴承代号的含义:61805,6307/P6X,7310C,N2210,51214,71208AC/P4,10110。

9-4　选择图示(题9-4图)机械中滚动轴承的类型:

(1) Y系列三相异步电动机转子轴,$n=1\ 440$ r/min(图(a))。

(2) 起重机卷筒轴,$F=18\times10^4$ N (图(b))。

(3) 吊车滑轮轴及吊钩,$F=5\times10^4$ N(图(c))。

(4) 蜗杆传动的蜗杆轴和蜗轮轴,$P=6$ kW,$n=960$ r/min(图(d))。

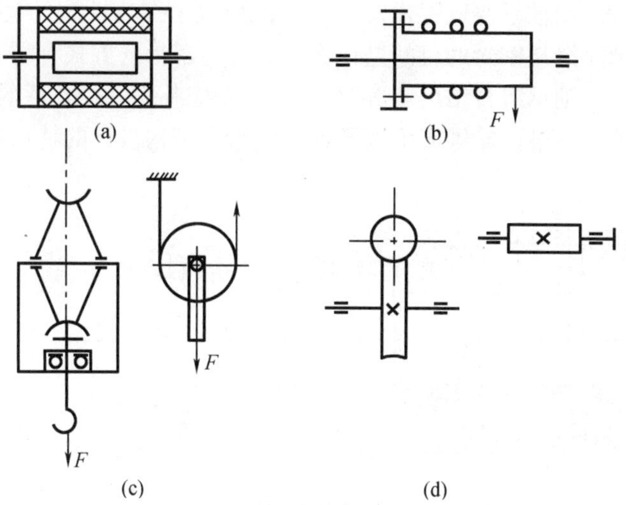

题 9-4 图

9-5　试说明滚动轴承主要的失效形式,产生这些失效的原因,设计和使用维护时应注意些什么问题?

9-6　试述滚动轴承的寿命与基本额定寿命的区别。某轴承实际使用寿命低于其计算的基本额定寿命,为什么?

9-7　试述滚动轴承基本额定动载荷与当量动载荷的区别。当量动载荷超过基本额定动载荷时,该轴承是否可用?基本额定动载荷与基本额定静载荷有何不同?

9-8　滚动轴承的寿命计算公式 $L_{10h}=\dfrac{10^6}{60n}\cdot\left(\dfrac{C}{P}\right)^{\varepsilon}$ 中,各符号的意义和单位是什么?某球轴承的预期寿命为 8 000 小时,在下列三种情况下,其寿命各为多少?

(1)当它承受的当量动载荷增加一倍时;

(2)当它的转速提高一倍时;

(3)当它的基本额定动载荷增加一倍时。

9-9　角接触轴承的内部轴向力 F_s 是怎样产生的?这种内部轴向力 F_s 对两轴承受轴向载荷有何影响?为什么接触角为 α 的角接触球轴承,在径向力 F_r 作用下,$F_s \neq F_r \cdot \tan\alpha$,而是 $F_s = 1.25\ F_r \cdot \tan\alpha$?

9-10　图示正装角接触球轴承,试分别求出下述情况下两个轴承的轴向载荷 F_{a1} 和 F_{a2}:

(1) $F_{s1}+F_A>F_{s2}$　　(2) $F_{s1}+F_A<F_{s2}$

(3) $F_{s1}+F_A=F_{s2}$　　(4) $F_A=0$,且 $F_{s1}>F_{s2}$

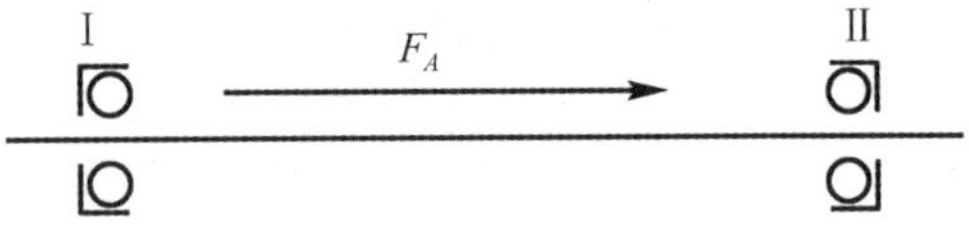

题 9-10 图

9-11　常用滚动轴承的固定形式有哪三种,各用于什么场合?试分析其轴上轴向外载荷的传递路线?

9-12　滚动轴承组合结构设计时,其内、外圈的固定方式有哪些,试举例予以说明。

9-13　滚动轴承内圈与轴,外圈与座孔的配合分别采用什么基准制,它们与普通圆柱体的标准公差配合有何区别,在装配图中应如何标注?

9-14　在设计同一轴的两个支承时,为什么通常采用两个相同型号的轴承?如果必须采取两个不同型号的轴承时,应采取什么措施?

9-15　为什么对滚动轴承要进行预紧,常见的预紧方法有哪些?

9-16　滚动轴承润滑与密封的目的是什么?润滑与密封的方式有哪些,如何进行选择?

9-17　在设计滚动轴承组合结构装置时,应如何考虑补偿轴受热后的伸长,举例说明。

9-18　分析下图小圆锥齿轮轴支承滚子轴承的组合结构设计的特点和内容。

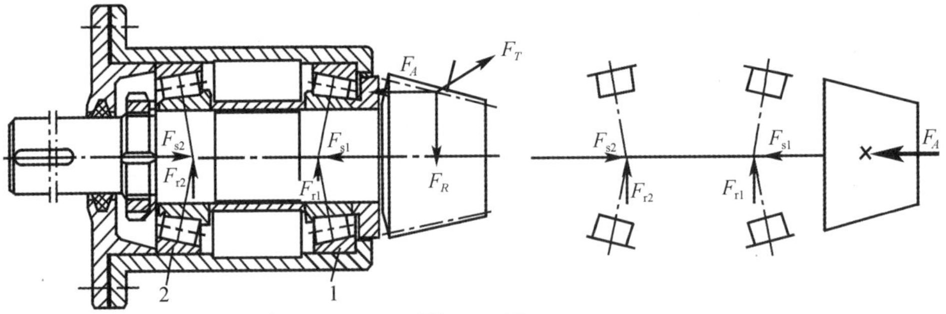

题 9-18 图

9.4.2　习题

9-19　一农用水泵,决定采用深沟球轴承,轴颈直径 $d=40$ mm,转速 $n=1\ 460$ r/min,已知径向载荷 $F_r=1\ 890$ N,轴向载荷 $F_a=700$ N,轴承预期寿命 $L'_h=8\times10^3$ h,$f_p=1.2$,试选择轴承型号。

9-20　图示某轴用一对6314型轴承作支承,两个轴承可受径向载荷分别为 $F_{r1}=7\ 550$ N,$F_{r2}=3\ 980$ N,轴上的轴向载荷 $F_A=2\ 270$ N,工作时有中等冲击,在常温下工作,$n=960$ r/min,要求使用寿命不低于20 000 h。试验算这对轴承能否满足要求。

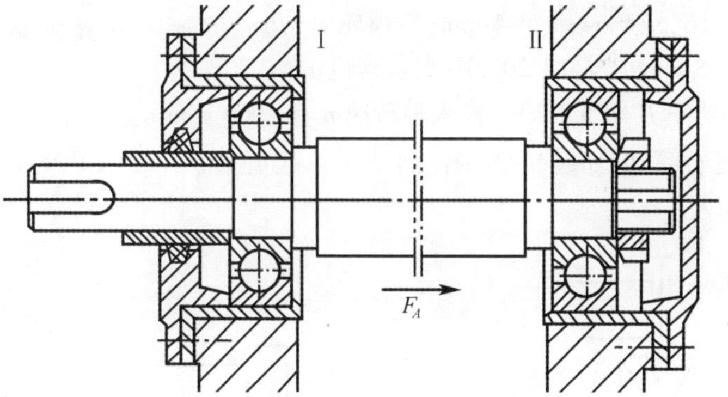

题 9-20 图

9-21　图示一反装7200AC型轴承,其中 $F_A=5\ 000$ N,$F_{r1}=8\ 000$ N,$F_{r2}=2\ 000$ N。试分别求两轴承的轴向力 F_{a1}、F_{a2}。

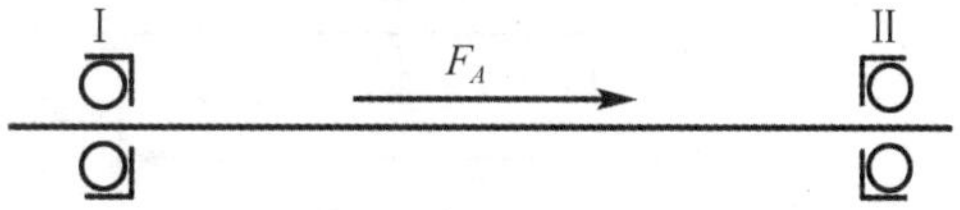

题 9-21 图

9-22　题图所示某轴由一对30308型轴承支承,$F_A=320$ N,$F_{r1}=4\ 700$ N,$F_{r2}=1\ 700$ N。试分别求出两轴承的当量动负荷 P_1、P_2。

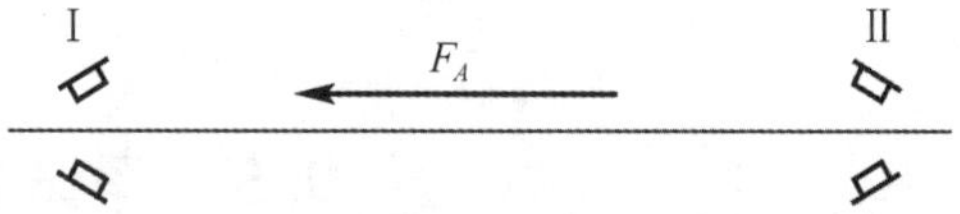

题 9-22 图

9-23　斜齿圆柱齿轮减速器中,其中一根轴支承在滚动轴承上。已知齿轮上作用力 $F_t=1\ 900$ N,$F_r=750$ N,$F_a=400$ N,轴转速 $n=360$ r/min,轴颈处直径 $d=35$ mm,齿轮分度圆直径 $d=190$ mm,预期寿命 $L'_h=2\times10^4$ h,取 $f_p=1.1$。试选择轴承型号。

(1)选用深沟球轴承。

(2)选用圆锥滚子轴承。

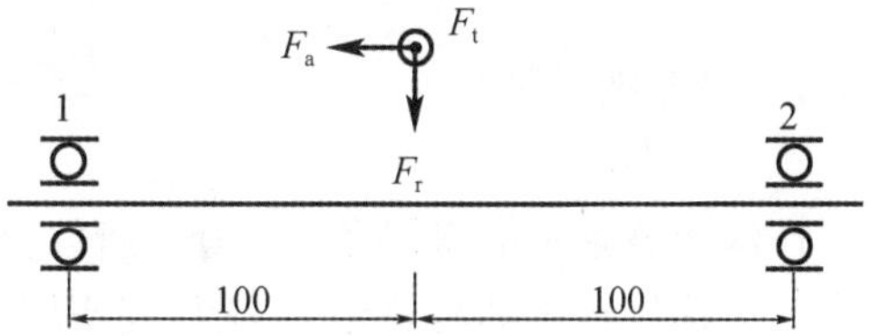

题 9-23 图

9-24　如题9-10图所示,某轴用两个正装的7210C滚动轴承支承,轴的转速 $n=360$ r/min,轴承所受径向载荷 $F_{r1}=6\ 000$ N,$F_{r2}=4\ 000$ N,轴上轴向外载荷 $F_A=3\ 000$ N。常温工作,载荷系数 $f_p=1.2$,试求该轴承的工作寿命(h)。

9-25　轴承的支承如题9-21图示,在 $F_{r1}=7\ 500$ N,$F_{r2}=15\ 000$ N,$F_A=3\ 000$ N,$n=1\ 470$ r/min,预期寿命 $L'_h=8\ 000$ 小时的条件下,试选择此轴承型号:

(1)选用 $\alpha=15°$ 的7类轴承。

(2)选用 $\alpha=25°$ 的 7 类轴承。

9-26 一单级斜齿轮传动如题 9-26 图所示。已知：$m_n = 2.5, z_1 = 17, z_2 = 75, \beta = 16°35'52''$，$a = 120$ mm，$P = 2.6$ kW，$n_1 = 384$ r/min，单向回转，方向如图。高速轴由一对 7206 滚动轴承支撑，$l = 50$ mm，$l_1 = 80$ mm，轴端 V 带轮压轴力 $F_B = 1\ 120$ N，试分析怎样定齿轮旋向使轴承寿命较高。

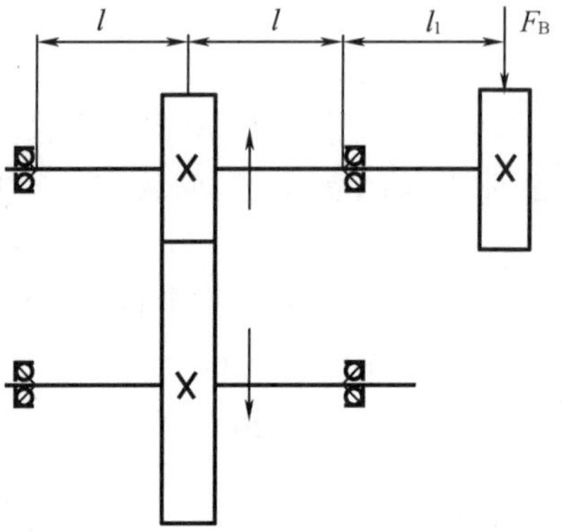

题 9-26 图

9-27 试选择题 9-27 图所示轴承类型，并确定轴承与机座的固定方式。

(1)锥齿-圆柱齿轮减速器，如题 9-27 图(a)所示。锥齿轮 $z_1 = 16, z_2 = 64, m = 4$ mm；斜齿轮 $z_3 = 14, z_4 = 70, m = 5$ mm，$\beta = 17°20'29''$；支承跨距 $a = 220$ mm；输入轴功率 $P = 5.5$ kW，输入轴转速 $n_1 = 960$ r/min。

(2)20t 起重机卷筒轴，如题 9-27 图(b)所示。起重量 $Q = 2 \times 10^5$ N，$n = 26.5$ r/min，动力由直齿圆柱齿轮输入。

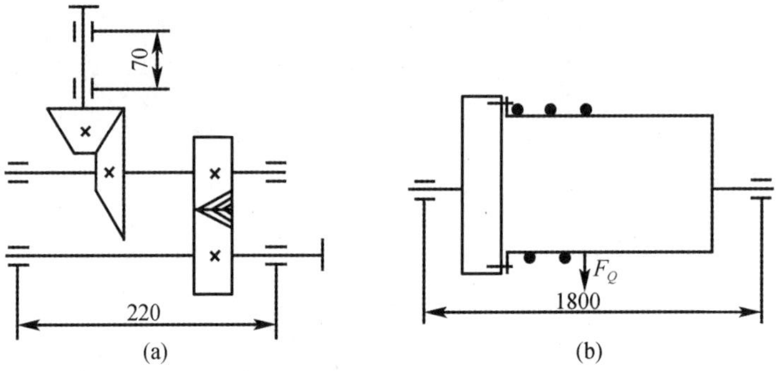

题 9-27 图

9.5 考试复习与习题选解

9.5.1 是非判断题

1. 深沟球轴承的接触角 $\alpha = 0°$，所以只能承受纯径向载荷。 ( )
2. 角接触轴承的接触角 α 越大，表示其能承受的轴向载荷就越大。 ( )
3. 转速较高时，宜选用滚子轴承，而不宜选用球轴承。 ( )
4. 滚动轴承滚动体的材料常用 GCr15 淬火，硬度为 HRC61～HRC63。 ( )
5. 角接触轴承派生的轴向力 S 是由于支承轴的轴向载荷引起的。 ( )
6. 轴承加挡油环的目的是为了防止齿轮箱体里的润滑油冲稀轴承中的润滑脂。 ( )
7. 角接触轴承可以单独使用，也可以成对使用。 ( )
8. 当轴承采用润滑脂润滑，为了工作时间更长，应将润滑脂充满整个轴承的空间。( )
9. 滚动轴承的载荷降低至原来二分之一，其基本额定寿命就提高一倍。 ( )

10. 滚动轴承内圈与轴颈的配合，通常采用基轴制。　(　　)

9.5.2　单项选择题

1. 下列轴承中，________能同时承受径向负荷与轴向负荷的联合作用。
A. N210　B. 1210　C. 30210　D. 51110
2. ________是只能承受径向负荷的轴承。
A. 深沟球轴承　B. 调心球轴承　C. 调心滚子轴承　D. 圆柱滚子轴承
3. ________是只能承受轴向负荷的轴承。
A. 圆锥滚子轴承　B. 推力球轴承　C. 滚针轴承　D. 调心球轴承
4. 下列四种轴承中________必须成对使用。
A. 深沟球轴承　B. 圆锥滚子轴承
C. 推力球轴承　D. 圆柱滚子轴承
5. 跨距较大并承受较大径向负荷的起重机卷筒轴轴承应选用________。
A. 深沟球轴承　B. 圆柱滚子轴承
C. 调心滚子轴承　D. 圆锥滚子轴承
6. 滚动轴承采用轴向预紧措施的主要目的是________。
A. 提高轴承的承载能力　B. 提高轴的旋转精度和刚度
C. 降低轴承的运转噪声　D. 防止轴的窜动
7. 滚动轴承的接触式密封是________。
A. 毡圈密封　B. 油沟式密封
C. 迷宫式密封　D. 甩油密封
8. 滚动轴承的额定寿命是指同一批轴承中________的轴承所能达到的寿命。
A. 99%　B. 90%　C. 95%　D. 50%
9. ________适用于多支点轴、弯曲刚度小的轴以及难于精确对中的支承。
A. 深沟球轴承　B. 调心球轴承　C. 角接触球轴承　D. 圆锥滚子轴承
10. 角接触球轴承承受轴向负荷的能力，随接触角 α 的增大而________。
A. 增大　B. 减少　C. 不变　D. 增大或减少随轴承型号而定
11. 转轴的转速高、受较大的径向载荷时，选用________。
A. 深沟球轴承　B. 圆锥滚子轴承　C. 推力球轴承　D. 推力圆柱滚子轴承
12. 代号为3212的轴承内径为________ mm。
A. 13　B. 60　C. 12　D. 20

9.5.3　填空题

1. 滚动轴承的主要失效形式是________和________。
2. 滚动轴承一般由________、________、________、________组成。
3. 对于回转的滚动轴承，一般常发生疲劳点蚀破坏，则主要应进行________________计算。
4. 对于不转动或摆动的轴承，常发生塑性变形破坏，则主要应进行________________计算。

5. 滚动轴承的基本额定静负荷是指________。

6. 相同系列和尺寸球轴承与滚子轴承相比较,________轴承的承载能力高,________轴承的极限转速高。

7. 滚动轴承外圈与轴承座的配合应为________制,滚动轴承内圈与轴的配合应为________制。

8. 滚动轴承轴承固定的结构形式中,全固式(两端固定)适用于________场合,而固游式(一端固定,一端游动)则适用于________。

9. 滚动轴承是按________%的轴承发生点蚀破坏,而________%轴承不发生点蚀破坏前的转数或一定转速下的工作小时数作为轴承的________寿命。

10. 滚动轴承基本额定寿命与基本额定动负荷之间具有如下关系:$L=(C/P)^{\varepsilon}$,其中 ε 称为寿命指数,对球轴承________,对滚子轴承________。

9.5.4 问答简述题

1. 在机械设备中为何广泛采用滚动轴承?
2. 角接触球轴承和圆锥滚子轴承为什么要成对使用、反向安装?
3. 试比较深沟球轴承和圆柱滚子轴承的异同。
4. 滚动轴承润滑的目的是什么? 如何选择润滑剂?
5. 在轴承的组合设计中,如何考虑轴承的拆卸?
6. 简述何谓正装、反装,这两种安装方式各有何特点,并说明什么情况下采用正装,什么情况下采用反装。
7. 简述角接触球轴承和圆锥滚子轴承的派生轴向力 S 产生原因,S 的方向如何确定,大小怎样计算?
8. 轴承为什么要进行极限转速计算,计算条件是什么?
9. 试说明轴承代号 62203、31210、51005、7210AC/P5、N2073 的含义?

9.5.5 习题选解指导

习题 9-26 解题要点

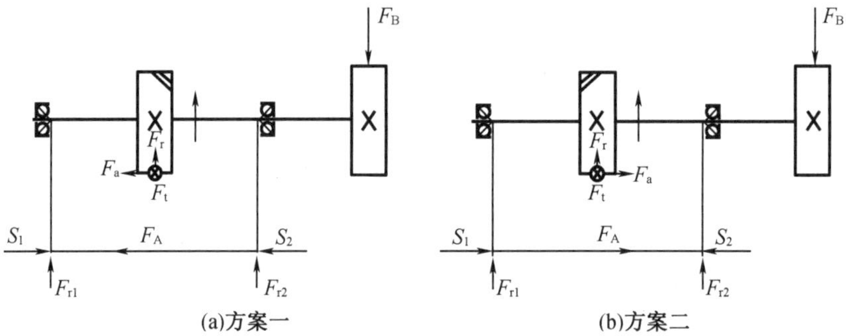

题 9-26 图

(1)计算小齿轮受力

圆周力　$F_t = 2\ 920$ N；　径向力　$F_r = 1\ 110$ N;轴向力　$F_a = 870$ N 。

(2)选取两种方案,计算轴承的当量动载荷及额定寿命,针对该斜齿轮传动,现取如下两种方案:

方案一:小齿轮取为右旋,大齿轮左旋,力的方向如题 9-26 图(a)所示;

方案二:小齿轮取为左旋,大齿轮右旋,力的方向如题 9-26 图(b)所示。

查机械设计手册,7206 轴承:$C=24\ 800$ N,$e=0.36$,$Y=1.7$。方案一为例,取载荷系数$f_P=1.2$,计算结果如下:

轴承径向反力:

$$F_{r1} = 2\ 200\ \text{N}, F_{r2} = 2\ 210\ \text{N}$$

派生轴向力:

$$S_1 = F_{r1}/(2Y) = 2\ 200/(2 \times 1.7) = 647\ \text{N}$$
$$S_2 = F_{r2}/(2Y) = 2\ 100/(2 \times 1.7) = 650\ \text{N}$$

轴承轴向力:

因为 $F_A + S_2 = F_a + S_2 > S_1$,则 $F_{a1} = F_A + S_2 = 870 + 650 = 1\ 520$ N

$$F_{a2} = S_2 = 650\ \text{N}$$

当量动载荷:

$$F_{a1}/F_{r1} = 1\ 520/2\ 200 = 0.69 > e, X_1 = 0.4, Y_1 = 1.7$$
$$P_1 = f_p(X_1F_{r1} + Y_1F_{a1}) = 1.2 \times (0.4 \times 2\ 200 + 1.7 \times 1\ 520) = 4\ 160\ \text{N}$$
$$F_{a2}/F_{r2} = 650/2\ 210 = 0.294 < e, X_2 = 1, Y_2 = 0$$
$$P_2 = f_p(X_2F_{r2} + Y_2F_{a2}) = 1.2 \times (1 \times 2\ 210 + 0 \times 650) = 2\ 650\ \text{N}$$

轴承寿命:

$$L_{10h_1} = \frac{10^6}{60n}\left(\frac{C}{P_1}\right)^{\varepsilon} = \frac{10^6}{60 \times 384}\left(\frac{24\ 800}{4\ 160}\right)^{10/3} = 16\ 680\ \text{h}$$
$$L_{10h_2} = \frac{10^6}{60n}\left(\frac{C}{P_2}\right)^{\varepsilon} = \frac{10^6}{60 \times 384}\left(\frac{24\ 800}{2\ 650}\right)^{10/3} = 74\ 980\ \text{h}$$

(3)方案比较

两种方案计算结果的比较如题 9-26 表所示。

题 9-26 表

		F_r(N)	S(N)	F_a(N)	F_a/F_r	X	Y	P(N)	L_{10h}(h)
方案一	轴承 1	2 200	647	1 520	0.69>e	0.4	1.7	4 160	16 680
	轴承 2	2 210	650	650	0.294<e	1	0	2 650	74 980
方案二	轴承 1	1 930	567	567	0.294<e	1	0	2 310	118 510
	轴承 2	1 935	569	1 437	0.74>e	0.4	1.7	3 860	21 400

结论:方案二(小轮左旋,大轮右旋)一对滚动轴承寿命较高。

题 9-27　解题要点

(1)此减速器锥齿轮和斜齿轮都承受轴向力和径向力,转速不太高,考虑便于轴承安装与调整间隙,各轴都选用一对圆锥滚子轴承(类型代号 3)。减速器轴系属于一般工作温度,短跨距轴,工作时热膨胀量不大,则轴承采用全固定结构,每个轴承限制一个方向的轴向移动。

(2)卷筒轴轴承主要受径向力的影响,转速很低,轴承支点距离大,由两轴承分别支承,轴有一定变形,不易保证同轴度。为保证轴承有较好的调心性能,选用一对调心球轴承(类型代号 1)。此轴跨距大($l>400\sim500$ mm),热膨胀量大,轴向安装位置误差也不易控制,则轴承对机座采取一端双向固定、一端游动的固定方式。

第10章　滑动轴承

10.1　教学内容小结

10.1.1　主要内容

(1)滑动轴承的结构类型和特点。

(2)滑动轴承轴瓦的材料和结构。

(3)润滑基本知识(润滑油、脂特性,润滑装置和方法,润滑油、脂的选择)。

(4)非液体摩擦滑动轴承的设计计算。

(5)流体动压润滑理论基础。

(6)液体摩擦动压润滑径向滑动轴承(单油楔)的设计计算。

10.1.2　学习要求

(1)了解滑动轴承的类型、特点及应用场合和典型结构。

(2)了解轴瓦的材料和结构。

(3)了解润滑基本知识,掌握润滑油和润滑方式的选择及使用。

(4)掌握非液体摩擦滑动轴承的设计准则及计算。

(5)掌握流体动压润滑的基本方程、动压油膜形成原理及条件。

(6)掌握液体动压润滑单油楔径向滑动轴承的工作原理及设计计算,特别是承载能力计算。

10.1.3　主要学习特点

(1)滑动轴承结构简单,但知识性强,内容丰富,要很好掌握。对动压滑动轴承的设计计算,重点在于油膜形成原理,参量选择和分析及设计过程。

(2)非液体摩擦滑动轴承承载能力低,用在一般条件下;而液体动压润滑滑动轴承承载能力强,多油楔液体动压润滑滑动轴承支承精度高,故用在重型、高精度场合。

(3)内容框图及思路分析(见图10.1)

10.1.4　学习方法指导

(1)滑动轴承的基本结构要熟练和会应用,重点是对轴瓦的材料和结构的应用。同时对轴瓦和轴颈的配合要正确选用。

(2)重视润滑基本知识和要求,没有润滑就没有滑动轴承。

(3)液体动压润滑理论性强,分析严密,特别注意物理概念和数学表达的对应关系。希望建立物理现象研究和数学模式的概念及研究方法。

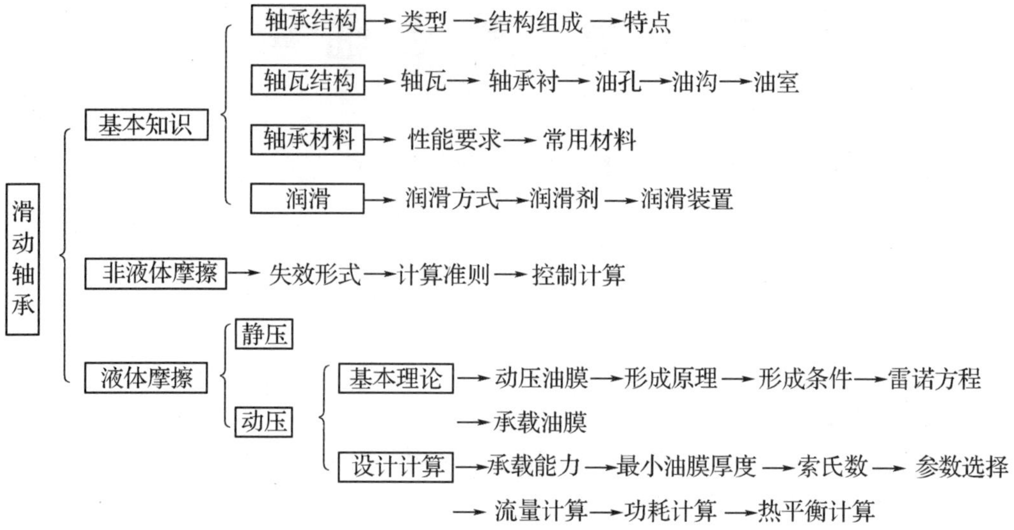

图 10.1 内容框图及思路分析

10.2 重点、难点和考点

10.2.1 重点和难点分析

1. 非液体摩擦滑动轴承的摩擦特性

在摩擦表面上有润滑油,由于润滑油的油性作用,在摩擦表面上形成边界油膜,由于边界油膜厚度较小,不能将摩擦表面隔离开。这样,在相对运动中,摩擦表面微观凸峰将直接接触,造成犁沟效应和粘着磨损,引起温度升高,在第一临界温度以下,仅产生边界膜软化,脱吸,失去润滑作用,如图 10.2。随之,摩擦加剧,温度继续升高,恶化以后导致出现胶合。

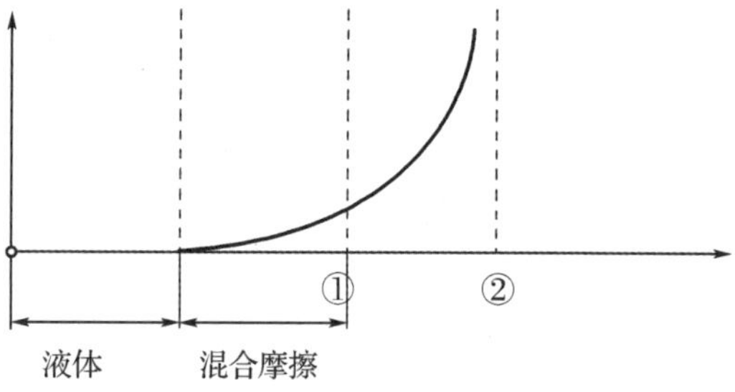

图 10.2 摩擦状态

非液体摩擦滑动轴承的失效是磨损和胶合,但目前磨损和胶合的承载能力计算尚有困难。根据长期实践经验总结,为了维持边界油膜不被破坏,只要实现以下条件,即可保证无过量磨损和胶合:

$$p<[p],pv<[pv],v<[v]$$

限制轴承的压强 p,即可保证润滑油不被过大的压力挤出,产生润滑作用,使轴瓦不产生过量的磨损。限制轴承的 pv 值,即是限制轴承的摩擦功耗,这样转变成热能的量被限制,即限制在第一临界温度以下,边界油膜的润滑作用有保证,故能限制轴承的温升。限制轴承的 v

值,是为了控制边缘局部磨损。

2. 液体动压润滑的承载机理

润滑液体流经楔形间隙中,由于黏性流体的动力学效应,见图10.3分析,流速发生变化,为了保证流量不变,层流流速加快,在小间隙内部互相挤压而使压力升高,因此在润滑压力区产生流体的压力的合力来承载。

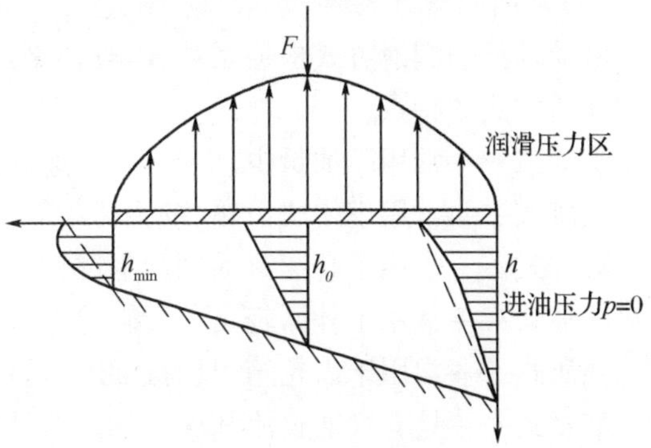

图10.3　动压油膜形成原理

3. 承载能力和索氏数

索氏数：$S_0=\dfrac{F\cdot\psi^2}{b\cdot d\cdot\eta\cdot\omega}$

索氏数是反映轴承承载能力的系数,亦称为承载量系数。是轴承包角β(承载区域),宽径比B/d,偏心率$\varepsilon=e/\delta$的函数,反映了稳定工况下径向动压润滑滑动轴承的承载能力,它根据二维雷诺方程,对一定宽径比的轴承,求出它的数值解。为了工程的需要,通常将它制成曲线以便查解。在生产实践中,尤其对大型、高精度轴承的设计,最好利用数值解法求精确解,主要是承载能力,其次包括动态技术参数。

在外载荷F作用下给定参数的动压润滑轴承,可利用索氏数S_0线图查得此情况下的偏心率ε,由$h_{min}=r\psi\cdot(1-\varepsilon)$求得相应的最小油膜厚度,来校验$h_{min}>2(R_{z1}+R_{z2})$,以保证全液体动压润滑。另一方面,为实现全液体动压润滑而限定偏心率ε后,可利用线图求出S_0值,以此来决定轴承所能承受的载荷或载荷、黏度、速度和间隙之间的搭配值。

4. 润滑

(1)选择润滑油的黏度

润滑油的主要物理及化学性能指标是选择润滑用油的主要依据。除了参考有关表格推荐外,还应注意以下几点：

环境温度低时,应选择黏度较低、凝点较低的润滑油;反之,应选择黏度较高、闪点较高的润滑油。温度变化较大时,应选用黏度指数较高的润滑油。

速度慢、负荷重、配合精度低的运动副,应选择黏度高、油性好、抗压性能好的润滑油。

速度快、负荷轻、间隙小、配合精度高的运动副,应选择黏度低的润滑油。

有些机械的润滑油可用相近的润滑油代用,如:液压油可用黏度相当的汽轮机油代用;重负荷蜗轮副用的齿轮油可用汽缸油代用。有些润滑油可用其他牌号掺配,具体可参考润滑手册。

用来改善润滑油的物理和化学性能而添加的少量化学物叫添加剂。在一般情况下,添加剂不能单独使用,而同一种添加剂加入不同的基础油中,其效果也不同。因此,必须通过试验来选择和确定其使用量。常用的添加剂有油性、极性添加剂(硫化鲸鱼油、油酸等),抗氧化添加剂(硫磷丁锌醇锌盐等),防锈添加剂(石油磺酸钡,石油磺酸钠等),黏度指数添加剂(聚异乙烯,聚甲基丙烯酸酯等),抗泡沫添加剂(二甲硅油)。

(2)润滑脂的选用

润滑脂用于速度低的场合,它具有黏附力强和保护性好的特点,用于外露,不易加油或油容易流失的摩擦部件上。润滑脂的选用还应注意以下几点：

轻负荷、高转速的摩擦副应选用锥入度大的润滑脂;反之,则选用锥入度小的润滑脂。集中给脂系统,应选用泵送性好、锥入度大的润滑脂。工作温度高的摩擦副,应选用滴点高的润滑脂;反之,则选用滴点低的润滑脂。

(3)常用润滑方式

滑动轴承的润滑方式根据系数 $K^2=pv^3$ 来选定。其他润滑部件的润滑方式如下,应注意这几种润滑方式的特点:

滴油式——常用于油量少、中负荷、中速的轴承。但滴速随油位的高低而变化。

飞溅式——常用于闭式齿轮、链条传动等机构。具有防污、节油和维护简单等特点。

喷雾式——常用于高速滚动轴承等部件。具有防污、散热快等特点,但结构较复杂。

注油式——常用于外露轻负荷导轨等形式传动件上。装置简单,但可靠性较差。

强压式——常用于齿轮箱,具有连续均匀供油和油量可调节等特点。

虹吸式——具有细油长流和保护油的清洁等特点。但要经常清洗,以防堵塞。

油环油链式——适用于水平方向的轴。具有供油连续均匀的特点。

循环式——常用于重负载导轨及液压系统。具有同时满足几个摩擦副的自动润滑,油量可调整等特点。

正确选用润滑方式的同时,还应正确使用。要特别注意油质的洁净,要经常清洗过滤装置,防止堵塞,加强润滑系统的日常维护,合理安排换油周期。

10.2.2 考点分析

(1)以基本题方式考核滑动轴承基本知识,主要内容为类型、结构、材料、轴瓦结构、润滑方式和润滑剂等。

(2)在分析简述中运用滑动轴承的基本知识进行滑动轴承有关结构设计的应用分析。

(3)以分析简述题方式考核液体动力润滑轴承的几何关系及承载油膜压力分布图。

(4)以分析简述题方式考核动压油膜定义及形成条件。

(5)以简单计算或分析简述方式考核非液体摩擦滑动轴承的设计准则及条件性计算。

(6)液体动力润滑轴承设计计算中提取部分参数计算进行考核。

10.3 例题精选与解题指导

10.3.1 解题指导

滑动轴承计算有非液体摩擦滑动轴承和液体摩擦滑动轴承计算两大类。后者主要是液体摩擦动压向心滑动轴承的计算。

(1)由于液体摩擦轴承在启动、停止阶段属于非液体摩擦状态,所以两种轴承在选择轴承的材料和主要尺寸参数(轴径 d、宽度 b、直径间隙 X 或相对间隙 ψ)之后,均需校核轴承的比压 p 和比压与速度的乘积 pv 值。尤其对非液体滑动轴承,它们是轴承承载能力的重要指标。

(2)非液体摩擦向心轴承和推力轴承的设计计算方法相同,但在计算 p、v 及确定[p]和[pv]值时应注意它们的区别。

(3)对液体摩擦动压向心轴承,除上述计算以外更重要的是计算轴承的最小油膜厚度 h_{min}、润滑油的流量 Q 和轴承的热平衡计算。

10.3.2　范例

例10-1　今有一离心泵的径向滑动轴承。已知：轴颈直径 $d=60$ mm，轴的转速 $n=1\,500$ r/min，轴承径向载荷 $F=2\,600$ N，轴承材料为ZCuSn6Zn6Pb6。试根据非液体摩擦轴承计算方法校核该轴承是否可用？如不可用，应如何改进？（按轴的强度计算，轴颈直径不得小于48 mm）

解题过程和要点：

(1)根据给定的材料为ZCuSn6Zn6Pb6，可查得：$[p]=8$ MPa，$[v]=3$ m/s，$[pv]=12$ MPa·m/s。

(2)按已知数据，选定宽径比 $b/d=1$，得

$$v=\frac{dn\pi}{60\times1\,000}=\frac{3.14\times60\times1\,500}{60\times1\,000}=4.71\ \text{m/s}$$

$$p=\frac{F}{db}=\frac{2\,600}{60\times60}=0.722\ \text{MPa}$$

$$pv=0.722\times4.71=3.40\ \text{MPa}\cdot\text{m/s}$$

可见 v 不满足要求，而 p，pv 均满足。故考虑从以下两个方案进行改进：

①不改变材料，仅减小轴颈直径以减小速度 v。取 d 为允许的最小直径48 mm，则

$$v=\frac{dn\pi}{60\times1\,000}=\frac{3.14\times48\times1\,500}{60\times1\,000}=3.77\ \text{m/s}$$

仍不能满足要求，此方案不可用，所以必须改变材料。

②改选材料，在铜合金轴瓦上浇注轴承合金CuPbSb15-15-3，查得 $[p]=5$ MPa，$[v]=8$ m/s，$[pv]=5$ MPa·m/s。经试算，取 $d=50$ mm，$b=42$ mm，则

$$v=\frac{dn\pi}{60\times1\,000}=\frac{3.14\times50\times1\,500}{60\times1\,000}=3.93\ \text{m/s}<[v]$$

$$p=\frac{F}{db}=\frac{2\,600}{50\times42}=1.24\ \text{MPa}<[p]$$

$$pv=1.24\times3.93=4.87\ \text{MPa}\cdot\text{m/s}<[pv]$$

结论：可用铜合金轴瓦浇铸ZCuPbSb15-15-3轴承合金，轴颈直径 $d=50$ mm，轴承宽度 $b=42$ mm。

例10-2　试设计一起重卷筒的滑动轴承。已知轴承的径向载荷 $F_r=2\times10^5$ N，轴颈直径 $d=200$ mm，轴的转速 $n=300$ r/min。

解题过程和要点：

(1)确定轴承的结构形式

根据轴承的重载低速工作要求，按非液体摩擦轴承设计。采用剖分式结构便于安装和维护。润滑方法采用油脂杯用脂润滑。由机械设计手册可初步选择2HC4-200号径向滑动轴承。

(2)选择轴承材料

按重载低速条件，由机械设计手册选用轴瓦材料为ZQAl9-4，据其轴瓦材料特性查得：

$$[p]=15\ \text{MPa},[pv]=12\ \text{MPa}\cdot\text{m/s},[v]=4\ \text{m/s}$$

(3)确定轴承宽度

对起重装置，轴承的宽径比可取大些，取 $b/d=1.5$，则轴承宽度

$$b=b/d \cdot d=1.5\times200=300\ \text{mm}$$

(4)验算轴承强压

$$p=\frac{F_r}{db}=\frac{2\times10^5}{200\times300}=3.33\ \text{MPa}<[p]$$

(5)验算 v 及 pv 值

$$v=\frac{\pi dn}{60\times1\ 000}=\frac{3.14\times200\times300}{60\times1\ 000}=3.14\ \text{m/s}<[v]$$

$$pv=3.33\times3.14=10.47\ \text{MPa}\cdot\text{m/s}<[pv]$$

从上面验算可知所选材料合适。

(6)选择配合

滑动轴承常用的配合有$\frac{H7}{f6}$,$\frac{H8}{f7}$及$\frac{H9}{d9}$等,一般可取$\frac{H9}{d9}$。

例 10-3　一液体摩擦径向滑动轴承,已知轴颈直径 $d=80$ mm,轴承宽度 $B=80$ mm,轴的转速 $n=1\ 500$ r/min,半径装配间隙为 0.06 mm,偏心率 $\varepsilon=0.6$,采用 30 号机械油润滑,润滑油在 50 ℃时的黏度 $\eta=0.02$ Pa · s。试求该轴承能承受的最大径向载荷。

解题过程和要点:

(1)求轴承的相对间隙 ψ:

$$\psi=\frac{c}{r}=\frac{2c}{d}=\frac{2\times0.06}{80}=0.001\ 5$$

(2)计算轴颈圆周速度 U:

$$U=\frac{\pi dm}{60\times1\ 000}=\frac{3.14\times80\times1\ 500}{60\times1\ 000}=6.28\ \text{m/s}$$

(3)确定轴承承载系数 C_p:

根据 $B/d=80/80=1.0$,$\varepsilon=0.6$,查 $C_p-\varepsilon$ 关系图得:$C_p=1.30$。

(4)求轴承能承受的最大径向载荷 F:

根据 $C_p=\frac{F\psi^2}{\eta UB}$得

$$F=\frac{C_p\eta UB}{\psi^2}=\frac{1.30\times0.02\times6.28\times0.08}{0.001\ 5^2}=5\ 805.5\ \text{N}$$

例 10-4　已知:某电机主轴承,径向载荷 $F=60$ kN,$d=160$ mm,$n=960$ r/min,载荷方向一定,工作情况平稳,轴承包角 180°,采用正剖分式结构。试设计此液体摩擦动压向心滑动轴承。

解题过程和要点:

(1)选择轴承宽径比 b/d,计算轴承宽度 b

据教材中推荐用值,选取 $b/d=0.7\sim1.5$,取 $b/d=1$,$b=d=160$ mm。

(2)计算轴承中比压 p 和轴颈圆速度 v

$$p=\frac{F}{db}=\frac{60\ 000}{160\times160}=2.34\ \text{MPa}$$

$$v=\frac{dn\pi}{60\times1\ 000}=\frac{3.14\times160\times960}{60\times1\ 000}=8.04\ \text{m/s}$$

(3)选择轴承材料

选取 ZCuSnSb11-6,其$[p]=25$ MPa,$[v]=80$ m/s,$[pv]=20$ MPa · m/s。

可见:$p\leqslant[p]$,$v\leqslant[v]$,且 $pv=2.34\times8.04=18.8$ MPa · m/s$\leqslant[pv]$,故所选材料合适。

(4)选择润滑油

因 $p=2.3$ MPa<3 MPa,轴颈圆周速度 $v=\pi dn=8.04$ m/s,故可选 L-AN32 油。

在工作温度 50 ℃时,其运动黏度 $v_{50}=20$ cSt。

取密度 $\rho=900$ kg/m^3,初定轴承平均工作温度 $t_m=50$ ℃,则动力黏度 $\eta_{50}=\rho v_{50}=10^{-6}\times900\times20$ Pa · s$=0.018$ Pa · s。

(5)选择轴承相对间隙 ψ

$\psi=0.8\times10^{-3}v^{0.25}=0.001\ 347$

在推荐值 0.001~0.002 范围内,合适。

(6)计算轴承承载量系数

$$C_p=\frac{F\psi^2}{\eta\omega db}=\frac{F\psi^2}{2\eta vb}=\frac{60\ 000\times0.001\ 347^2}{2\times0.018\times8.04\times160\times10^{-3}}=2.432$$

(7)确定偏心率 ε

据 $C_p=2.432$ 及 $b/d=1$,查表并插值计算得

$$\varepsilon=0.700+(0.750-0.700)\times\frac{2.432-1.929}{2.469-1.929}\approx0.746\ 57$$

(8)计算最小油膜厚度 $h_{\min}$

$$h_{\min}=\delta-e=\delta(1-\varepsilon)=\frac{d}{2}\psi(1-\varepsilon)$$

$$=\frac{160}{2}\times0.001\ 347\times(1-0.746\ 57)=0.027\ 3\ \text{mm}$$

(9)选择表面粗糙度 R_{z1}、R_{z2}

选择轴颈表面粗糙度 $R_{z1}=1.6$ μm,选择轴瓦表面粗糙度 $R_{z2}=3.2$ μm。

因为

$$2(R_{z1}+R_{z2})=2\times(0.001\ 6+0.003\ 2)=0.009\ 6\ \text{mm}$$

所以

$$h_{\min}=0.027\ 3\ \text{mm}>2(R_{z1}+R_{z2})=0.009\ 6\ \text{mm}\ (\text{故合适})$$

(10)计算液体摩擦系数 μ

由教材式得 $\mu=\dfrac{\eta\omega\pi}{\psi p}+0.55\psi\zeta$。

因为

$$b/d=1$$

所以

$$\zeta=1$$

又因为

$$\omega=\frac{2n\pi}{60}=\frac{2\pi\times960}{60}=32\pi$$

所以

$$\mu=\frac{\pi\times0.018\times32\pi}{0.001\ 347\times2.34}+0.55\times0.001\ 347=0.002\ 544\ 5$$

(11)计算供油量 Q_z

根据 $b/d=1$ 和 $\varepsilon=0.746\ 57$，查教材插值求得轴承耗油量系数：

$$C_Q=0.143+(0.145-0.143)\times\frac{0.750-0.746\ 57}{0.750-0.700}=0.143\ 14$$

$$Q_z=C_Q\psi vbd=0.143\ 14\times0.001\ 347\times8.04\times0.16\times0.16$$
$$=39.7\times10^{-6}\ \mathrm{m^3/s}$$

(12)计算轴承温升 Δt 及进、出口油温 t_1、t_2

取轴承散热系数 $\alpha_s=80\mathrm{W/(m^2\cdot C)}$（中型结构，一般通风条件），润滑油的比热 $c=1\ 800\mathrm{J/(kg\cdot ℃)}$。

$$\Delta t=\frac{(\mu/\psi)p}{c\rho C}\ ℃=17.33\ ℃$$

$$t_1=t_m-\frac{\Delta t}{2}=50\ ℃-\frac{17.33\ ℃}{2}=41.335\ ℃$$

$$35\ ℃<t_1<45\ ℃$$

$$t_2=t_m+\frac{\Delta t}{2}=58.665\ ℃<80\ ℃\text{（故合适）}$$

(13)选择轴承的配合

轴承间隙：$\triangle=\psi d=0.001\ 347\times160=0.215\ 5$ mm。

选择轴承孔与轴颈的配合为 $\Phi160\mathrm{H7/d7}$，孔 $\Phi160^{+0.040}_{0}$，轴 $\Phi160^{-0.145}_{-0.185}$。

得最小间隙 $\Delta_{min}=0.145$ mm，最大间隙 $\Delta_{max}=0.225$ mm，则 $\Delta_{min}<\triangle<\Delta_{max}$。

(14)计算最小间隙时的温升 Δt

$$\Psi_{min}=\frac{\Delta t}{d}=\frac{0.145}{160}=0.000\ 906\ 3$$

重复 6,7,8,10,11,12 步计算得

$$C_p=1.064\ 2,\varepsilon=0.552\ 8,h_{min}=0.032\ 4$$
$$\mu=0.002\ 774\ 3,C_Q=0.135\ 961\ 6,\Delta t=28.12\ ℃$$

则

$$t_1=t_m-\frac{\Delta t}{2}=55-14.06=40.94\ ℃,35\ ℃<t_1<45\ ℃$$

$$t_1=t_m+\frac{\Delta t}{2}=69.06\ ℃<80\ ℃\text{（故合适）}$$

(15)计算最大间隙时的最小油膜厚度

$$\Psi_{max}=\frac{\Delta_{max}}{d}=\frac{0.225}{160}=0.001\ 406\ 3$$

重复 6,7,8,9 计算得

$$C_p=3.014\ 461\ 5,\varepsilon=0.780\ 202\ 7$$
$$h_{min}=0.024\ 781\ \mathrm{mm}>2(R_{z1}+R_{z2})=0.009\ 6\ \mathrm{mm}\text{（故合适）}$$

设计结果：

$b=160$ mm，选 L-AN32 油。

平均温度 55 ℃，轴瓦用 ZChSnSb11-6 做轴承衬。

轴颈 $\Phi160^{-0.145}_{-0.185}$，$R_{z1}=1.6\ \mu\mathrm{m}$；轴瓦 $\Phi160^{+0.040}_{0}$，$R_{z2}=3.2\ \mu\mathrm{m}$。

计算出 ψ 后，选：

$$\Psi_{max}=\psi(1+\frac{1}{3}),\Psi_{min}=\psi(1-\frac{1}{3})$$

然后再分别按 Ψ_{max}、Ψ_{min} 往下同步运算,使配合间隙Δ在 Δ_{max} 与 Δ_{min} 之间。

若标准基孔制配合不能满足间隙要求时,可以选混合配合。如本例若可采用E7/e6时,则

$$\Delta_{min}=0.170\ mm,\Delta_{max}=0.240\ mm$$

10.4　思考题与习题

10.4.1　复习思考题

10-1　在哪些具体场合下,应选用滑动轴承?

10-2　剖分式滑动轴承的剖分面方向与载荷方向关系如何?轴承盖与轴承座的接合面为何要制成阶梯形?轴瓦磨损后如何恢复、调整径向间隙?

10-3　轴瓦上的油孔、油沟和油室应开在什么位置?

10-4　对轴瓦材料有哪些主要要求?主要根据哪些条件来选择轴瓦材料?两层金属瓦、三层金属瓦的材料是如何搭配的?

10-5　选择滑动轴承润滑时要考虑哪些问题?供油(脂)方法及装置有哪些,各适用于什么工作条件?

10-6　非液体摩擦滑动轴承适用于哪种场合?校核 p,pv,v 值的意义是什么?

10-7　试分析液体动压油膜形成的条件。

10-8　简述径向滑动轴承动压润滑状态的建立过程。

10-9　液体动压润滑单油楔径向滑动轴承计算的目的是什么,如何进行?

10-10　宽径比 b/d 的选择原则及其对轴承工作性能的影响是什么?何时需要采用自动调心滑动轴承?

10-11　相对间隙 ψ 对轴承承载能力有何影响?在设计时,若算出的 h_{min} 过小或温升过高时,应如何调整 ψ 值?

10-12　何谓轴承索氏数 S_0? S_0 值大是否说明轴承所能承受的载荷也大?如何查取 S_0?据 $S_0=(F\psi^2)/(bd\eta\omega)$ 算出 S_0 后,如何查取偏心率 ε?

10-13　何谓轴承耗油量 Q?轴承的耗油量系数 C_Q 与什么有关?

10-14　在设计液体动压润滑轴承时,为什么要进行热平衡计算?若计算出的入口温度过低,应怎样调整参数来改进设计?

10-15　对滑动轴承而言,润滑油的主要性能指标是什么,选择的原则是什么?

10-16　设计液体动压径向滑动轴承时,在其最小油膜厚度不够可靠的情况下,如何调整参数来改进设计?

10-17　在选择了轴承的配合后,为什么要进行验算,应怎样进行验算?

10.4.2　习题

10-18　校核一非液体摩擦向心滑动轴承,已知:轴颈上承受的径向载荷 $F_r=100$ kN;轴的

转速 $n=450$ r/min；轴颈直径 $d=90$ mm，轴承宽度 $B=135$ mm，轴瓦材料为铸铝青铜 ZQAl9-4，轴的材料为 45 钢。

10-19 有一非液体摩擦径向滑动轴承，$b/d=1.5$，轴承材料的 $[p]=5$ MPa，$[v]=3$m/s，$[pv]=10$ MP · m/s，轴颈直径 $d=100$ mm。试求轴转速分别为：(1) $n=250$ r/min；(2) $n=500$ r/min；(3) $n=1,000$ r/min 时，轴承所能承受的最大载荷各为多少？

10-20 有一非液体摩擦向心滑动轴承。已知：轴承径向载荷 $F_r=65$ kN，轴的转速 $n=600$ r/min，要求轴颈直径 $d=90\sim100$ mm，试确定该轴承的材料和尺寸 d、b。

10-21 某液体动压径向滑动轴承，其轴颈直径 $d=200$ mm，宽径比 $b/d=1$，轴承包角为 180°，径向载荷 $F=120$ kN，轴颈转速 $n=500$ r/min，轴承相对间隙 $\psi=0.001,25$，拟采用 L-AN68 油润滑，平均温度 $t_m=40$ ℃。试求：

(1) 该轴承的偏心距。

(2) 最小油膜厚度 h_{min}。

(3) 轴承摩擦系数 μ。

(4) 轴承的耗油量 Q_z。

10-22 若上题动压滑动轴承中，散热系数 $\alpha_s=80\text{W}/(\text{m}^2\cdot\text{C})$。试求入口处润滑油的温度。

10-23 某液体动压径向滑动轴承，轴颈直径 $d=58$ mm，宽径比 $b/d=1$，若采用 L-AN68 油润滑，轴承平均温度 $t_m=40$ ℃，径向载荷 $F=600$ N，转速 $n=1\ 200$ r/min，轴承孔与轴颈拟采用 H7/e7 配合，轴承包角为 180°。试求最大间隙和最小间隙时润滑油入口处的温度 t_1，并说明此配合是否可用？

10-24 有一混合摩擦径向滑动轴承，轴颈直径 $d=60$ mm，轴承宽度 $B=60$ mm，轴瓦材料为 ZQAl9-4，试求：

(1) 当载荷 $F_r=36\ 000$ N，转速 $n=150$ r/min 时，校核轴承是否满足非液体润滑轴承的使用条件；

(2) 当载荷 $F_r=36\ 000$ N 时，轴的允许转速 n；

(3) 当轴的转速 $n=900$ r/min 时，允许的载荷 F_r；

(4) 轴的允许最大转速 n_{max}。

由机械设计手册查得轴瓦材料 ZQAl9-4 的许用值为 $[p]=15$ MPa，$[v]=4$ m/s，$[pv]=12$ MPa · m/s。

10-25 某一径向滑动轴承，轴承宽径比 $b/d=1.0$，轴颈和轴瓦的公称直径 $d=80$ mm，轴承相对间隙 $\psi=0.001\ 5$，轴颈和轴瓦表面微观不平度的十点平均高度分别为 $R_{z1}=1.6$ μm，$R_{z2}=13.2$ μm，在径向工作载荷 F、轴颈速度 v 的工作条件下，偏心率 $\varepsilon=0.8$，能形成液体动压润滑。若其他条件不变，试求：

(1) 当轴颈速度提高到 $v'=1.7\,v$ 时，轴承的最小油膜厚度为多少？

(2) 当轴颈速度降低为 $v'=1.7\,v$ 时，该轴承能否达到液体动压润滑状态？

注：①承载量系数 C_p 计算公式 $C_p=\dfrac{F\psi^2}{2\eta vl}$

②承载量系数 C_p 表($b/d=1$)

ε	0.6	0.65	0.7	0.75	0.8	0.85	0.9	0.954
C_p	1.253	1.528	1.929	2.469	3.372	4.808	7.772	17.18

10.5　考试复习与习题选解分析

10.5.1　是非判断题

1. 欲提高液体动压滑动轴承的工作转速,应提高其润滑剂的黏度。　(　　)

2. 非液体摩擦滑动轴承主要失效形式是点蚀。　(　　)

3. 通过直接求解雷诺方程,可以求出轴承间隙中润滑剂的流量分布。　(　　)

4. 液体动压径向滑动轴承,若径向外载荷不变,减少相对间隙,则承载能力增大,而发热也增大。　(　　)

5. 轴承合金包括锡锑轴承合金。这类材料的机械强度低,不能直接制成轴瓦。　(　　)

6. 与滚动轴承相比,滑动轴承具有径向尺寸大、承载能力也大的特点。　(　　)

7. 因为温度对润滑剂黏度的影响很大,因此通常只考虑润滑剂的黏度和温度的关系。压力对黏度的影响在 5 MPa 下黏度变化很小,所以一般不考虑。　(　　)

8. 液体静压轴承是利用油泵将具有一定压力的润滑剂通过一套供油系统将润滑剂输入两滑动表面间,使两表面分离,形成油膜并承载。　(　　)

9. 非液体摩擦滑动轴承工作时,因其摩擦表面不能被润滑油完全隔开,只能形成边界油膜,存在局部金属表面的直接接触。因此,轴承工作表面的磨损和因边界油膜破裂导致的工作表面胶合或烧瓦是其主要失效形式。　(　　)

10. 宽径比选得大,可以增大压强,对提高高速轴承的运行平稳性有利,同时还可以增大端泄流量,降低温升。　(　　)

10.5.2　单项选择题

1. 验算滑动轴承最小油膜厚度 h_{min} 的目的是________。

A. 确定轴承是否能获得液体摩擦　　B. 控制轴承的发热量

C. 计算轴承内部的摩擦阻力　　D. 控制轴承的压强 p

2. 巴氏合金是用来制造________。

A. 单层金属轴瓦　B. 双层或多层金属轴瓦　C. 含油轴承轴瓦　D. 非金属轴瓦

3. 在滑动轴承材料中,________通常只用作双金属轴瓦的表层材料。

A. 铸铁　B. 巴氏合金　C. 铸造锡磷青铜　D. 铸造黄铜

4. 液体摩擦动压径向轴承的偏心距 e 随________而减小。

A. 轴颈转速 n 的增加或载荷 F 的增大　　B. 轴颈转速 n 的增加或载荷 F 的减少

C. 轴颈转速 n 的减少或载荷 F 的减少　　D. 轴颈转速 n 的减少或载荷 F 的增加

5. 非液体摩擦滑动轴承,验算 $pv \leqslant [pv]$ 是为了防止轴承________。

A. 过度磨损　B. 过热产生胶合　C. 产生塑性变形　D. 发生疲劳点蚀

6. 设计液体动压径向滑动轴承时,若发现最小油膜厚度 h_{min} 不够大,在下列改进设计的措施中,最有效的是________。

A. 减少轴承的宽径比 b/d　　B. 增加供油量

C. 减少相对间隙 ψ　　D. 增大偏心率 ε

7. 在________情况下，滑动轴承润滑油的黏度不应选得较高。

A. 重载　　B. 高速

C. 工作温度高　　D. 承受变载荷或振动冲击载荷

8. 动压滑动轴承能建立油压的条件中，不必要的条件是________。

A. 轴颈和轴承间构成楔形间隙　　B. 充分供应润滑油

C. 轴颈和轴承表面之间有相对滑动　　D. 润滑油温度不超过 50℃

9. 运动黏度是动力黏度与同温度下润滑油________的比值。

A. 质量　　B. 密度　　C. 比重　　D. 流速

10. 下列各种机械设备中，________只宜采用滑动轴承。

A. 中、小型减速器齿轮轴　　B. 电动机转子

C. 铁道机车车辆轴　　D. 大型水轮机主轴

11. 两相对滑动的接触表面，依靠吸附油膜进行润滑的摩擦状态称为________。

A. 液体摩擦　　B. 半液体摩擦　　C. 混合摩擦　　D. 边界摩擦

12. 液体摩擦动压径向滑动轴承最小油膜厚度的计算公式是________。

A. $h_{min}=\psi d(1-x)$　　B. $h_{min}=\psi d(1+x)$

C. $h_{min}=\psi d(1-x)/2$　　D. $h_{min}=\psi d(1+x)/2$

13. 在滑动轴承中，相对间隙 ψ 是一个重要的参数，它是________与公称直径之比。

A. 半径间隙 $\delta=R-r$　　B. 直径间隙 $\Delta=D-d$

C. 最小油膜厚度 h_{min}　　D. 偏心距 l

14. 在径向滑动轴承中，采用可倾瓦的目的在于________。

A. 便于装配　　B. 使轴承具有自动调位能力

C. 提高轴承的稳定性　　D. 增加润滑油流量，降低温升

15. 采用三油楔或多油楔滑动轴承的目的在于________。

A. 提高承载能力　　B. 增加润滑油量

C. 提高轴承的稳定性　　D. 减少摩擦发热

16. 径向滑动轴承的直径增大 1 倍，长径比不变，载荷不变，则轴承的压强 p 变为原来的________倍。

A. 2　　B. 1/2　　C. 1/4　　D. 4

10.5.3 填空题

1. 非液体摩擦滑动轴承验算压强 p 是为了避免________；验算 pv 值是为了防止________。

2. 在设计液体摩擦动压滑动轴承时，若减小相对间隙 ψ，则轴承的承载能力将________；旋转精度将________；发热量将________。

3. 在液体动压润滑的滑动轴承中，润滑油的动力黏度与运动黏度的关系式为________。(需注明式中各符号的意义)

4. 螺旋传动中的螺母、滑动轴承的轴瓦、蜗杆传动中的蜗轮，多采用青铜材料，这主要是为了提高________能力。

5. 非液体摩擦滑动轴承工作能力的校验公式是________、________和________。

6. 非液体摩擦滑动轴承的主要失效形式是________，在设计时计算准则为________。

7. 滑动轴承的润滑作用是减少________，提高________，轴瓦的油槽应该开在载荷的________部位。

8. 宽径比较大的滑动轴承（$b/d>1.5$），为避免因轴的挠曲而引起轴承"边缘接触"，造成轴承早期磨损，可采用________轴承。

9. 滑动轴承的承载量系数 C_p 将随着偏心率 ε 的增加而________，相应的最小油膜厚度 h_{min} 也随着 x 的增加而________。

10. 在一维雷诺润滑方程 $\frac{\partial p}{\partial x}=6\eta v\frac{(h-h_0)}{h^3}$ 中，其黏度 η 是指____________的黏度。

10.5.4　问答简述题

1. 试述动压油膜的定义，并分析动压油膜的形成条件。

2. 试述径向滑动轴承动压油膜的形成过程。

3. 液体摩擦动压滑动轴承的相对间隙 ψ 的大小，对滑动轴承的承载能力、温升和运转精度有何影响？

4. 有一液体动压单油楔滑动轴承，在两种外载荷下工作时，其偏心率分别为 $x_1=0.6$、$x_2=0.8$，哪种情况下轴承承受的外载荷大？为提高该轴承的承载能力，有哪些措施可供考虑？（假定轴颈直径和转速不允许改变）

5. 非液体摩擦滑动轴承需进行哪些计算？各有何含义？

6. 为了保证滑动轴承获得较高的承载能力，油沟应做在什么位置？

7. 在设计液体动压径向滑动轴承时，在其最小油膜厚度 h_{min} 不够可靠的情况下，如何调整参数来进行设计？

10.5.5　习题选解指导

习题10-24　解题要点：

（1）校核轴承的使用条件

已知载荷 $F_r=36\ 000$ N，转速 $n=150$ r/min，则

$$p=\frac{F_r}{Bd}=\frac{36\ 000}{60\times60}=10\ \text{MPa}<[p]$$

$$v=\frac{\pi dn}{60\times1\ 000}=\frac{3.14\times60\times150}{60\times1\ 000}=0.471\ \text{m/s}<[v]$$

$$pv=10\times0.471=4.71\ \text{MPa}\cdot\text{m/s}<[pv]$$

由此可知，满足使用要求。

（2）求 $F_r=36\ 000$ N 时的轴的允许转速 n

由 $pv=\frac{F_r}{Bd}\cdot\frac{\pi dn}{60\times1\ 000}\leqslant[pv]$，则

$$n\leqslant\frac{60\times1\ 000\times B\times[pv]}{\pi\cdot F_r}=\frac{60\times1\ 000\times60\times12}{3.14\times36\ 000}=382.2\ \text{r/min}$$

(3)求 $n=900$ r/min 时轴的允许载荷 F_r

同样由 $pv=\dfrac{F_r}{Bd}\cdot\dfrac{\pi dn}{60\times 1\ 000}\leqslant[pv]$,则

$$F_r\leqslant\frac{60\times 1\ 000\times B\times[pv]}{\pi\cdot n}=\frac{60\times 1\ 000\times 60\times 12}{3.14\times 900}=15\ 286.6\text{N}$$

(4)求轴的允许最大转速 n_{max}

由 $v=\dfrac{\pi dn}{60\times 1\ 000}\leqslant[v]=4$ m/s,则

$$n_{max}\leqslant\frac{60\times 1\ 000[v]}{\pi d}=\frac{60\times 1\ 000\times 4}{3.14\times 60}=1\ 273.9\ \text{r/min}$$

习题 10-25　解题要点

(1)计算在径向工作载荷 F、轴颈速度 v 的工作条件下,偏心率 $\varepsilon=0.8$ 时的最小油膜厚度:

由 $\dfrac{b}{d}=1.0$,$d=80$ mm,得 $b=80$ mm。

$$h_{min}=r\psi(1-\varepsilon)=40\times 0.001\ 5\times(1-0.8)=0.012\ \text{mm}$$

由 $\varepsilon=0.8$,查附表得:$C_P=3.372$。

计算许用油膜厚度$[h]$,取 $S=2$,于是

$$[h]=S(R_{Z1}+R_{Z2})=2\times(1.6+3.2)=9.6\ \mu\text{m}=0.009\ 6\ \text{mm}$$

由于 $h_{min}>[h]$,能形成液体动压润滑。

(2)计算 $v'=1.7v$ 时,轴承的最小油膜厚度:

由公式 $C_P=\dfrac{F\psi^2}{2\eta vl}$,根据其他参数不变时,$C_P$ 与 v 成反比的关系,当 $v'=1.7v$ 时,得

$$C_P=\frac{3.372}{1.7}=1.983\ 5$$

查附表得 $\varepsilon=0.7$,于是

$$h_{min}=r\psi(1-\varepsilon)=40\times 0.001\ 5\times(1-0.7)=0.018\ \text{mm}$$

(3)计算 $v'=0.7v$ 时,轴承的最小油膜厚度:

由公式 $C_P=\dfrac{F\psi^2}{2\eta vl}$,根据其他参数不变时,$C_P$ 与 v 成反比的关系,当 $v'=0.7v$ 时,得

$$C_P=\frac{3.372}{1.7}=4.817$$

查附表得 $\varepsilon=0.86$,于是

$$h_{min}=r\psi(1-\varepsilon)=40\times 0.001\ 5\times(1-0.86)=0.008\ 4\ \text{mm}$$

因为 $h_{min}<[h]$,故该轴承不能达到液体动力润滑状态。

第11章　轴

11.1　教学内容小结

11.1.1　主要内容

(1)轴的基本知识。

(2) 轴的结构设计:轴的结构设计要求;轴的结构设计步骤。

(3)轴的强度计算:轴的力分析简图;当量弯曲应力法;安全系数法。

11.1.2　学习要求

(1)了解轴的功用、类型、特点及应用。

(2)了解轴的材料要求和轴的常用材料。

(3)掌握轴的最小直径计算方法。

(4)掌握轴的结构设计基本知识(轴上零件定位和轴段尺寸确定)和结构设计步骤。

(5)掌握轴的当量弯曲应力计算法和疲劳强度安全系数校核法。

(6)了解轴的零件图设计及技术要求。

11.1.3　主要学习特点

(1)轴的设计特点。在一般机械中,按设计任务书初步拟订的总体设计中,仅已知轴所传递的功率和转速以及传动零件的主要尺寸,需要设计的轴的主要参数和尺寸尚无法确定,故无法进行轴的结构设计和强度计算。在工程设计中,对以传递转矩为主的转轴,或外伸轴、简支轴,采用按许用扭转剪切应力(扭矩最大处,同时弯矩最小处)的方法初步确定出轴的基本参考直径(d_{min}),然后以 d_{min} 作为依据,考虑轴的结构设计要求来设计轴的各段直径,并选取传动零件轮毂宽度、轴承尺寸、支点间跨距等设计轴的各段长度,初步设计出轴的结构(公称尺寸)。再进行强度校核及修改,最后完成轴的细节设计,画出带技术要求的轴的零件图。

(2)内容框图和思路分析(见图11.1)。

11.1.4　学习方法指导

(1)对轴的结构设计,首先要求熟记轴的结构设计要求。通过分析现有轴的结构,来练习和应用这些结构设计要求是如何在现有轴上实现的,对比和分析各种轴结构设计方案的优缺点,达到能用这些结构设计要求去指导具体轴的结构设计,实现熟能生巧的目的。

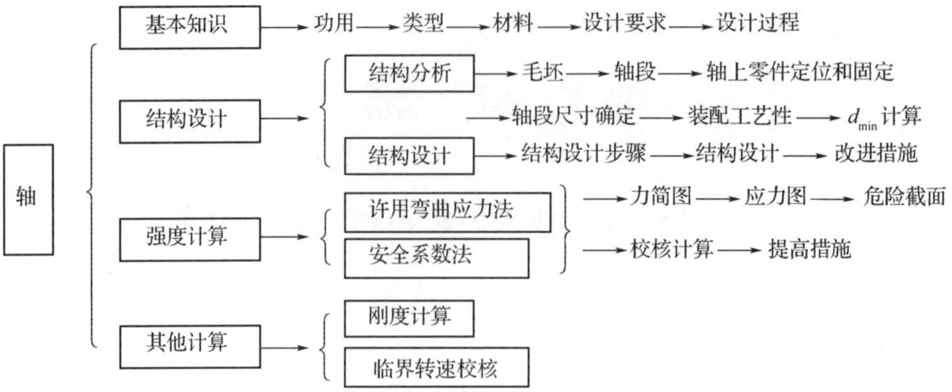

图 11.1 内容框图及思路分析

(2)练习和分析几种常用类型轴上载荷和应力,学会轴的空间受力简图的绘制。

(3)学会用当量弯曲应力法和疲劳强度安全系数法校核轴的强度。

11.2 重点、难点和考点

11.2.1 重点和难点分析

1. 轴的结构设计

轴的结构设计要求是:轴在机器中的安装位置和要求;轴上零件的布置和周向及轴向定位和固定;轴的加工工艺性和装配工艺的要求;轴的结构有利于提高强度和刚度;轴所采用的支承类型和尺寸等等。

轴的结构设计目的是确定轴的各段直径和各段长度。确定直径时,应先根据扭矩或其他方法确定基本参考直径 d_{min},并根据设计要求圆整,在此基础上根据轴上零件的轴向位置和安装要求逐段设计出各段的直径。各段长度根据轴上零件的尺寸及安装要求确定。设计的方法是满足结构设计的要求,相互配合或安装的零件之间尺寸要圆整和协调。因此,轴的结构没有标准结构形式,一定要具体情况具体分析。

图 11.2 提供外伸轴和小圆锥齿轮进行轴向结构设计分析,说明在确定各段直径和各段长度时如何体现轴的结构设计要求。

2. 轴的强度计算

对轴进行强度计算时,由于轴上零件的轮毂及轴承的变形影响,轴所受的实际载荷是非线性的,在支承内轴的变形也是非线性的,应对轴的受载及支承情况进行简化成简支梁,载荷的简化和支点的简化按教材介绍的内容进行。

在计算合成弯矩时,要把轴的空间受力图分解成垂直平面和水平平面内分别计算,分解的原则是让径向力 F_r 和轴向力 F_a 处于同一平面内,即分解后的垂直平面内和水平平面内必须是受平面力系的作用,决不能分解后仍是受空间力系作用的垂直面和水平面。应熟练掌握几种常用平面力系的支反力求法和弯矩图的求法。对支点支反力的计算中,应注意到支反力的合成,合成的支反力 F_r 即为支点轴承的径向载荷。

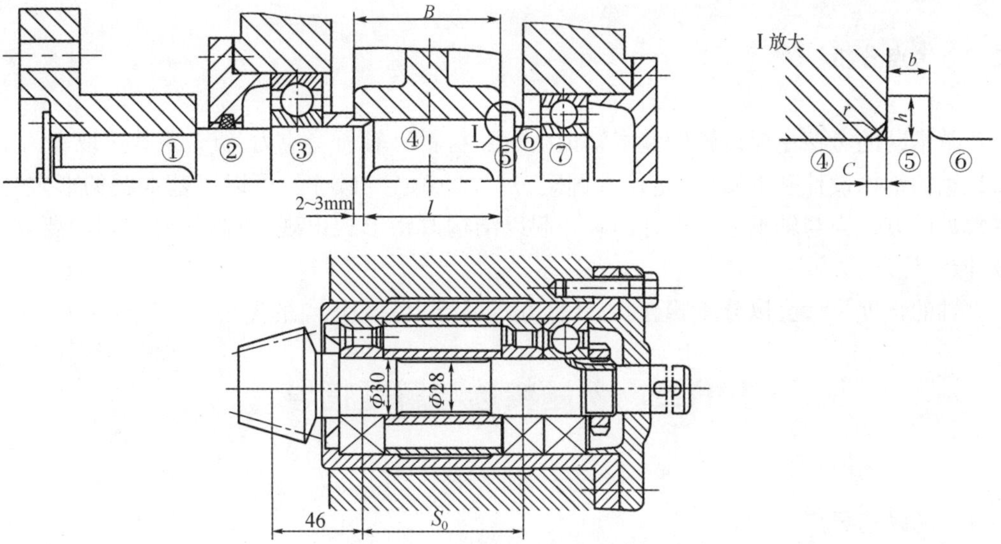

图 11.2 轴向结构设计分析

轴的许用弯曲应力表所列的应力值均比材料的许用弯曲应力低，因为在当量弯矩强度计算时，轴的结构尚未全部确定，对影响轴的强度因素（应力集中，绝对尺寸和表面质量等）无法计入，故采取降低轴的许用弯曲应力来修正。加上当量弯曲应力是假设的当量应力，因此，这种方法只适用一般的轴。特别是校核不能满足时，必须按疲劳强度安全系数法进行精确校核，以便确定所设计的轴到底是否安全。

3. 轴所受的应力

为了将扭矩 T 折合成当量弯矩，考虑到扭矩和弯矩引起的变应力性质不同，引入应力修正系数 α。当扭转剪应力按对称循环变化时，$\alpha=1$，如频繁正反转的轴；当扭转剪应力按脉动循环变化时，$\alpha=[\sigma_{-1}]/[\sigma_0]\approx0.6$，如单向转动变化规律不清楚的轴，一般转轴，频繁启动；当扭转剪应力不变化时，$\alpha=[\sigma_{-1}]/[\sigma_{+1}]\approx0.3$，如长期连续运转的轴。

进行疲劳强度安全系数校核时，也要对轴所受的应力类型、大小正确分析计算。一般转轴，应力特征 $r=-1$，弯曲应力 $\sigma_a=M/W,\sigma_m=0$；而扭转剪应力特征 $r=0$（转-停状态），剪应力 $\tau_a=\tau_m=T/2W_t$。心轴或轴的外力随轴一起转动，应力特征 $r=0$，弯曲应力 $\sigma_a=\sigma_m=M/2W$。经常正、反转的转轴，应力特征 $r=-1$，弯曲应力 $\sigma_a=M/W,\sigma_m=0$；剪应力 $\tau_a=T/W_t,\tau_m=0$。

4. 危险截面

轴的危险截面是指轴在工作时，最有可能首先发生疲劳断裂的截面。不论用当量弯曲应力法计算，还是用疲劳强度安全系数法校核，必须确定轴的危险截面。当轴的弯矩图、扭矩图及当量弯矩图做出后，可按下面几点确定危险截面：

（1）承受当量弯矩最大的截面处。

（2）承受当量弯矩比较大，而几何尺寸较小的截面处。

（3）应力集中对轴的疲劳强度影响最大，存在应力集中源及当量弯矩较大处。

（4）同一截面上存在二个以上应力集中源时，通常取一个大值。

（5）危险截面不易判断时，可比较若干个截面的 $\left(\dfrac{M_e(K_\sigma)_D}{d^3}\right)$ 值，取此值最大的截面处。

计算时，一般选取 2~3 个危险截面即可。

11.2.2 考点分析

1. 基本题的考核主要以轴的基本知识（类型、材料）、轴所受应力、折合系数选取等为主。

2. 轴的结构设计基本知识（定位和固定、尺寸的确定和分析）可以以基本题的形式考核，但更常见的方式为与轴承组合设计内容一起以结构改错形式出现，更高的要求则需要完成结构设计。

3. 轴的强度设计会以分步骤、简单计算方式进行相关知识点的考核。

11.3 例题精选与解题指导

11.3.1 解题指导

轴的设计通常需要考虑的问题有：轴的材料选择，轴的结构设计，轴的强度计算和其他计算（刚度和振动）。重点是前面三个问题，关于轴的刚度和振动稳定性，只有在一定条件下才进行考虑和计算。

转轴的一般设计过程，解题主要步骤：

（1）根据轴的用途和受载情况，选择轴的材料。

（2）按扭转强度初步算出轴的最小直径。

（3）根据轴上零件的尺寸大小和相互位置、结构尺寸、布置和固定方式及轴上零件的装拆工艺等，进行轴的结构设计，初步确定轴的结构形式及各部分的尺寸。设计要领归纳为："强度前提定轴径，装拆决定阶梯形，零件固定要保证，注意合理工艺性"。

（4）对轴上零件进行力的分析，确定各力在轴上的作用位置，并算出轴承处的支反力。

（5）画出轴的弯矩图、扭矩图和当量弯矩图。

（6）验算轴的强度：

①对要求精确计算的转轴。

（a）根据轴的结构尺寸和受力情况（弯矩及扭矩的大小），判断危险截面；

（b）分析应力变化性质，计算应力幅 $\sigma_a(\tau_a)$ 和平均应力 $\sigma_m(\tau_m)$；

（c）查取疲劳强度影响系数 $k_\sigma(k_\tau)$，$\varepsilon_\sigma(\varepsilon_\tau)$，$\beta$ 和等效系数 $\psi_\sigma(\psi_\tau)$；

（d）计算并校核安全系数 S，若不满足，则需修改轴的尺寸，重新进行计算。

②对要求一般的转轴，则只需按弯扭复合强度进行粗略校核计算。

轴的结构设计一般与滚动轴承部件的组合设计一起，可以轴的结构改错形式出现。轴的结构设计主要从零部件结构及选用正确性、相互之间的关系、轴上零件的定位和固定、工艺合理性、润滑和密封、制图及投影关系等几个方面来检查错误之处，并分析原因，予以改进。

11.3.2 范例

例 11-1 两级标准圆柱齿轮减速器输出轴的结构如例 11.3 图（a）所示。已知齿轮分度

圆直径 $d=332$ mm,作用在齿轮上圆周力 $F_t=7\ 780$ N,径向力 $F_r=2\ 860$ N,轴向力 $F_a=1\ 100$ N,单向工作。支点与齿轮中心距离 $L_1=140$ mm,$L_2=80$ mm。校核该轴的强度。

(假设联轴器联结轴直径 $d_1=38$ mm,半联轴器长度 $L=82$ mm,联轴器直径 $D=120$ mm,齿轮连接结轴直径 $d_2=52$ mm,材料:45 钢,调质:HB320)

解题过程及要点:

1. 轴的受力简图如图 11.3(b)所示。

2. 求支反力

(1)求垂直面支承反力

由 $\sum M_B=0$,得 $-R_{AY}(L_1+L_2)+F_tL_2=0$

$$R_{AY}=\frac{F_tL_1}{L_1+L_2}=\frac{7\ 780\times 80}{140+80}=2\ 830\ \text{N}$$

由 $\sum Y=0$,得 $R_{BY}=F_t-R_{AY}=7\ 780-2\ 830=4\ 950$ N。

(2)求水平面支承反力

由 $\sum M_B=0$,得 $-R_{AZ}(L_1+L_2)-F_a\dfrac{d}{2}+F_rL_2=0$。

$$R_{AZ}=\frac{F_rL_2-F_a\dfrac{d}{2}}{L_1+L_2}=\frac{2\ 860\times 80-1\ 100\times\dfrac{332}{2}}{140+80}=210\ \text{N}$$

由 $\sum Z=0$,得 $R_{BZ}=F_r-R_{AZ}=2\ 860-210=2\ 650$ N。

(3)求联轴器附加径向力及其支承反力

由于齿轮圆周力矩 $T=F_t\dfrac{d}{2}=7\ 780\times\dfrac{332}{2}=1.292\times 10^6\ \text{N}\cdot\text{mm}$,则

联轴器圆周力

$$F_T=0.2\frac{2T}{D}=0.2\times\frac{2\times 1.292\times 10^6}{120}=4\ 306.7\ \text{N}$$

由于半联轴器中心 D 至左轴承中心 A 的距离为 $L_3=101$ mm。

由力矩平衡 $\sum M_A=0$,得 $F_TL_3-R_{BT}(L_1+L_2)=0$。

$$R_{BT}=\frac{F_TL_3}{L_1+L_2}=\frac{4\ 306.7\times 101}{140+80}=1\ 977.2\ \text{N}$$

由力平衡 $\sum F=0$,得 $R_{AT}=F_T+R_{BT}=6\ 283.9$。

3. 画出轴的弯矩图、合成弯矩图及转矩图

(1)垂直平面弯矩 M_Y 图,如图 11.3(c)所示。

C 点:$M_{CY}=R_{AY}L_1=2\ 830\times 140=3.96\times 10^5\ \text{N}\cdot\text{mm}$。

(2)水平面变矩 M_Z 图,如图 11.3(d)所示。

C 点左边:$M_{CZ}=R_{AZ}L_1=210\times 140=2.94\times 10^4\ \text{N}\cdot\text{mm}$。

C 点右边:$M'_{CZ}=R_{BZ}L_2=2\ 650\times 80=2.12\times 10^5\ \text{N}\cdot\text{mm}$。

(3)联轴器附加径向力的弯矩 M_{FT} 图,如图 11.3(e)所示。

A 点:$M_{FT}=F_TL_3=4\ 306.7\times 101=4.35\times 10^5\ \text{N}\cdot\text{mm}$。

(4)合成弯矩 M 图,如图 11.3(f)所示。

C 点左边:$M_C=\sqrt{M_{CY}^2+M_{CZ}^2}+\dfrac{L_1}{L_1+L_2}M_{FT}$

$$=\sqrt{(3.96\times10^5)^2+(2.94\times10^4)^2}+\frac{140}{140+80}\times4.35\times10^5=6.74\times10^5\ \text{N}\cdot\text{mm}。$$

C 点右边：$M_C=\sqrt{M_{CY}^2+M'^2_{CZ}}+\frac{L_1}{L_1+L_2}M_{FT}$

$$=\sqrt{(3.96\times10^5)^2+(2.12\times10^5)^2}+\frac{140}{140+80}\times4.35\times10^5=7.26\times10^5\ \text{N}\cdot\text{mm}。$$

A 点：$M_A=\sqrt{M_{CY}^2+M_{CZ}^2}+M_{FT}=0+4.35\times10^5=4.35\times10^5\ \text{N}\cdot\text{m}$。

(5)作转矩图，如图 11.3(g)所示。

$$T=F_t\frac{d}{2}=7\,780\times\frac{332}{2}=1.292\times10^6\ \text{N}\cdot\text{mm}$$

(6)做计算弯矩图，如图 11.3(h)所示。

该轴单向工作，转矩产生的剪切应力按脉动循环应力考虑，取 $\alpha=0.6$。

C 点左边：$M_{caC}=\sqrt{M_C^2+(\alpha T)^2}$

$$=\sqrt{(6.74\times10^5)^2+(0.6\times1.292\times10^6)^2}=1.03\times10^6\ \text{N}\cdot\text{mm}。$$

C 点右边：$M'_{caC}=\sqrt{M'^2_C+(\alpha T'_C)^2}$

$$=\sqrt{(7.26\times10^5)^2+(0.6\times0)^2}=7.26\times10^5\ \text{N}\cdot\text{mm}。$$

A 点：$M_{caA}=\sqrt{M_A^2+(\alpha T)^2}$

$$=\sqrt{(4.35\times10^5)^2+(0.6\times1.292\times10^6)^2}=8.89\times10^5\ \text{N}\cdot\text{mm}。$$

D 点：$M_{caD}=\sqrt{M_D^2+(\alpha T)^2}=0.6\times1.292\times10^6=7.74\times10^5\ \text{N}\cdot\text{mm}$。

4. 指出危险截面的位置并进行强度校核

由题意，取Ⅰ、Ⅵ截面为危险截面。

(1)按许用弯曲应力校核

①Ⅰ截面 $M_e=7.74\times10^5\ \text{N}\cdot\text{mm}$

$$\sigma=\frac{M_e}{W}=\frac{M_e}{0.1d^3}=\frac{7.74\times10^5}{0.1\times38^3}=141.06\ \text{MPa}\leqslant[\sigma]$$

故Ⅰ截面符合强度要求。

②Ⅵ截面 $M_e=1.03\times10^6\ \text{N}\cdot\text{mm}$

$$\sigma=\frac{M_e}{W}=\frac{M_e}{0.1d^3}=\frac{1.03\times10^6}{0.1\times52^3}=73.25\ \text{MPa}\leqslant[\sigma]$$

故Ⅵ截面符合强度要求。

(2)按(许用)安全系数校核

①Ⅰ截面 $M=0,T=1.292\times10^6\ \text{N}\cdot\text{mm}$

脉动循环：
$$\sigma_{max}=\frac{M}{W_2}=0$$

$$\tau_{max}=\frac{T}{W_P}=\frac{16T}{\pi D^3}=119.96\ \text{MPa}$$

$$\sigma_{min}=0$$

$$\tau_{min}=0$$

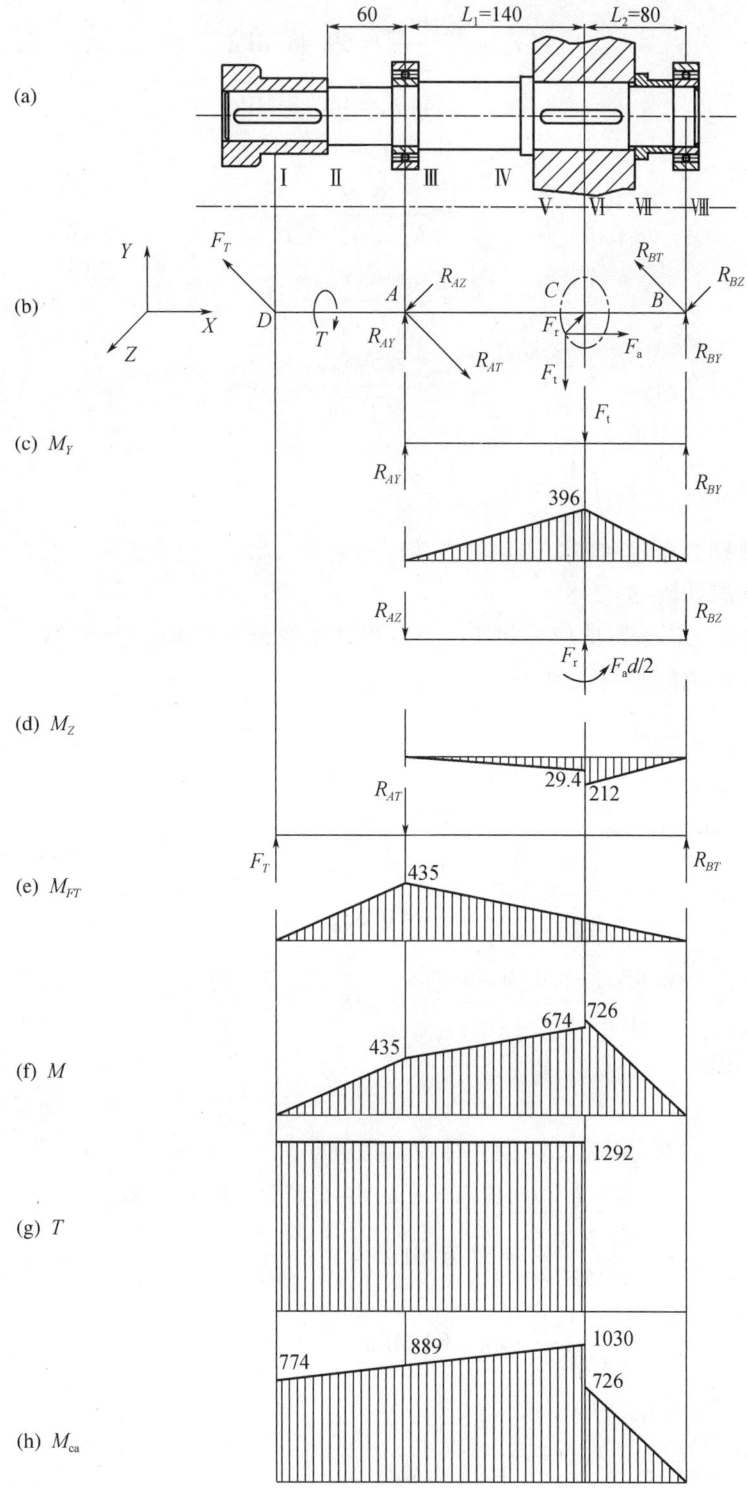

图11.3 轴的结构及受力分析

$$\sigma_m=\frac{\sigma_{max}+\sigma_{min}}{2}=0$$

$$\tau_m=\frac{\tau_{max}+\tau_{min}}{2}=59.98\ MPa$$

$$\sigma_{-1}=0.44\sigma_B=140.8\ MPa$$

$$\tau_{-1}=0.35\sigma_B=112\ MPa$$

$$S_\sigma=\frac{K_N\sigma_{-1}}{(K_\sigma)_D\sigma_a+\psi_\sigma\sigma_m}$$

$$S_\tau=\frac{K_N\tau_{-1}}{(K_\tau)_D\tau_a+\psi_\tau\tau_m}$$

$$S=\frac{S_\sigma S_\tau}{\sqrt{S_\sigma^2+S_\tau^2}}$$

寿命系数 $K_N=\sqrt[m]{\frac{N_0}{N}}=\sqrt[9]{\frac{10^7}{10^7}}=1$

K_σ 和 K_τ 分别为弯矩和转矩作用的有效应力集中系数,由查表得 $K_\sigma=1.6$,$K_\tau=1.24$

β 为表面状态系数,$\beta=2.5$

ε_σ 和 ε_τ 分别为影响弯曲应力和切应力的尺寸系数,$\varepsilon_\sigma=0.88$,$\varepsilon_\tau=0.81$

ψ_σ 和 ψ_τ 为应力幅等效系数

$$(K_\sigma)_D=\frac{K_\sigma}{\varepsilon_\sigma\beta}=0.727$$

$$(K_\tau)_D=\frac{K_\tau}{\varepsilon_\tau\beta}=0.612$$

$$\psi_\sigma=\frac{2\sigma_{-1}-\sigma_0}{\sigma_0}=\frac{2\times0.44\sigma_B-1.3\times0.44\sigma_B}{1.3\times0.45\sigma_B}=0.538$$

$$\psi_\tau=\frac{2\tau_{-1}-\tau_0}{\tau_0}=\frac{2\times0.45\sigma_B-1.3\times0.45\sigma_B}{1.3\times0.45\sigma_B}=0.538$$

求得 $S_\tau=1.305$

$S_\sigma=0$

则按切应力安全系数校核,$S>[S_\tau]$ 符合强度条件。

②Ⅵ截面　　$M=7.26\times10^5\ N\cdot mm$,$T=1.292\times10^6\ N\cdot mm$

$$\sigma_{max}=\frac{M}{W_2}=\frac{32M}{\pi D^3}=\frac{32\times7.26\times10^5}{\pi\times52^3}=52.6\ MPa$$

$$\tau_{max}=\frac{T}{W_p}=\frac{16T}{\pi D^3}=\frac{16\times1.292\times10^6}{\pi\times52^3}=46.82\ MPa$$

$\sigma_{min}=-52.6\ MPa$,$\tau_{min}=0$

$$\sigma_m=\frac{\sigma_{max}+\sigma_{min}}{2}=0,\ \tau_m=\frac{\tau_{max}+\tau_{min}}{2}=23.4\ MPa$$

$\sigma_a=52.6\ MPa$,$\tau_a=23.4\ MPa$

$\sigma_{-1}=140.8\ MPa$,$\tau_{-1}=112\ MPa$

同理

$$K_N=1, K_\sigma=1.6, K_\tau=1.24, \beta=2.5, \varepsilon_\sigma=0.81, \varepsilon_\tau=0.76$$

$$\psi_\sigma=0.538, \psi_\tau=0.818, (K_\sigma)_D=0.790, (K_\tau)_D=0.689$$

求得

$$S_\sigma=3.388, S_\tau=3.255$$

$$S=\frac{S_\sigma S_\tau}{\sqrt{S_\sigma^2+S_\tau^2}}=\frac{3.388\times 3.255}{\sqrt{3.388^2+3.255^2}}=2.347$$

$S>[S]$符合强度条件。

例 11-2 如图 11.4 所示为采用一对反装圆锥滚子轴承(背靠背安装)的小锥齿轮轴承组合结构。指出结构中的错误,加以改正并画出轴向力的传递路线。

解题过程及要点:

该轴结构支点的轴向固定形式为两端固定结构,即两支点各承担一个方向的轴向力。

(1)存在的问题

①两轴承外圈均未固定,外圈易松动脱落,轴承无法工作。

②轴向力无法传到机座上。向左推动轴外伸端时,整个轴连同轴承均将从套杯中滑出;齿轮工作时将受到向右的轴向力,此时轴将带着左轴承和右轴承的内圈向右移动,致使右轴承分离脱落。

③轴承间隙无法调整。

④轴系的轴向位置无法调整。

(2)改正方法

①将两轴承内圈间的套筒去掉,再将套杯中间部分内径减小,形成两个内挡肩固定轴承外圈,从而使左轴承上向右的轴向力及右轴承上向左的轴向力通过外圈、套杯传到机座上。

②在右轴承右侧轴上制出一段螺纹,并配以圆螺母和止动垫圈用以调整轴承间隙,同时借助圆螺母将轴上向左的轴向力传到套杯上。

③在套杯和机座间加调整垫片,以调整轴系的轴向位置;在套杯和端盖间也应加调整垫片,使端盖脱离轴承外圈,兼起密封作用。

改正后的结构及轴向力的传递路线见图 11.5。

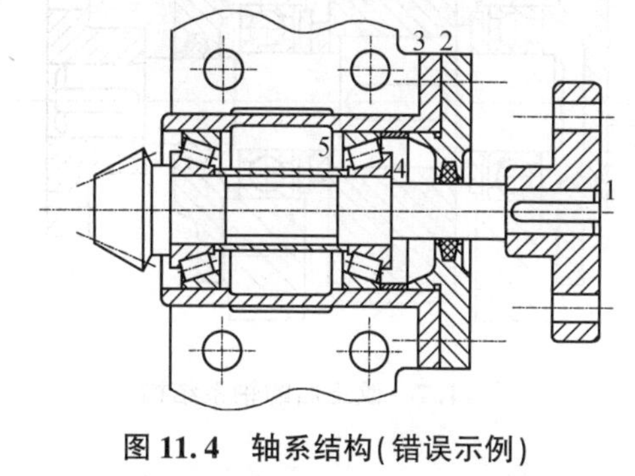

图 11.4 轴系结构(错误示例)

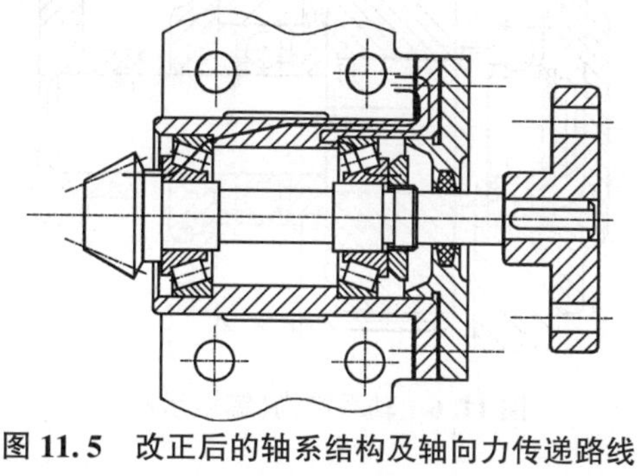

图 11.5 改正后的轴系结构及轴向力传递路线

例 11-3 试分析图 11.6 轴系结构的错误,并加以改正。齿轮用油润滑、轴承用脂润滑。

解题过程及要点:

(1) 轴系上零件的选用及结构表达;

(2) 支点轴向固定结构；

(3) 轴系上零件的相互位置关系(动件与静件接触、轴上零件定位和固定)；

(4) 结构工艺性(加工、装拆、调整)；

(5) 润滑和密封；

(6) 绘图表达等其他错误。

此轴系结构的主要错误如下：

(1) 凸缘式半联轴器无法连接,缺少连接螺栓孔；

(2) 联轴器孔应该打通；

(3) 联轴器周向未定位,应添加定位平键；

(4) 联轴器轴向未定位,在配合轴段应留有定位阶梯；

(5) 箱体外壁的加工面与非加工面没有分开,会造成轴承端盖安装不可靠或精加工面过大等问题；

(6) 轴与轴承端盖间应留有间隙。轴系工作时,轴带动齿轮高速旋转,而轴承端盖保持静止,动静件间不能直接紧密接触；

(7) 轴与轴承端盖间应添加密封圈；

(8) 无法调整轴承游隙,应添加调整垫片；

(9) 轴精加工面过长且装拆轴承不方便,应留有装配工艺阶梯；

(10) 套筒高度超过轴承内圈高度与轴承外圈接触,增加轴承拆卸难度,且与静件外圈直接接触；

(11) 齿轮的轴向定位不可靠,应留有“定位小窗口”；

(12) 键过长,套筒无法安装；

(13) 轴环高度过高,超过轴承内圈高度,不利于轴承拆卸；

(14) 因轴承采用脂润滑,应在轴承座孔的箱体内壁面处增加挡油盘；

(15) 此轴系轴承采用双端单向固定的安装方式,不需要安装弹性挡圈。

改正后的正确结构见图 11.7。

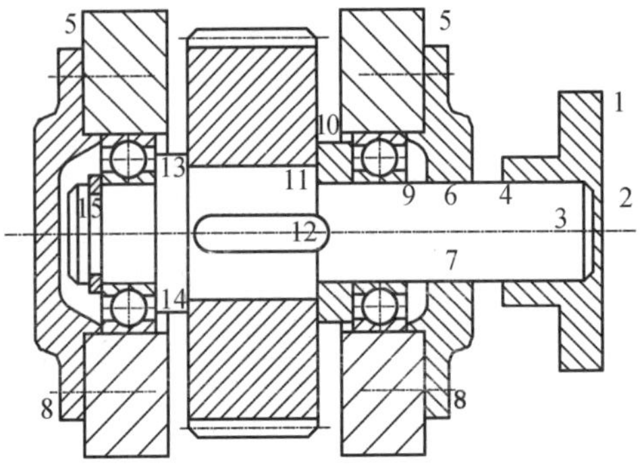

图 11.6　轴系结构(错误示例)

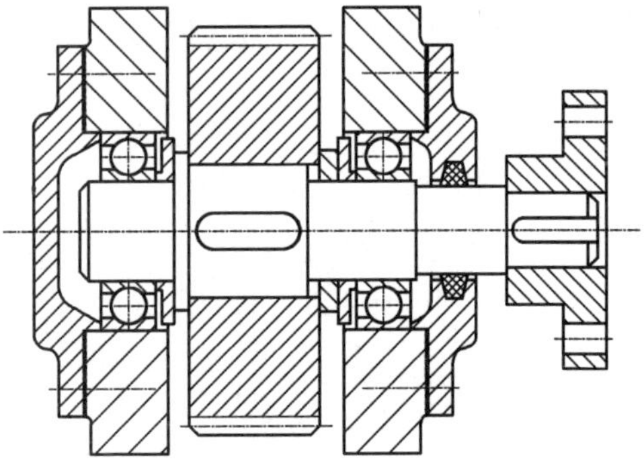

图 11.7　改正后的轴系结构

11.4 思考题与习题

11.4.1 复习思考题

11-1 轴按受载情况可以分为哪三类？试分析自行车的前轴、中轴、后轴的受载情况，说明它们各属哪类轴。

11-2 为提高轴的刚度，把轴的材料由45钢改为合金钢是否有效，为什么？

11-3 用优质碳素钢和合金钢作为轴的材料，各有什么优、缺点？

11-4 轴上为什么要有过渡圆角、倒角、中心孔、砂轮越程槽和螺纹退刀槽？

11-5 轴上零件的轴向及周向固定各有哪些方法，各有何特点，各应用于什么场合？

11-6 结构设计确定轴的各段直径和长度时，应考虑哪些问题？

11-7 轴的强度计算方法有哪几种，各在什么情况下使用？

11-8 作轴向固定的圆螺母，轴端挡板的螺钉是如何实现防松的？

11-9 试画出两种增大图中轴的过渡圆角 r 的改进设计方案。

11-10 试画出三种减小图中轴与轮毂过盈配合处的应力集中的改进设计方案。

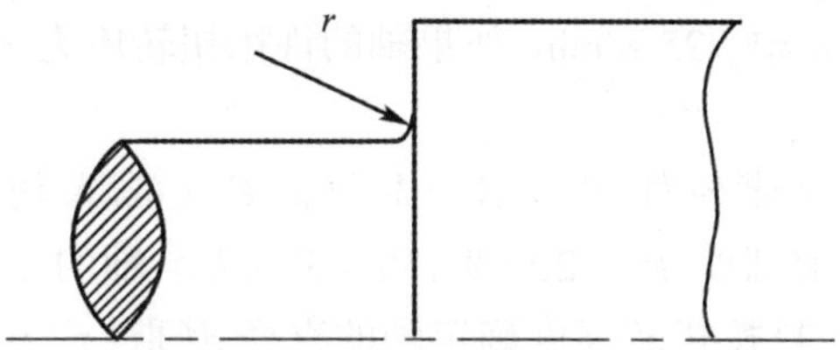

题11-9图

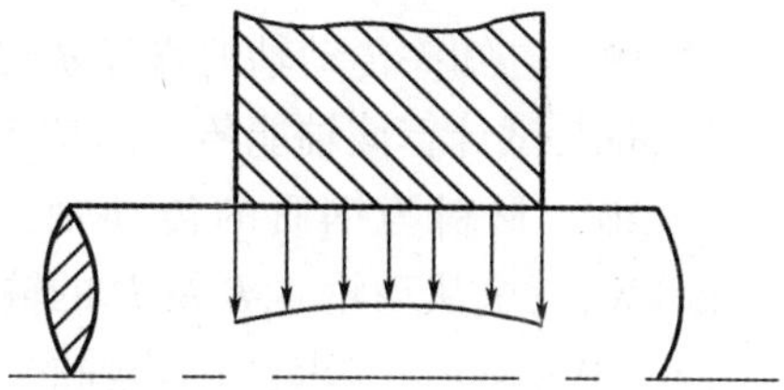

题11-10图

11-11 在估算轴传递转矩的最小直径公式 $d \geqslant C\sqrt[3]{\dfrac{P}{n}}$ 中，系数 C 与什么有关？当材料已确定时，C 应如何选取？计算出的 d 值应经如何处理才能定出最细段直径？此轴径应放在轴的哪一部分？

11-12 计算当量弯矩公式 $M_e=\sqrt{M^2+(\alpha T)^2}$ 中折合系数 α 的含义是什么，如何取值？

11-13 影响轴的疲劳强度的因素有哪些？如果轴的疲劳强度不够时，可采取哪些措施来使其满足要求？

11-14 应力集中与哪些因素有关？若轴的某一危险截面上同时有几种应力集中源，其有效应力集中系数 k_σ、k_τ 应如何确定？

11-15 什么叫轴的危险截面，怎样确定轴的危险截面？

11-16 举例说明轴的刚度不足，对机器的运转有哪些影响？

11-17 何谓共振，何谓轴的临界转速，其大小与哪些因素有关？

11.4.2 习题

11-18 根据图示卷筒轴的三种设计方案填写下表:(表中轴的类型为按承载情况分)

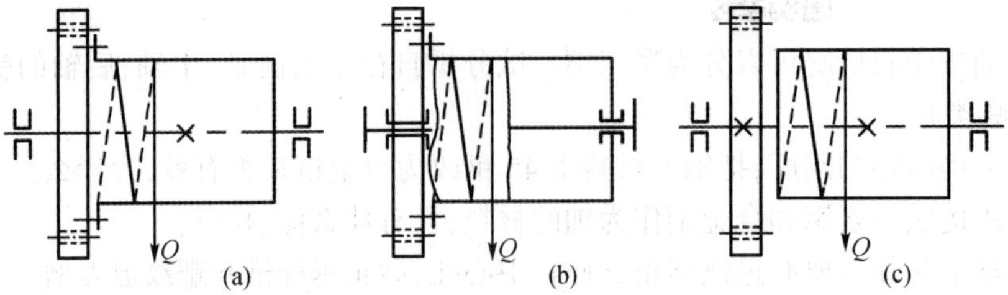

题 11-18 图

方案	轴的类型	轴上应力	应力循环特性 r
(a)			
(b)			
(c)			

11-19 已知一传动轴的直径 $d=32$ mm,转速 $n=1\ 725$ r/min,如果轴的许用扭转应力$[\tau]=35$ N/mm^2,试计算该轴能传递的功率。

11-20 材料为钢质的传动轴,轴上分置四个带轮如图所示。主动轮 C 上输入功率 $P_C=65$ kW,三个从动轮 A,B 及 D 的输出功率 $P_A=15$ kW,$P_B=20$ kW,$P_D=30$ kW。轴的工作转速 $n=470$ r/min。要求:(1)作轴的工作扭矩图;(2)按扭转强度确定轴的直径 d(取$[\tau]=30$ N/mm^2);(3)若将图中"C""D"两轮相互易位,问该轴强度是否足够?

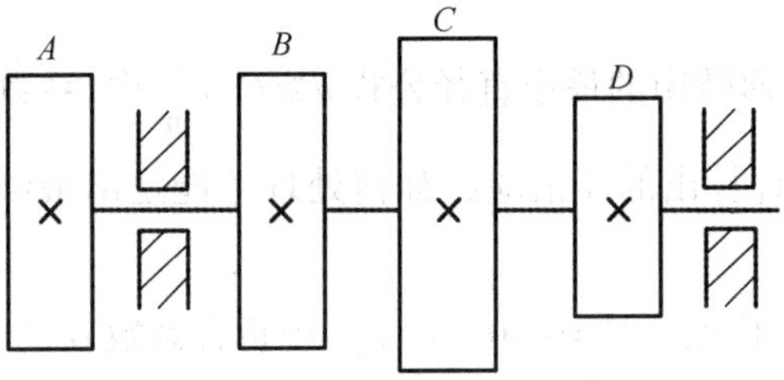

题 11-20 图

11-21 一同时承受弯矩和扭矩作用的悬臂空心轴。已知:轴端作用载荷 $F=1.8$ kN,悬臂长度 $l=1\ 000$ mm,扭矩 $T=4.5$ kN · m,设载荷稳定,轴的材料为 A5 钢。如果轴的内孔直径为其外径的 0.6 倍,试确定空心轴的外径 d。

11-22 如图示,有三个斜齿圆柱齿轮,已知 $z_1=28$,$z_2=70$,$z_3=126$,$m_n=4$,$\alpha_n=20°$,$a_1=200$ mm,$a_2=400$ mm,$n_1=1\ 000$ r/min,$P_1=10$ kW,摩擦不计。(1)分析中间齿轮的受力;(2)求出各轴所受转矩;(3)求出中间轴直径(按许用弯曲应力计算);(4)画出中间轴的结构图(齿宽 $b=60$ mm)。

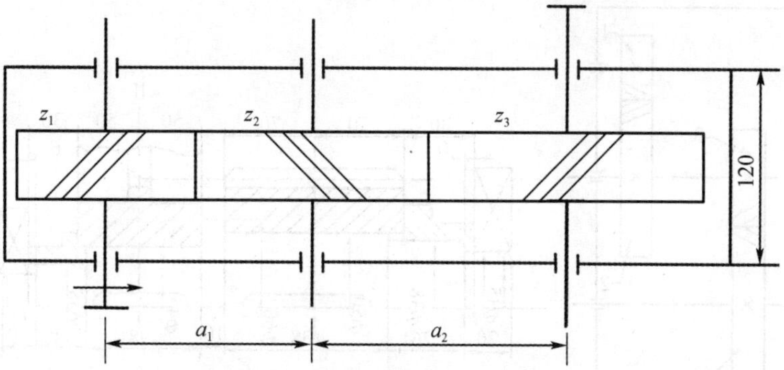

题 11-22 图

11-23 图示为一根轴，剖面Ⅰ-Ⅰ处直径 $d=100$ mm，$r=2$ mm，$h=5$ mm，车削加工，表面粗糙度为 $R_a=1.6$ μm。若该剖面处有应力为：$\sigma_a=70$ MPa，$\sigma_m=0$，$\tau_a=\tau_m=20$ MPa。试求该剖面处在下述两种情况下的综合安全系数，并分析计算结果，从中得出什么结论？

（1）轴材料为 45 钢调质处理；（2）轴材料为 40Cr 钢调质处理。

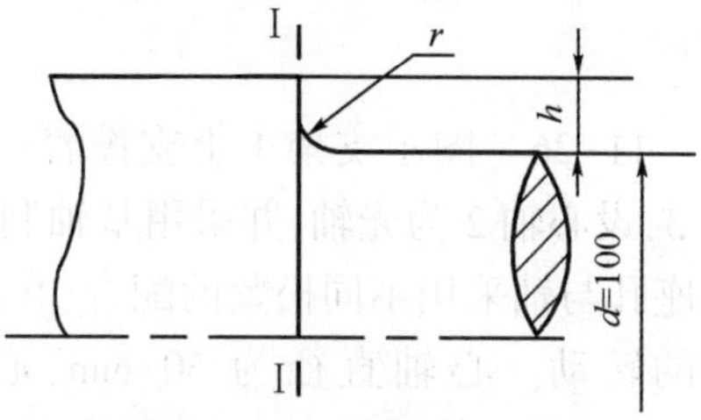

题 11-23 图

11-24 如题图所示为一混砂机传动机构，其 V 带传动为水平布置，压轴力 $Q=3\ 000$ N，减速器输入轴所传递的转矩 $T=510$ N · m，其上小齿轮分度圆直径 $d_1=132.992$ mm，$\beta_1=12°10'38''$，$b_1=120$ mm，轴材料为 45 钢，其支点跨距如图所示。试按弯扭合成强度计算轴的直径（初选 7300 C 型滚动轴承）。试完成减速器输入轴的结构设计，画出轴的工作图，并校核疲劳强度安全系数。

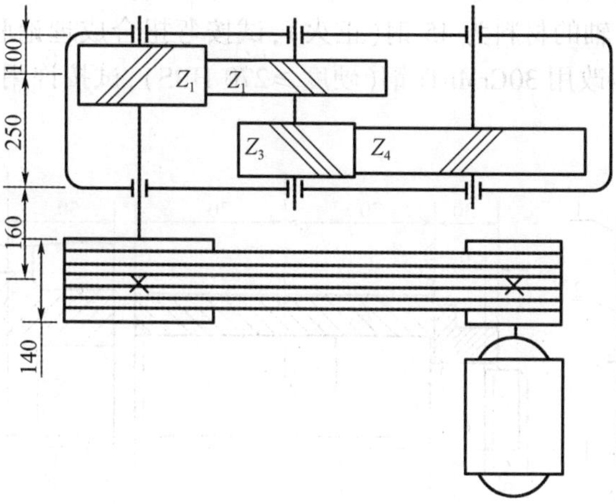

题 11-24 图

11-25 已知：中间轴转速 $n=180$ r/min，传递功率 $P=5.5$ kW。有关的齿轮参数为：齿轮 2 的 $m_n=3$ mm，$\alpha_n=20°$，$z_2=112$，$\beta_2=10.44$，右旋。题 11-25 图中 A、D 为角接触球轴承的载荷作用中心；齿轮 3 的 $m_n=4$ mm，$\alpha_n=20°$，$z_3=23$，$\beta_3=9°22'$，右旋；轴的材料为 45 钢（正火），试按弯扭合成理论验算截面 1 和截面Ⅱ强度。

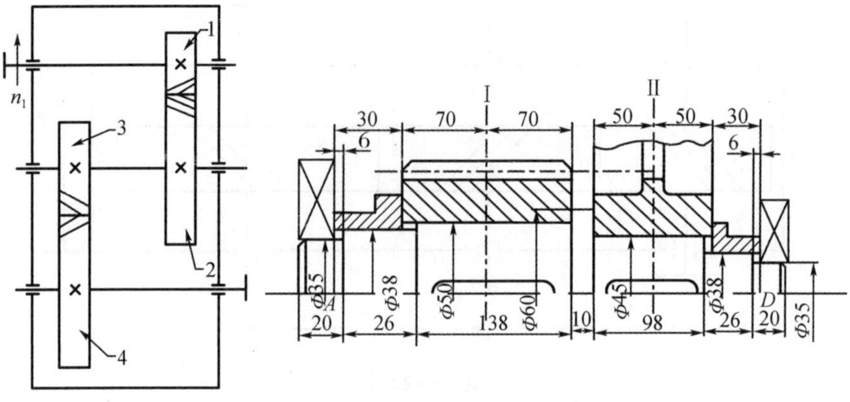

(a) (b)

题 11-25 图

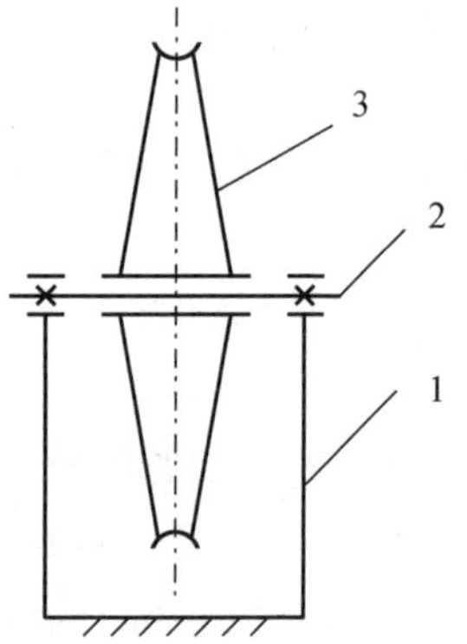

题 11-26 图

11-26 图示支架 1 上支撑着一根固定心轴 2，心轴上装有滑轮 3，设心轴 2 为光轴，并采用基轴制配合。按使用要求，滑轮孔和支座孔与轴采用不同松紧的配合，并在支座上加固定装置以防止心轴的转动。心轴直径为 50 mm，心轴长 160 mm，滑轮直径为 160 mm，滑轮轮毂长 60 mm，两边支座各长 50 mm，支座中心高 120 mm，其余尺寸按结构关系决定。试绘制此结构的装配图，并选定各部分的配合。

11-27 两级展开式斜齿圆柱齿轮减速器的中间轴如图(a)所示，尺寸和结构如图(b)所示。已知中间轴转速 $n_2 = 180$ r/min，传递功率 $P = 5.5$kW。有关的齿轮参数为：齿轮 2 法面模数 $m_n = 3$ mm，$\alpha_n = 20°$，$z_2 = 112$，$\beta_2 = 10°44'$，右旋。图中 A，D 为角接触球轴承的载荷作用中心。齿轮 3 的 $m_n = 4$ mm，$\alpha_n = 20°$，$z_3 = 23$，$\beta_3 = 9°22'$，右旋。要求：(1)若轴的材料为 45 钢（正火），试按弯扭合成理论验算截面 Ⅰ 和截面 Ⅱ 的强度；(2)如果轴的材料改用 30CrMnTi 钢（硬度≥270 HBS），试按许用弯曲应力确定截面 Ⅰ-Ⅰ 和截面 Ⅱ-Ⅱ 的轴径。

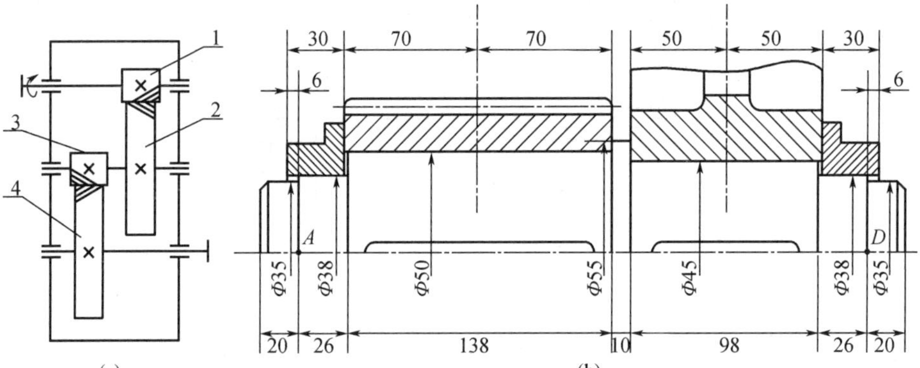

(a) (b)

题 11-27 图

11-28 改正题中(a)、(b)图的结构错误及不合理之处。

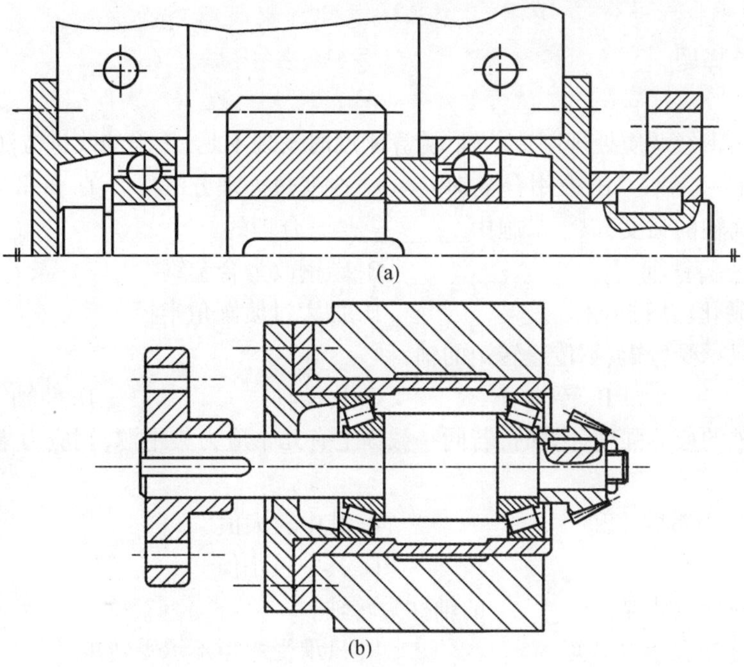

题 11-28 图

11.5　考试复习与习题选解

11.5.1　是非判断题

1. 在轴的设计中定位轴肩处过渡圆角半径应大于零件的倒角或圆角半径。　（　　）

2. 轴的结构设计中,一般应尽量避免轴截面形状的突然变化,宜采用较大的过渡圆角,也可以改用内圆角、凹切圆角等。　（　　）

3. 实际的轴做成阶梯形的,这主要是为了减轻轴的质量,降低制造费用。　（　　）

4. 轴上安装有过盈连接零件时,应力集中将发生在轮毂中间部位。　（　　）

5. 刚性联轴器在安装时要求两轴对中,而挠性联轴器在安装时则可以不考虑对中问题。　（　　）

6. 单万向联轴器的从动轴角速度不均匀,改用双万向联轴器后,从动轴的角速度即可变为均匀。　（　　）

7. 联轴器和离合器都是使两轴在工作时既能连接又能分离的部件。　（　　）

8. 联轴器和离合器的计算转矩等于名义转矩乘以一个小于 1 的载荷系数。　（　　）

9. 多盘摩擦离合器的内摩擦盘做成碟形,这是为了使离合器迅速分开。　（　　）

10. 凸缘联轴器常用于传递转矩大、被联结两轴间存在综合位移的机械结构设计中。　（　　）

11.5.2 单项选择题

1. 优质碳素钢经调质处理制造的轴,验算刚度时发现不足,正确的改进方法是________。
A. 加大直径 B. 改用合金钢 C. 改变热处理方法 D. 降低表面粗糙度值
2. 为了提高轴的强度,以下措施中________是不合理的。
A. 钢轴改为铸铁轴 B. 碳钢改为合金钢
C. 轴表面硬化(渗碳) D. 加大过渡圆角半径
3. 工作时只承受弯矩、不传递转矩的轴,称为________。
A. 心轴 B. 转轴 C. 传动轴 D. 曲轴
4. 在进行轴的疲劳强度计算时,若同一截面上有几个应力集中源,则应力集中系数应取为________。
A. 各应力集中系数之和 B. 其中较大值
C. 平均值 D. 其中较小值
5. 根据轴的承载情况,________ 的轴称为转轴。
A. 既承受弯矩又承受转矩 B. 只承受弯矩不承受转矩
C. 不承受弯矩只承受转矩 D. 承受较大轴向载荷
6. 转动的轴,受不变的载荷,其所受的弯曲应力的性质为________。
A. 脉动循环 B. 对称循环
C. 静应力 D. 非对称循环
7. 按弯曲扭转合成计算轴的应力时,要引入系数 α,这 α 是考虑________。
A. 轴上键槽削弱轴的强度
B. 合成正应力与切应力时的折算系数
C. 正应力与切应力的循环特性不同的系数
D. 正应力与切应力方向不同
8. 在轴的初步设计中,轴的直径是按 ________进行初步确定的。
A. 弯曲强度 B. 轴段的长度 C. 扭转强度 D. 轴段上零件的孔径
9. 转轴弯曲应力 σ_b 的应力循环特性为________。
A. $r=-1$ B. $r=0$ C. $r=+1$ D. $-1<r<1$
10. 降低转轴的表面粗糙度值,并对必要部位进行表面强化处理,主要是为了提高转轴的________。
A. 刚度 B. 承载能力 C. 疲劳强度 D. 振动稳定性
11. 在载荷具有冲击、振动,且轴的转速较高、刚度较小时,一般选用________。
A. 刚性固定式联轴器 B. 刚性可移式联轴器
C. 弹性联轴器 D. 安全联轴器
12. 联轴器与离合器的主要作用是________。
A. 缓冲、减振 B. 传递运动和转矩
C. 防止机器发生过载 D. 补偿两轴的不同心或热膨胀
13. 两轴的偏角位移达 30°,这时宜采用 ________ 联轴器。
A. 万向 B. 齿式 C. 弹性套柱销 D. 凸缘

14. 金属弹性元件挠性联轴器中的弹性元件都具有________的功能。

A. 对中　　B. 减磨　　C. 缓冲和减振　　D. 缓冲

15. 离合器________接合最不平稳。

A. 牙嵌　　B. 摩擦　　C. 安全　　D. 离心

16. 联轴器和离合器的主要区别是 ________。

A. 联轴器多数已经标准化和系列化,而离合器则不是

B. 联轴器靠啮合传动,而离合器靠摩擦传动

C. 离合器可以补偿两轴的偏移,而联轴器则不能

D. 联轴器是一种固定连接装置,而离合器则是一种能随时将两轴接合和分离的装置

17. 牙嵌离合器只能在________接合。

A. 单向转动时　　B. 高速转动时

C. 正反转工作时　　D. 两轴转速差很小或停车时

18. 对低速、刚性大的短轴,常选用的联轴器为________。

A. 刚性固定式联轴器　　B. 刚性可移式联轴器

C. 弹性联轴器　　D. 安全联轴器

11.5.3 填空题

1. 轴上零件的周向定位方式有________、________、________、________和________等。

2. 制造设计轴时,采用了下列措施中的________能提高轴的疲劳强度。① 减缓轴剖面的变化;② 采用圆铣刀代替铣刀加工键槽;③ 增大过盈配合处的直径;④ 螺纹尾部留有退刀槽;⑤设置砂轮越程槽;⑥ 轴圆角半径尽可能相同;⑦轴的表面进行热处理。

3. 自行车的中轴是________ 轴,而前轮轴是________ 轴。

4. 轴上零件的轴向位置由轴向定位和轴向固定确定,主要的轴向定位方式有________ 、________ 、________,主要的轴向固定方式有________、________、________、________。

5. 对大直径的轴的轴肩圆角处进行喷丸处理是为了降低材料对________的敏感性。

6. 当受载较大,两轴较难对中时,应选用________联轴器来连接;当原动机的转速较高且发出的动力较不稳定时,其输出轴与传动轴之间应选用________联轴器来连接。

7. 在确定联轴器类型的基础上,可根据________、________、________、________来确定联轴器的型号和结构。

8. 传递两相交轴间运动而又要求轴间夹角经常变化时,可以采用________联轴器。

9. 一般单向回转的转轴,考虑起动、停车及载荷不平稳的影响,其扭转剪应力的性质按________ 处理。

10. 按工作原理,操纵式离合器主要分为________、________、________和________四类。

11.5.4 问答简述题

1. 轴按受载荷的情况可分哪三类?试分析自行车的前轴、中轴、后轴的受载情况,说明它们各属于哪类轴?

2. 为提高轴的刚度,把轴的材料由 45 钢改为合金钢是否有效,为什么?

3. 轴上零件的轴向及周向固定各有哪些方法,各有何特点,各应用于什么场合?

4. 轴的计算当量弯矩公式 $M_{ca}=\sqrt{M^2+(\alpha T)^2}$ 中,应力折合系数的含义是什么,如何取值?

5. 影响轴的疲劳强度的因素有哪些?在设计轴的过程中,当疲劳强度不够时,应采取哪些措施使其满足强度要求?

6. 联轴器和离合器的功用有何相同点和不同点?

7. 联轴器所连接两轴的偏移形式有哪些?综合位移指何种位移形式?

11.5.5 习题选解指导

习题 11-28(b)图解题要点:

本题结构的主要错误类型有:

(1) 支点轴向固定结构错误;

(2) 运动件与静止件接触错误;

(3) 轴上零件固定错误;

(4) 加工工艺不合理;

(5) 装配工艺错误;

(6) 润滑与密封错误;

(7) 绘图表达错误。

解:此轴系改正后的结构如图(c)所示,主要错误如下:

(1) 轴端不能伸出半联轴器,否则会阻碍联轴器的连接;

(2) 联轴器轴向未定位,在配合轴段应留有定位阶;

(3) 联轴器周向定位平键过长,不应超过联轴器配合轴段长度;

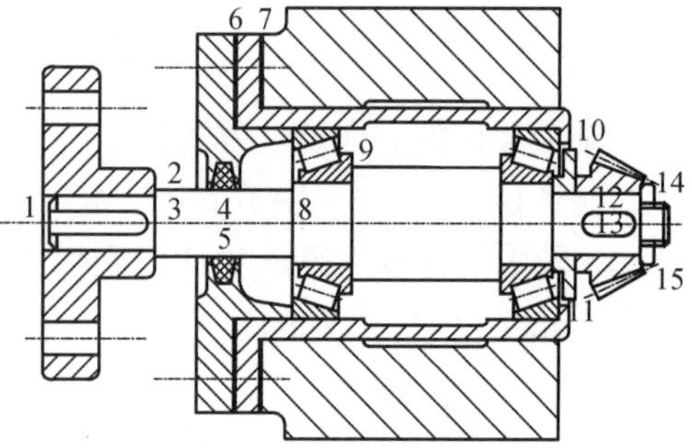

(c)

题 11-28 图

(4) 轴与轴承端盖间应留有间隙。轴系工作时,轴带动齿轮高速旋转,而轴承端盖保持静止,动静件间不能直接紧密接触;

(5) 轴与轴承端盖分开后,应添加密封圈;

(6) 无法调整轴承游隙,应添加调整垫片;

(7) 无法调整轴承套杯的轴向位置,应添加调整垫片;

(8) 轴精加工面过长且装拆轴承不方便,应留有装配工艺阶梯轴;

(9) 轴环高度超过轴承内圈高度,导致轴承拆卸困难;

(10) 轴承内外圈为不同零件,其剖面线方向不能一致;

(11) 右轴承外圈没有固定,应缩小套杯右端面孔径,形成定位挡环;

(12) 因轴承采用脂润滑,应在轴承座孔的箱体内壁面处增加挡油盘;

(13) 此键无法安装,应将锥齿轮上键槽打通;

(14) 锥齿轮的周向定位平键应与左端联轴器的处于同一条母线上;

(15) 锥齿轮右端的固定圆螺母太小,工作可靠性差,应增大该圆螺母尺寸。

第 12 章　弹簧等其他件

12.1　教学内容小结

12.1.1　主要内容

(1)弹簧的功用和类型,材料及制造。

(2)圆柱螺旋弹簧的基本几何参数,特性曲线和刚度。

(3)圆柱形压缩(拉伸)螺旋弹簧的设计。

(4)圆柱形扭转螺旋弹簧;组合弹簧。

(5)机架零件的结构设计。

(6)其他非标准件及专用零件。

12.1.2　学习要求

(1)了解弹簧的功用、种类、结构、制造和材料等。

(2)理解弹簧的工作原理、特性曲线、刚度和稳定性的概念。

(3)掌握圆柱形拉伸、压缩螺旋弹簧的结构、受力分析、强度计算、刚度计算和几何尺寸计算。

(4)了解圆柱形扭转螺旋弹簧、组合弹簧的设计特点。

(5)了解机架零件的结构和设计要求及分析校核计算,掌握机架零件结构设计所考虑的因素。

(6)了解其他非标准件和专用零件的设计及分析。

12.1.3　学习特点

(1)弹簧是利用本身的弹性变形来进行工作的一种机械零件,它能够把机械功或动能转变为变形能,或把变形能转变为机械功或动能。通过设计确定:弹簧的材料、簧丝直径 d、弹簧中径 D_2、工作圈数 n、弹簧的螺旋升角 α 和簧丝的展开长度 L。

(2)机架零件、非标准件和专用零件属于结构件,通过结构设计和分析完成。

(3)内容框图和思路分析(见图 12.1)。

12.1.4　学习方法指导

(1)弹簧的学习主要以基本知识和基本原理为主,设计仅掌握圆柱螺旋压缩(拉伸)弹簧。

(2)机架零件及专用件、非标准件的设计以满足功能为目标,以结构设计为主,对重要零件进行必要的分析计算。

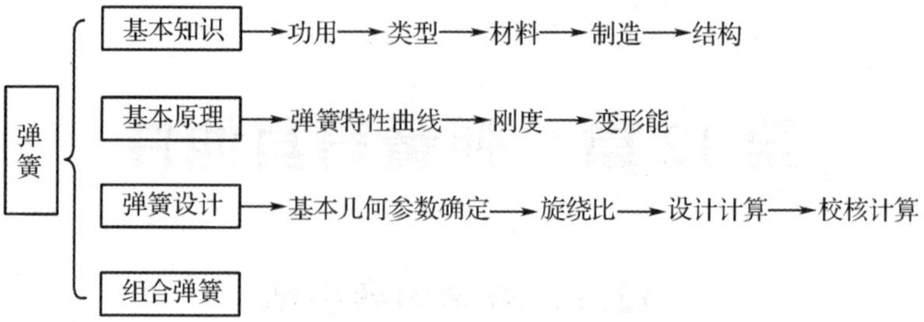

图 12.1 内容框图及思路分析

12.2 重点、难点和考点

12.2.1 重点和难点分析

1. 弹簧的工作原理

弹簧受载后能产生较大的弹性变形。弹簧的特性曲线就是描述弹簧的载荷与变形之间关系的曲线。它可以直观地表示出弹簧刚度的大小和变化情况(定刚度还是变刚度)。设计时,根据工作载荷的性质以及对阻尼有否要求(即加载与卸载时的特性曲线是否重合),来选择合适的弹簧类型。根据特性曲线,还可以对弹簧进行力的变化的计算。

弹簧的失效形式及设计计算。弹簧的失效形式有:

(1)强度不够产生簧丝疲劳断裂;

(2)刚度不合适,达不到规定的变形要求;

(3)弹簧的长(高)径比不合适,受载后失去稳定性。

针对其失效形式,弹簧需要进行强度计算,以确定簧丝直径 d;需要进行刚度计算,以确定弹簧工作有效圈数 n;对压簧还需要验算其稳定性,以保证压簧工作不失稳。

2. 常用的弹簧类型及应用分析

常用的弹簧类型有:螺旋弹簧(拉、压、扭转弹簧)、板弹簧、碟形弹簧、环形弹簧和橡胶弹簧等。选择弹簧类型时,要知道工作条件的要求(如环境温度、腐蚀性),载荷大小及其变化情况,要求的变形范围、刚度、尺寸、阻尼性能、变形规律(特性线)和精度要求(如对测量用弹簧)等,作为选择的依据。

圆柱螺旋弹簧包括拉、压、扭转弹簧,它们在结构形状上有明显的差别,其端部结构不同。这种弹簧结构简单,制造方便,是应用最广泛的弹簧。

板弹簧分为单板和多板弹簧,多板弹簧有较大的缓冲和减振作用,用于多种车辆的悬挂装置。

碟形弹簧采用叠合或对接可以改变其刚度,缓冲和减振能力强,多用于承受载荷较大的弹簧。

环形弹簧的减振和阻尼能力强,多用于重型设备。

橡胶弹簧中的橡胶弹性模量小,可以得到多种特性曲线,其外形不受限制,可以承受多方向的载荷。

3. 圆柱螺旋弹簧及结构

螺旋弹簧有拉、压、扭转弹簧,它们在结构形状上有明显的差别,其端部结构不同。主要几何参数有：外径、内径、中径、弹簧丝直径、旋绕比、节距、圈数、展开长度等，是设计者必须确定的主要尺寸。性能参数有：最大工作载荷、最小工作载荷、刚度、变形范围、自振频率等，是设计者应该按工作需要确定和进行计算的主要内容。

圆柱螺旋弹簧的端部形状不同，压缩弹簧端部一般作成并圈或磨平，拉伸弹簧端部有各种拉环，扭转弹簧端部有杆臂或挂钩，其尺寸在一般教材和手册中有参考资料。

4. 主要参数对弹簧性能的影响

弹簧的旋绕比 $C=D_2/d$。它是弹簧的一个重要设计参数，其值的大小对弹簧性能有显著影响。这可以从下面的分析看出：

(1)强度分析：在载荷和材料一定的条件下，增大 C 值意味着中径 D_2 增大或簧丝直径 d 减小。若 D_2 增大而 d 不变时，即簧丝承受扭矩 T 增大，相应的剪切应力 τ_T 增大，簧丝强度降低；若 D_2 不变而 d 减小时，即簧丝剖面减小，τ_T 增大，弹簧强度也降低。所以，从强度考虑，C 值不宜过大。

(2)刚度分析：当 C 较小时，则弹簧的刚度大，弹簧硬，旋绕制造困难，因此 C 值不宜过小；当 C 大时，则弹簧软，刚度小，旋绕制造容易，但工作稳定性差，易颤动，因此 C 值也不宜过大。一般 $C=4\sim14$，常取 $C=5\sim8$。

12.2.2 考点分析

(1)以基本题方式考核弹簧基本知识(功用、种类、结构、制造和材料)及弹簧设计中的参数分析。

(2)以分析简述题考核弹簧工作原理及参数的定性关系分析。

(3)以简单计算方式考核弹簧受力和特性曲线计算，并从设计过程中截取部分参数计算。

12.3 例题精选与解题指导

12.3.1 解题指导

弹簧设计(以圆柱螺旋弹簧设计为例)的主要内容包括：

(1)选择弹簧类型、材料，选定一些参数，如旋绕比。

(2)设计计算确定主要参数，包括强度计算、刚度计算、稳定性计算、自振频率计算等。

(3)结构设计：选择端部结构和计算几何尺寸，画出弹簧零件图。

12.3.2 范例

例 12-1　圆柱螺旋压缩弹簧，受压力 $F_1=100$ N 时，弹簧高度 $H_1=80$ mm，在受压力 $F_2=150$ N 时，弹簧高度 $H_2=60$ mm。求此弹簧的刚度，并画出弹簧的特性曲线。

解题过程及要点：

(1)弹簧刚度 $k=\dfrac{F_2-F_1}{H_1-H_2}=\dfrac{150-100}{80-60}=2.5\ \text{N/mm}$，

弹簧变形 $h=H_1-H_2=20$ mm

(2)求弹簧载荷为100 N时的变形 $\lambda_1=F_1/k=100/2.5=40$ mm

(3)求弹簧外载荷为零时的弹簧高度 $H_0=H_1+\lambda_1=(80+40)=120$ mm

图12-2所示为此弹簧的特性曲线。

例12-2 圆柱螺旋拉伸弹簧,受拉力 $F_1=120$ N时,弹簧伸长 $\lambda_1=10$ mm,在受拉力 $F_2=170$ N时,弹簧伸长 $\lambda_2=20$ mm。求:(1)此弹簧的刚度;(2)弹簧的初拉力;(3)画出弹簧的特性曲线,由图求出弹簧的初拉力 F_0,与计算结果比较。

解题过程及要点:

(1)弹簧刚度 $k=\dfrac{F_2-F_1}{\lambda_2-\lambda_1}=\dfrac{170-120}{20-10}=5$ N/mm

(2) 由弹簧刚度 $k=\dfrac{F_1-F_0}{\lambda_1-\lambda_0}=\dfrac{120-F_0}{10-0}=5$ N/mm

解得 $F_0=(120-50)=70$ N

(3)图12-3画出了弹簧的特性曲线,由图求出弹簧的初拉力 $F_0=70$ N,与计算结果一致。

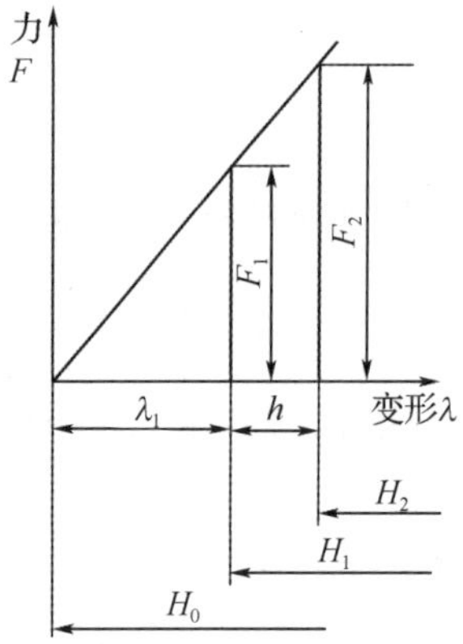

图12-2 弹簧的特性曲线

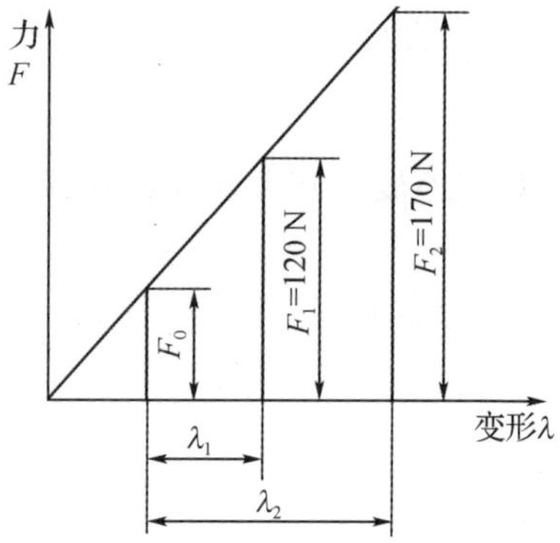

图12-3 拉伸弹簧的特性曲线

12.4 思考题与习题

12.4.1 复习思考题

12-1 弹簧的主要功能有哪些?各举例说明之。

12-2 按受力的性质和形状的不同,弹簧分哪几种类型,哪些弹簧应用最广?

12-3 自行车坐垫下的弹簧属于何种弹簧?

12-4 弹簧材料的要求是什么,弹簧的常用材料有哪些,如何确定弹簧材料的许用应力?

12-5 各类弹簧的端部结构有哪些,各适合于哪些使用场合?

12-6 今有 A、B 两个压缩螺旋弹簧,弹簧钢丝材料直径 d 及弹簧有效圈数 n 均相同,仅旋绕比 $C_A<C_B$。试问:

(1)当外载荷 F 相同时,哪个弹簧的变形大?

(2)当外载荷 F 以相同大小连续增加时,哪个弹簧先断?

12-7 在什么情况下要进行压缩弹簧的稳定性计算?为保证弹簧的稳定性可采取哪些措施?

12-8 圆柱螺旋弹簧的旋绕比过大或过小会有什么问题?

12-9 圆柱螺旋弹簧工作时,其簧丝内的应力分布如何,受弯曲应力还是扭转应力,何处应力最大?

12-10 弹簧的最小和最大载荷如何确定,按哪个计算弹簧丝直径?

12-11 弹簧圈数与刚度有什么关系?给出按刚度要求计算弹簧圈数的公式,其中材料的弹性模量如何确定?

12-12 变刚度弹簧用于什么场合?如何使弹簧刚度改变?

12-13 如何加大或减小弹簧刚度?要求弹簧的体积小而刚度大时,可以考虑采用哪种弹簧?

12-14 圆柱螺旋压缩弹簧在什么情况下要求校核稳定性,如何计算?稳定性不能满足要求时可以采用什么措施?

12-15 机架零件结构设计中应考虑的因素有哪些?试举例分析两个机架零件的结构。

12.4.2 习题

12-16 圆柱螺旋压缩弹簧,用Ⅱ组碳素弹簧钢丝制造。已知材料直径 $d=8$ mm,弹簧中径 $D_2=40$ mm,有效圈数 $n=12$。试问当载荷 F 为 1 000 N 时,弹簧的变形量是多少?

12-17 某牙嵌式离合器用圆柱螺旋弹簧的参数如下:$D=36$ mm,$d=5$ mm,$n=5$ 圈,弹簧材料为Ⅱ组碳素弹簧钢丝,最大工作载荷 $F_{max}=120$ N,载荷循环次数 $N<10^3$。试校核此弹簧的强度。

12-18 某钩式拉伸弹簧,承受静载荷,已知弹簧材料直径 $d=8$ mm,弹簧中径 $D_2=36$ mm,有效圈数 $n=16$,材料为 50 CrVA。试求弹簧所允许的最大工作载荷 F_{max} 和相应的变形量 λ_{max}。

12-19 由两个圆柱螺旋压缩弹簧套在一起组成的组合弹簧,其参数为:

	中径 D/mm	弹簧丝直径 d/mm	有效圈数 n(圈)
外弹簧	75	12	5
内弹簧	50	8	8

要求:(1)计算内外弹簧的刚度,计算公式 $k=Gd^4/(8D^3n)$;

(2)若外载荷 $F=6\ 800$ N,求每个弹簧受力及弹簧的变形;

(3)若外弹簧为右旋,内弹簧旋向如何确定?

12-20 弹簧的参数及载荷同 12-19,但两弹簧为串联使用,要求计算内容同上。

12-21 设计一个在变载荷作用下工作的阀门圆柱螺旋压缩弹簧。原始条件为:最小工作载荷 F_{min} 为 320 N,最大工作载荷 F_{max} 为 1 400 N,工作最小压缩变形量 $\lambda_{min}=5$ mm,最大压缩变形量 $\lambda_{max}=22$ mm,弹簧外径不大于 40 mm,寿命 10^5 次,一端固定,一端铰支。

12-22 设计一普通螺旋扭转弹簧,已知该弹簧用于受力平稳的一般机械中,安装时初始转矩 $T_1=2\,500$ N·mm,最大工作转矩 $T_2=9\,800$ N·mm,最小变形 $\Phi_1=10°$,最大变形 $\Phi_2=40°$。

12.5 考试复习与习题选解

12.5.1 是非判断题

1. 圆柱螺旋弹簧旋绕比的确定取决于弹簧所受到的载荷大小。 ( )
2. 螺旋弹簧有拉、压、扭转弹簧,三种弹簧的簧丝之间初间隙相同。 ( )
3. 圆柱螺旋压缩弹簧的有效圈数和总圈数相同。 ( )
4. 圆柱螺旋弹簧多采用右旋。 ( )
5. 圆柱螺旋弹簧制造方法有冷卷或热卷,这两种方法均可使用,无区别。 ( )
6. 拉伸弹簧设计的原始状态无初拉力。 ( )
7. 碳素弹簧钢丝的强度极限与弹簧钢丝直径有关。 ( )
8. 弹簧材料和热处理的选择与弹簧的材料和弹簧所受载荷的性质无关。 ( )

12.5.2 单项选择题

1. 圆柱螺旋拉伸弹簧所受的主要是________应力。

A. 弯曲　　B. 扭转　　C. 压缩　　D. 拉伸

2. 在以下材料中,________不适宜用于制造弹簧。

A. 碳素弹簧钢丝　　B. 65 Mn　　C. 60 Si2Mn　　D. Q235

3. 汽车内燃机阀门弹簧的功能是 ________。

A. 控制运动　　B. 缓冲和减振　　C. 储能　　D. 测量

4. 在设计圆柱螺旋弹簧时,计算弹簧展开长度的目的是为了________。

A. 计算压缩弹簧的稳定性　　B. 计算拉伸弹簧的长度

C. 给出制造弹簧时下料的尺寸　　D. 考虑安装弹簧的空间是否足够

5. 圆柱螺旋压缩弹簧有效圈数 n 和总圈数 n_1 之间的关系是________。

A. $n=n_1$　　B. $n\geqslant n_1$　　C. $n<n_1$　　D. $n>n_1$

6. 圆柱螺旋拉伸弹簧在轴向拉伸载荷作用下,最大扭剪应力发生在断面的 ________。

A. 内侧　　B. 中心　　C. 外侧　　D. 各点相同

7. 圆柱螺旋压缩弹簧的有效圈数增加一倍,外载荷和弹簧的其他参数不变,则其变形变为原来的 ________。

A. 1/2　　B. 2 倍　　C. 4 倍　　D. 8 倍

8. 为了提高圆柱螺旋压缩弹簧的稳定性,在其中有一导杆。若导杆直径为 25 mm,弹簧丝直径为 4 mm,则该弹簧的旋绕比最小值为 ________。

A. 5　　B. 6　　C. 7　　D. 8

9. 枪械中激发弹药弹簧的功能属于 ________。

A. 缓冲吸振　　B. 储存能量　　C. 控制运动　　D. 测量力

10. 弹簧丝直径是根据弹簧的________要求计算得到的。

A. 刚度或变形　　B. 稳定性　　C. 强度　　D. 旋绕比

11. 有两个弹簧,刚度分别为 k_A 和 k_B。如果将此二弹簧串联使用,则联合使用的弹簧刚度为________。

A. k_A　　B. k_B　　C. k_A+k_B　　D. $k_Ak_B/(k_A+k_B)$

12.5.3　填空题

1. 弹簧的主要功能可以分为四种:________、________、________、________。

2. 按弹簧所受的载荷分类,弹簧可以分为四种:______、______、______、______。

3. 按圆柱螺旋弹簧卷绕前是否加热,可以把它分为两类:________ 和________。当弹簧丝直径在 8 mm 以下时,宜采用 ________方法绕制。

4. 用热卷法制造的弹簧,其热处理方法常采用________,热处理安排在弹簧绕制之________(前? 后?)。用冷卷法制造的弹簧,其热处理方法常采用________,热处理安排在弹簧绕制之________(前? 后?)。

5. 圆柱螺旋弹簧的簧丝直径 d,是根据弹簧的________要求计算得到的,而弹簧的有效圈数是根据弹簧的________ 要求计算得到的。

6. 圆柱螺旋压缩弹簧的端部结构,有不并紧不磨平、并紧、磨平等,对于弹簧丝直径较大的弹簧,应采用________,其目的是________。

7. 圆柱螺旋压缩弹簧当载荷、中径和弹簧材料不变时,把弹簧丝直径增加为原来的二倍,则弹簧变形为原来的________ ;若把弹簧有效圈数增加为原来的二倍,则弹簧变形为原来的________ 。

8. 举出三种圆柱螺旋压缩弹簧的失效方式:________、________、________ 。

12.5.4　问答简述题

1. 弹簧主要有四种功能:储存能量、控制运动、吸收振动和冲击、作为测量元件,请各举出一个应用实例。

2. 圆柱螺旋压缩弹簧、拉伸弹簧、扭转弹簧的端部结构有什么不同,为什么?

3. 圆柱螺旋弹簧工作时,其簧丝内的应力分布如何,受弯曲应力还是扭转应力,何处应力最大?

4. 圆柱螺旋弹簧的旋绕比过大或过小会有什么问题?

12.5.5　习题选解指导

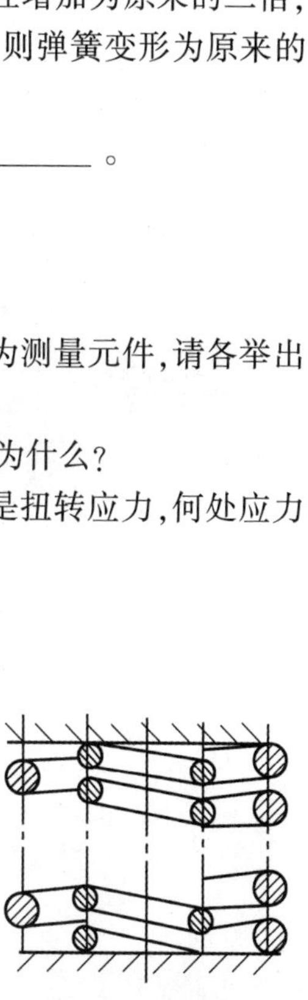

题 12-19 图

习题 12-19 解题要点:

(1)求内外弹簧的刚度。

外弹簧 $k_1=Gd^4/(8D^3n)=80\,000\times12^4/(8\times75^3\times5)=98.3$ N/mm

内弹簧 $k_2=Gd^4/(8D^3n)=80\,000\times8^4(8\times50^3\times8)=40.96$ N/mm

(2)求各弹簧受力。弹簧受力与其刚度成正比,有

$F_1/F_2=k_1/k_2=98.3/40.96=2.4$

$F_1+F_2=6\ 800$ N

解得 $F_1=4\ 800$ N,$F_2=2\ 000$ N

两个弹簧变形相同,可以按任一弹簧计算其变形。现按外弹簧计算:

$\lambda_1=F_1/k_1=4\ 800/98.3=48.8$ mm

此值与按内弹簧计算 $\lambda_2=F_2/k_2$ 结果相同。

(4)为了避免弹簧丝互相嵌入此种弹簧,取旋向相反。当外弹簧为右旋时,内弹簧应为左旋,或反之。

习题 12-20 解题要点:

(1)求两弹簧的刚度,计算同习题 12-19。

(2)求各弹簧受力及变形。两弹簧受力相同,$F_1=F_2=6\ 800$ N,但变形不同,有

$\lambda_1=F_1/k_1=6\ 800/98.3=69.2$ mm

$\lambda_2=F_2/k_2=6\ 800/40.96=166$ mm

此弹簧总变形等于两弹簧变形之和,即 $\lambda=\lambda_1+\lambda_2=(69.2+166)=235.2$ mm

(3)串联弹簧的旋向互相没有影响,可以都采用右旋,加工比较方便。

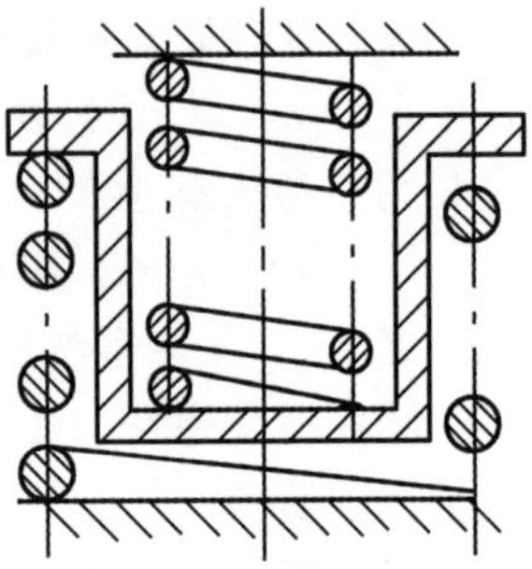

题 12-20 图

附　　录

附录1　机械设计考试典型范卷A

机械设计考试范卷

系名________班级________学号________姓名________

题号	一	二	三	四	五	六	七	八	九	十	总计
得分											

一、是非题

1. 零件的应力随时间变化时，均应按变应力作强度计算。（　）

2. 受横向变载荷的普通螺栓连接，螺栓所受的力为静载荷。（　）

3. 因带传动是摩擦传动，所以传动中会出现弹性滑动现象，但只要设计合理，就可以避免弹性滑动的出现。（　）

4. 设计蜗杆传动时，为了提高传动效率，可以增加蜗杆的头数。（　）

5. 花键连接用于连接齿轮和轴时，都是动连接。（　）

6. 链传动的运动不均匀性是造成瞬时传动比不恒定的原因。（　）

7. 联轴器和离合器的计算转矩等于名义转矩乘以一个小于1的载荷系数。（　）

8. 一个滚动轴承的基本额定动载荷 C 是指该型号轴承的基本额定寿命为 10^6 转时所能承受的最大载荷。（　）

9. 渐开线齿轮可通过齿轮的齿顶修缘来降低动载荷系数。（　）

10. 流体摩擦滑动轴承的载荷较大时，则应选用较大的轴承间隙。（　）

二、选择题

1. 在螺纹连接中最常用的螺纹牙型是________。

A. 锯齿形螺纹　　B. 矩形螺纹　　C. 三角形螺纹　　D. 梯形螺纹

2. 两相对滑动的接触表面，依靠吸附油膜进行润滑的摩擦状态称为________。

A. 液体摩擦　　B. 干摩擦　　C. 混合摩擦　　D. 边界摩擦

3. V带轮的最小直径 d_{min} 取决于________。

A. 带的型号　　B. 带的速度　　C. 主动轮的转速　　D. 带轮结构尺寸

4. 角接触球轴承和圆锥滚子轴承的轴向承载能力随接触角 α 的增大而________。

A. 增大　　B. 减少　　C. 不变　　D. 无法确定

5. 牙嵌离合器只能在__________接合。

A. 单向转动时　　B. 高速转动时

C. 正反转工作时　　D. 两轴转速差很小或停车时

6. 大链轮的齿数过多时,将会发生__________。

A. 链条磨损加剧　　B. 链节铰链磨损后,易造成“脱链”现象

C. 链传动的平稳性差　　D. 链传动的噪声大

7. 承载能力最低的是__________连接。

A. 平键　　B. 半圆键　　C. 楔键　　D. 切向键

8. 若需要在轴上两处安装半圆键时,两键安装应__________。

A. 在轴的同一母线上　　B. 相隔 90°　　C. 相隔 120°　　D. 相隔 180°

9. 在进行非液体摩擦向心滑动轴承的校核计算时,如校核结果不满足要求,可以__________,以确保轴承安全可靠地工作。

A. 使用黏度小的润滑油　　B. 改变润滑方式

C. 调节和控制轴承温升　　D. 改变轴瓦材料或适当增大轴承宽度

10. 形成动压油膜的主要条件是__________。

A. 润滑油黏度较小　　B. 轴颈和轴瓦之间能形成一楔形间隙

C. 工作温度较高　　D. 轴颈转速较低

三、填空题

1. 螺纹连接防松的实质就是__________。按照防松方法的工作原理可将其分为三类,分别是__________、__________和__________。

2. 计算载荷 P_{ca}、名义载荷 P、载荷系数 K 的关系式是__________,强度计算时,应采用__________载荷。

3. 按国家标准 GB/T292—1993 规定,代号为 32208 的滚动轴承类型为__________轴承,其内径为__________ mm。

4. 带传动的失效形式为带__________和__________。

5. 在进行同一轴上两个滚动轴承支点的组合设计时,温升较高的长轴常将一个支承设计成__________。

6. 蜗杆头数愈________,自锁性愈________。一般蜗杆头数常取________到________。

7. 通过校核计算发现蜗杆的刚度不够时,某人提出如下措施:①换用含碳量更高的碳钢来制造蜗杆;②改用优质合金钢来取代碳钢来制造蜗杆;③增大模数 m;④增加蜗杆头数 Z_1;⑤增大蜗杆直径系数 q。其中有__________对提高蜗杆的刚度是有效的。

8. 设计制造轴时,采用了下列措施:①减缓轴剖面的变化;②采用圆盘铣刀代替端铣刀加工键槽;③增大过盈配合处的直径;④螺纹尾部有退刀槽;⑤设置砂轮越程槽;⑥轴上的圆角半径尽可能相同;⑦轴的表面进行热处理。其中__________能提高轴的疲劳强度。

9. 为提高齿轮传动的抗点蚀能力,有人提出下列几种方法:①采用闭式传动;②加大中心距;③提高齿面硬度;④减少齿数加大模数,你认为其中有__________是正确的。

四、问答简述题

1. 机械中密封的目的是什么？对于高速旋转的滚动轴承采用什么密封方式为宜？
2. 动压轴承与静压轴承在形成压力油膜的机理上有何不同？
3. 举出常用的蜗轮、蜗杆材料各三种。
4. 图 A-1 所示为三级减速装置传动方案简图,试问这样布置是否合理,为什么？

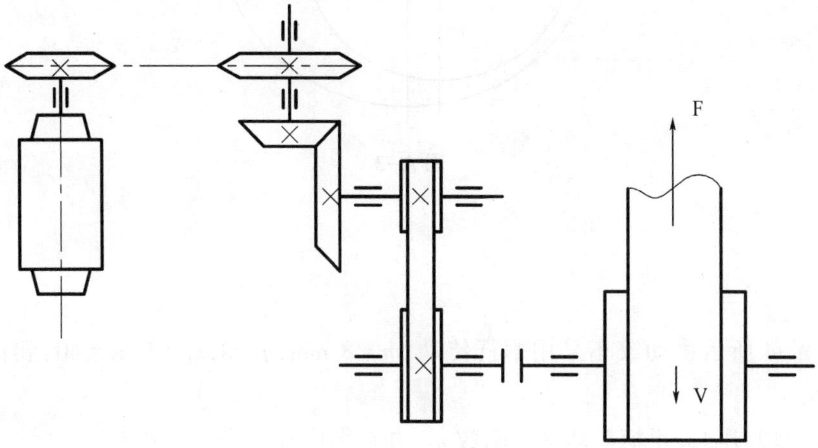

图 A-1

5. 试分析图 A-2 所示传动装置中各轴所受到的载荷,并注明各轴的类别(轴的自重不计)。

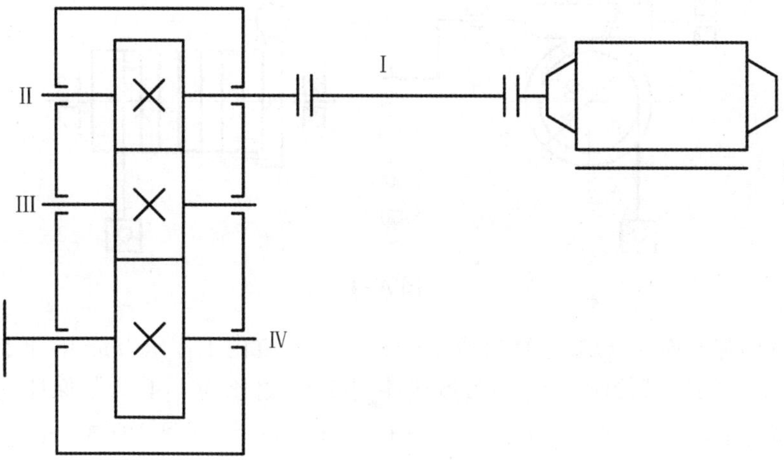

图 A-2

6. 图 A-3 所示为一液体摩擦滑动轴承,试在图中画出并标明:(1)轴的转向;(2)偏心距 e;(3)最小油膜厚度 h_{min};(4)若油膜起如于 φ_1,终止于 φ_2,定性地画出油膜压力分布图,并标上 φ_1 和 φ_2。

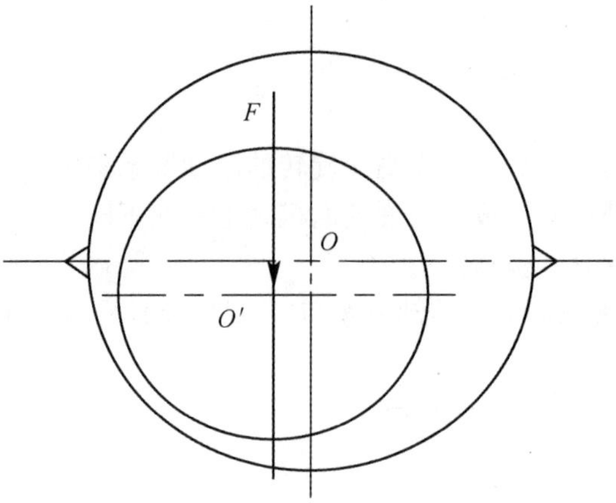

图 A-3

五、计算题

1. 如图 A-4 所示手动绞车采用蜗杆传动，$m=8$ mm，$q=8$，$z_1=1$，$z_2=40$，卷筒直径 $D_2=$ 200 mm，试求：

(1)使重物上升 1m 手柄需转动的圈数 n_2，并在图中标出手柄的转向；

(2)若蜗杆和蜗轮间当量摩擦系数 $f_v=0.2$，求传动的啮合效率 η_1，传动能否自锁？

(3)若起重量 $Q=10^4$ N，人手推力 $P=200$ N，求手柄长度 L；

(4)重物上升时蜗轮所受的力的大小及方向(用分力表示)。

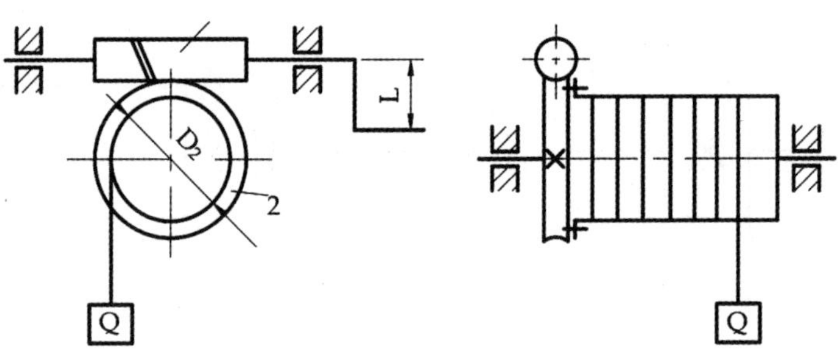

图 A-4

2. 某汽缸用螺栓连接，已知汽缸内径 $D=250$ mm，汽缸内工作压力 $p=0\sim1.5$ MPa，采用 12 只 M18 螺栓进行连接，螺栓刚度 C_1 与被连接件刚度 C_2 之比为 1:4，为了保证汽密性，要求工作时残余预紧力 F''为工作载荷的 1.5 倍。$[\sigma]=120$ N/mm²，$[\sigma_a]=85$ N/mm²。

(1)试求螺栓的预紧力 F'；

(2)求螺栓的总拉力 F；

(3)验算螺栓的强度，已知螺纹内径 $d_1=15.294$ mm；

(4)若按上述预紧力 F'安装后，试问汽缸的工作压力达到多大时会使残余预紧力完全消失。

3. 滚动轴承。

(1)型号为 6201、N2208 和 73210B 的三个滚动轴承，试说明各代号的含义。

(2)一对向心推力球轴承(型号为 7208C)如图 A-5 布置,所受力的方向如图,大小 F_r = 1 000 kg ,F_a = 250 kg,试计算各轴承的支反力。

(3)计算其当量动载荷和寿命。

(* 注:7208C 轴承 C = 36. 8 kN,C_0 = 25. 8 kN)

$\frac{F_a}{C_0}$	e	X	Y
0. 015	0. 38	0. 44	1. 47
0. 029	0. 4		1. 40
0. 058	0. 43		1. 30
0. 087	0. 46		1. 23

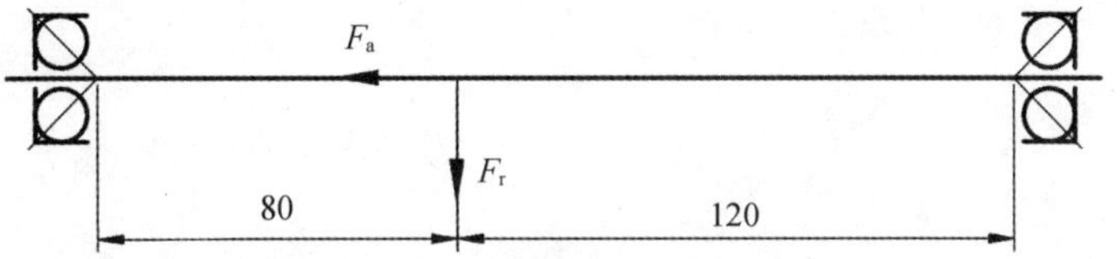

图 A-5

六、综合分析计算题

在图 A-6 所示传动系统中,件 1 为蜗杆,件 2 为蜗轮,件 3、4 为斜齿圆柱齿轮,件 5、6 为直齿圆锥齿轮。已知蜗杆 1 为主动件,要求输出齿轮 6 的回转方向如图所示。试确定:

(1)各轴的回转方向(画在图上);

(2)考虑 Ⅰ、Ⅱ轴上所受轴向力能抵消一部分,定出各轮的螺旋线方向(画在图上);

(3)画出各轮的轴向分力的方向(画在图上),并写出锥齿轮 5、6 分力计算公式。

(4)若 3、4 齿轮为轮齿面闭式齿轮传动,试说明其主要失效形式和计算准则。

(5)若已知 3、4 齿轮中心距为 a = 150 mm,传动比 i = 4,试确定其传动的几何尺寸(即定出齿数 z_3、z_4,模数 m_n 和螺旋角 β)

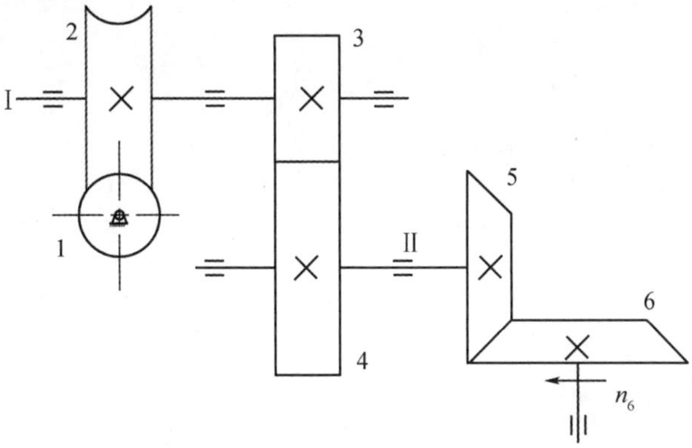

图 A-6

七、结构改错题

指出图 A-7 所示轴系结构设计中错误之处,并简单说明原因。

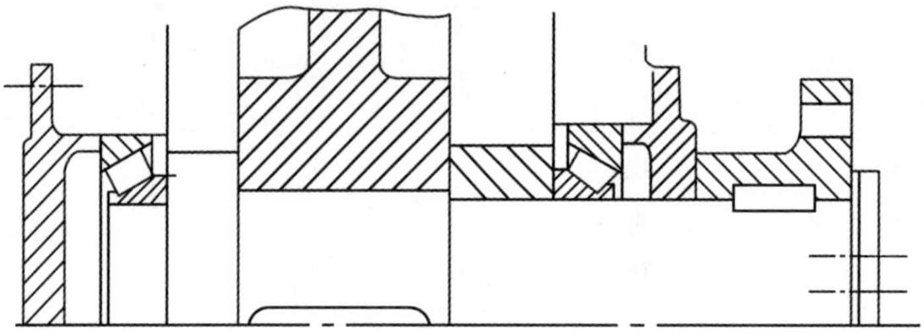

图 A-7

附录2 机械设计考试典型范卷B

机械设计考试范卷

系名__________ 班级__________ 学号__________ 姓名__________

题号	一	二	三	四	五	六	七	八	九	十	总计
得分											

一、是非题和选择题

1. 设计零件时,安全系数应尽可能选大些,使该零件工作更可靠与安全。 (   )

2. 三角形螺纹由于当量摩擦系数大,强度高,所以是常用的连接螺纹。 (   )

3. 楔键上表面有1:100的斜度。 (   )

4. 蜗杆传动的传动比 $i=\frac{d_2}{d_1}$(d_1、d_2 分别为蜗杆、蜗轮分度圆直径)。 (   )

5. 螺纹连接两零件,被连接件太厚不能穿孔,且经常拆卸,宜采用双头螺柱连接。 (   )

6. 带传动产生弹性滑动现象的原因是过载,是必须克服的。 (   )

7. 蜗杆传动中心距 $a=m(z_1+z_2)/2$。 (   )

8. 螺纹的牙型角为 α,升角为 ψ,螺纹副当量摩擦角为 ρ_v,则螺纹副的自锁条件为__________。

A. $\psi\leqslant\alpha$　　B. $\alpha\leqslant\rho_v$　　C. $\psi\leqslant\rho_v$　　D. $\rho_v\leqslant\psi$

9. 一对齿轮传动,已知齿数 $z_1<z_2$,则当它们相啮合时,齿面接触应力__________。

A. $\sigma_{H1}>\sigma_{H2}$　　B. $\sigma_{H1}=\sigma_{H2}$　　C. $\sigma_{H1}<\sigma_{H2}$　　D. 条件不足,不能做出判断

10. 球轴承比同等规格滚子轴承的承载能力__________,抗冲击能力__________。

A. 低　　B. 高　　C. 强　　D. 差

11. 当传动比一定时,阿基米德蜗杆头数取得过多,不会造成__________。

A. 加工困难　　B. 传动效率降低

C. 蜗杆弯曲强度下降　　D. 蜗轮尺寸增大

12. 若螺纹的升角等于螺纹副的当量摩擦角 $\rho_v=8.8°$,则拧紧螺母时的效率为__________。

A. 0.5　　B. 0.488　　C. 0.312　　D. 1

13. 矿山机械和重型机械中,低速重载不易对中处常用的刚性联轴器是__________。

A. 凸缘联轴器　　B. 万向联轴器

C. 齿式联轴器　　D. 尼龙柱销联轴器

14. 一般齿轮传动的接触强度是按__________啮合时的情况进行计算的。

A. 单齿啮合区最高点　　B. 齿顶　　C. 齿根　　D. 节点　　E. 啮合极限点

15. 在一定使用寿命和良好润滑条件下,链传动的承载能力决定于__________。

A. 铰链元件的疲劳强度　　B. 铰链销轴的耐磨性

C. 链的静强度　　D. 链轮轮齿的耐磨性

二、填空题

1. 受轴向载荷的紧螺栓连接,在工作载荷 F 和残余预紧力的情况下,要提高螺栓的疲劳强度,可以减小__________或增大__________ 。

2. 一对减速齿轮传动,若保持两轮分度圆的直径不变,而减少齿数和增大模数时,其齿面接触应力将__________。

3. 判断机械零件强度的两种方法是__________及__________;其相应的强度条件式分别为__________及__________。

4. V 带传动中,若小带轮包角 α_1 过小,易出现__________ 。

5. 滚动轴承 N308、N408、N208、N108 都是__________ 类型轴承,其中承载能力最高的是__________,极限转速最高的是__________ 。

6. 单向转动的轴上作用有方向不变的径向载荷时,轴的弯曲应力为__________循环变应力,扭转剪应力为__________ 循环变应力(运转不平稳时)。

7. 为了使轴上零件与轴肩紧密贴合,应保证轴的圆角半径 __________轴上零件的圆角半径或倒角 C。

8. 键连接的作用__________ 。

9. 滑动轴承的材料指__________ 。

10. 与三角形螺纹相比,矩形螺纹自锁性能__________ ,效率__________ ,适用于 __________ 。

11. V 带传动比不恒定主要是由于存在__________。

12. 在进行同一轴上两个支点的滚动轴承组合设计时,温升较高的长轴常将其支承设计成__________ 。

13. 轴上零件的轴向定位的主要方法可有__________ 等。

14. 标准平键连接的承载能力,通常取决于__________ 强度。

15. 在蜗杆传动中,蜗轮螺旋线的方向与蜗杆螺旋线的旋向应该__________。

三、简述分析

1. 简述零件疲劳断裂的过程,并分析疲劳断裂与静力断裂的不同点。

2. 对于齿面硬度≤350HBS 的一对齿轮传动,选取齿面硬度时,哪个齿轮的齿面硬度应高些,为什么?

3. 简述带传动的弹性滑动现象,并分析带传动的弹性滑动与打滑的主要区别?

4. 轴按受载荷的情况可分哪三类?试分析自行车的前轴、中轴、后轴的受载情况,说明它们各属于哪类轴。

四、简单计算

1. 已知某材料在弯曲疲劳应力作用下的疲劳极限为 $\sigma_{-1}=890\ \text{MPa}$, $N_0=5\times10^7$,试计算 $N_1=4.8\times10^6$、$N_2=2.5\times10^7$、$N_3=6.6\times10^7$ 次时的有限寿命疲劳极限。

2. 某甲、乙两对软齿面齿轮传动,已知传动比 i、齿宽系数、材料及硬度等均相同,其中心距

$a_1:a_2=1:2$，试计算相同工作条件下其传递的扭矩 $T_1:T_2$。

3. 已知某蜗杆传动 $z_1=2$，$z_2=37$，$q=10$，$m=8$。其当量摩擦角 $\rho'=2.45°$，试计算其中心距 a 及传动效率。

五、疲劳强度

已知某钢材的机械性能力为 $\sigma_{-1}=480$ MPa，$\sigma_s=980$ MPa，$\sigma_0=780$ MPa。

(1)试按比例绘制该材料的简化疲劳极限应力线图；

(2)由该材料制成零件，零件的有效应力集中系数 $k_\sigma=1.49$，零件的尺寸系数 $\varepsilon_\sigma=0.83$，表面状态系数 $\beta=1$，$K_N=1.1$，试绘制零件的许用极限应力图。

(3)针对此零件，承受非对称循环应力，其应力循环特性 $r=0.3$，工作应力 $\sigma_{max}=800$ MPa，按简单加载情况在该图中标出工作应力 C 点及对应的极限应力点，并判断该零件的强度是否满足要求？将出现何种失效。

(4)针对此零件，其另一应力 $K(\sigma_m,\sigma_a)$ 为(320，240)，按简单加载情况求极限应力，并计算安全系数。

六、螺纹连接

试计算汽缸盖的紧螺栓连接。已知汽缸内径 $D=450$ mm，缸内气体压强 $P=0\sim0.5$ N/mm²。螺栓 $z=16$，取残余预紧力 $Q_r=1.5\ Q_e$，相对刚度 $K_b/(K_b+K_c)=0.3$，若采用 M14 的螺栓(其危险截面直径 $d_c=11.835$ mm)许用应力 $[\sigma]=120$ N/mm²，$[\sigma_a]=95$ N/mm²。试求螺栓工作载荷 Q_e、总载荷 Q、预紧力 Q_0。并分别按静强度和疲劳强度校核该螺栓，并判别失效情况。

七、齿轮传动

图 B-1 为二级展开式斜齿圆柱齿轮减速器，Ⅰ、Ⅲ轴分别为输入和输出轴。已知 1 轮的转向和螺旋线旋向，欲使Ⅱ轴上两轮的轴向力抵消一部分。求：

(1)画出 2，3，4 轮螺旋线旋向；

(2)另用视图画出 2，3 轮的圆周力、轴向力和径向力的方向及 2 轮的转向。

(3)已知某斜齿轮传动，其中心距 $a=160$ mm，$i=3.1$，要求齿数 $z_1<30$ 齿。试计算此斜齿轮传动的参数 m_n、z_1、z_2、β。

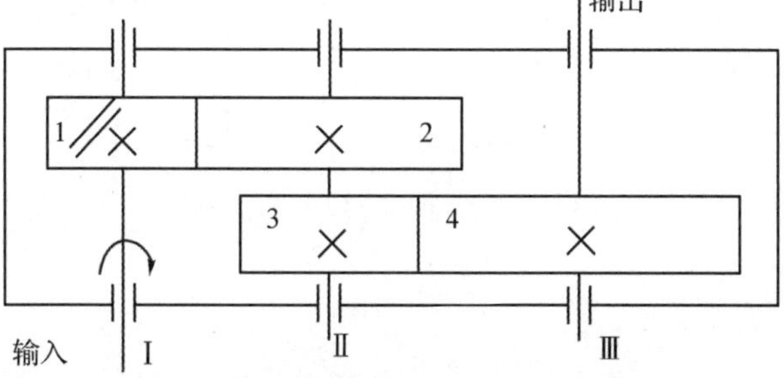

图 B-1

八、滚动轴承

某传动装置中的一根传动轴上装有齿轮及带轮，尺寸如图 B-2。齿轮上圆周力 $F_t=780$ N，轴向力 $F_a=250$ N，径向力 $F_r=290$ N，V 带作用在轴上的力 $Q=2\ 020$ N，转速 $n=1\ 420$ r/min，轴径处轴承选用 30208 单列圆锥滚子轴承。试求该轴承的使用寿命。

（$C_r=34\ 000$ N，$f_p=1.1$，正向安装，$e=0.38$，$X=0.4$，$Y=1.6$，$S=F_r/2Y$）

（分水平面 H 面、垂直面 V 面计算支反力，并合成）

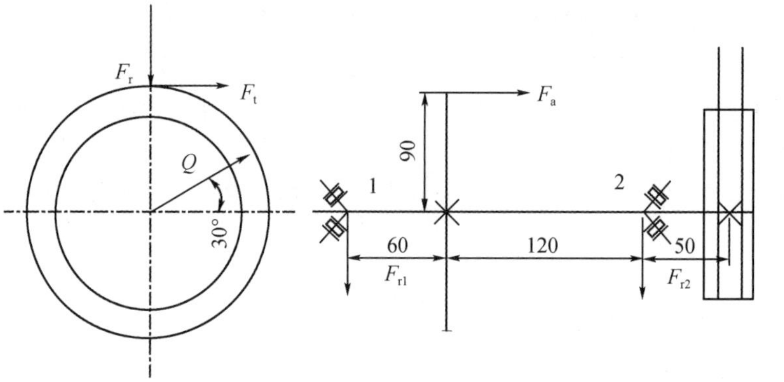

图 B-2

九、结构题

指出图 B-3 结构设计中的错误，并简述原因（在图上编号，并说明错误）。

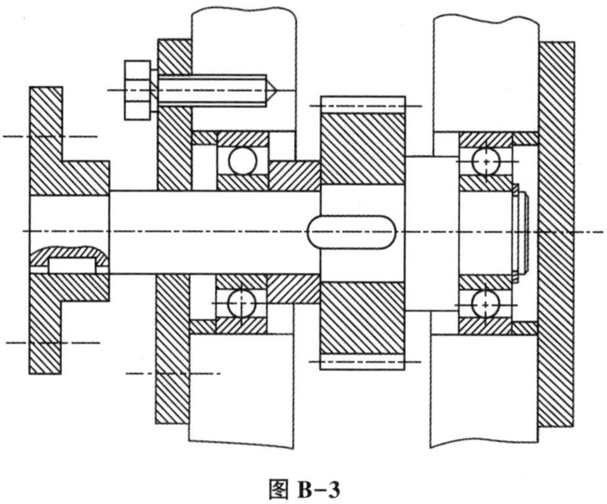

图 B-3

附录3 机械设计考试典型范卷C

机械设计试卷

系名________班级________ 姓名________学号________成绩________

题号	一	二	三	四	五	六	七	八	九	十	总计
得分											

一、基本题(共15分,每空1分)

1. 在进行机械零件强度计算时,首先要弄清楚零件的应力类型,下列哪个零件在静载荷作用下不产生变应力。 ( )

A. 转轴 B. 滚动轴承外圈的内滚道 C. 连接螺栓 D. 齿轮

2. 在键连接设计时,如用单键计算,强度不够,下列哪种方法最不适宜采用来解决强度不够的问题。 ( )

A. 过盈配合 B. 花键 C. 双键 D. 可能情况增加长度

3. 单列向心球轴承能承受哪一种载荷? ( )

A. 纯径向载荷 B. 纯轴向载荷

C. 径向载荷和一定量的轴向载荷 D. 一定量的径向载荷和轴向载荷

4. 当蜗轮用锡青铜材料制造时,蜗杆传动的最主要失效形式是 ( )

A. 疲劳点蚀 B. 胶合 C. 磨损 D. 齿面塑性变形

5. 在转速小于1 r/min时,按照哪一准则进行滚动轴承工作能力的校核? ( )

A. 套圈和滚动体的破裂 B. 套圈的滚动体的磨损

C. 工作表面凹坑的形成 D. 保持架的破坏

6. 滑动轴承工作能力的准则为 ( )

A. 磨料性磨损 B. 胶合

C. 轴瓦摩擦层的破坏 D. 浇铸层

7. 心轴的应力状态是 ( )

A. 拉压正应力 B. 弯曲正应力

C. 扭转剪应力 D. 正应力剪应力

8. 带传动中,带所能传递的圆周力 F 的大小与________、________和________有关。

9. 代号为7320的滚动轴承,其含义为内径______毫米,直径系列为中系列的______轴承。

10. 非液体摩擦滑动轴承验算 $P\leq[P]$,其目的是 ______________;$V\leq[V]$,其目的是为了______________;$PV\leq[PV]$,其目的是______________。

二、简述分析题(共18分,每小题6分)

1. 现有甲、乙两对齿轮传动,已知甲对 $m=10$ mm,$z_1=20$,$z_2=40$,乙对 $m=5$ mm,$z_1=40$,

$z_2=80$,其他条件全部相同,并不计各载荷系数的影响,试问哪对齿轮的接触强度高,哪对齿轮的弯曲强度高,为什么?($z=20$ 时,$Y_{Fa}=2.8$,$Y_{Sa}=1.56$;$z=40$ 时,$Y_{Fa}=2.42$,$Y_{Sa}=1.67$;$z=80$ 时,$Y_{Fa}=2.22$,$Y_{Sa}=1.77$)

2. 按弯扭组合强度进行计算时,对于扭矩 T 为何要乘以 α,α 的意义是什么,如何取值?

3. 一单头蜗杆传动,蜗杆为主动件,已知蜗轮的齿数 $z_2=40$,蜗杆的直径系数 $q=10$,分度圆直径 $d_2=200$ mm,当量摩擦系数 $f_v=0.08$。试求:蜗杆分度圆直径 d_1、中心距 a 及传动效率 η。

三、(本题 15 分)

某轴只受稳定交变应力作用,工作应力 $\sigma_{max}=240$ MPa,$\sigma_{min}=-60$ MPa,材料的机械性能 $\sigma_{-1}=450$ MPa,$\sigma_s=800$ MPa,$\sigma_0=700$ MPa,轴上危险截面的 $k_\sigma=1.30$,$\varepsilon_\sigma=0.78$,$\beta=1$ 。

(1) 绘制材料的简化应力图及零件的简化极限应力图。

(2) 用作图法求极限应力 σ_r 及安全系数(按 $r=c$ 加载和无限寿命考虑)。

(3)取$[S]=1.3$,试用计算法验证作图法求出的极限应力 σ_{ra}、σ_{rm} 及 S 值,并校验此轴是否安全。

四、(本题 12 分)

有一传动装置选用圆锥滚子轴承,如图 C-1 所示,已知滚动轴承型号为 7212,两轴承所受的径向载荷 $F_{r1}=3\ 400$ N,$F_{r2}=8\ 500$ N,载荷平稳,常温下工作,轴向载荷 $F_A=3\ 660$ N,$n=1\ 450$ r/min,试求该轴承的使用寿命。

(7212:$C=59\ 200$ N,$X=0.4$,$Y=1.7$,$e=0.35$,$S=F_r/2Y$)

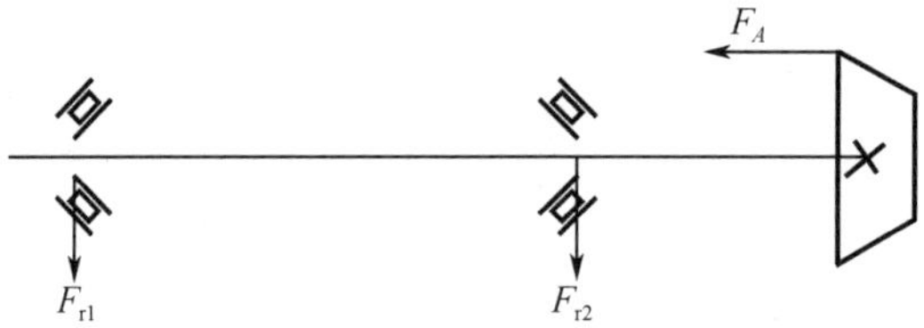

图 C-1

五、(本题 15 分)

图 C-2 为某二级圆锥齿轮减速器,已知输入轴 Ⅰ 的转向,如图。低速级中心距 $a=160$ mm,$i=3.6$。

A. 为了使中间轴(Ⅱ)轴向力互相抵消一部分,试确定低速级斜齿轮螺旋线方向及各轮旋转方向。

B. 画出 2,3 轮所受力 F_a、F_r、F_t 的方向。

C. 试确定低速级合理的齿数 z_3、z_4,模数 m 及螺旋角 β。

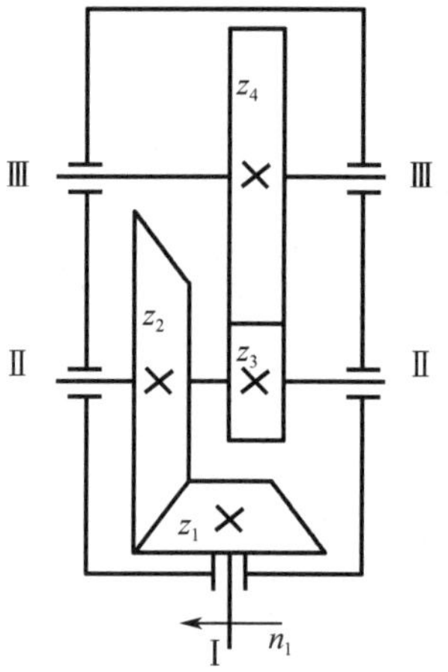

图 C-2

六、(本题 15 分)

某一传动轴上装有直齿轮及皮带轮,如图 C-3 所示,齿轮上圆周力 $F_t=750$ N,径向力$F_r=260$ N,皮带轮上压轴力 $Q=400$ N,支承处安装向心滑动轴承,试求该轴承上二个固定螺栓的直径 d_1。

(可靠性系数 $K_f=1.3$,轴承结合面 $f=0.13$,许用拉应力$[\sigma]=100$ MPa,$\frac{C_1}{C_2}=\frac{1}{4}$)

(1)计算垂直面Ⓥ内轴承 A 处支反力;

(2)计算水平面Ⓗ内轴承 A 处支反力;

(3)试求轴承座 A 固定螺栓直径 d_1。

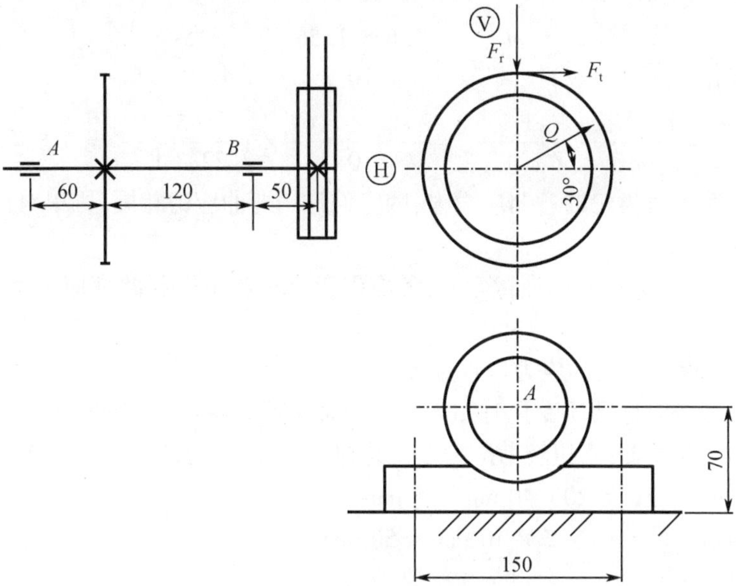

图 C-3

七、**结构题**(10 分)

指出图 C-4 结构设计中的错误,并简述原因。

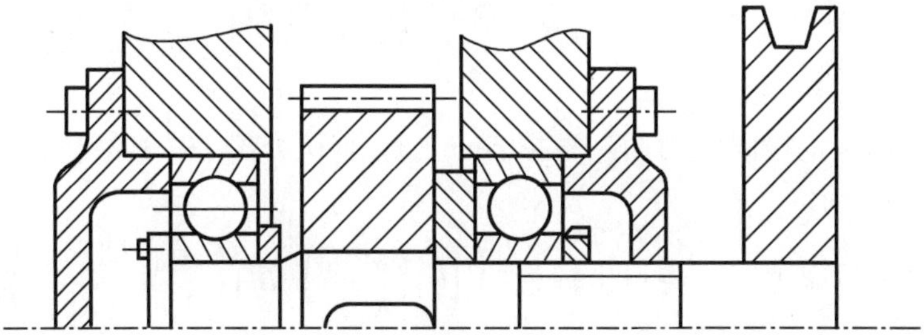

图 C-4

机械设计考试典型范卷 C 答案

一、基本题

1. C 2. A 3. C 4. A 5. C 6. C 7. B 8. 张紧力,包角,摩擦系数 9. 100,角接触球 10. 边界油膜不遭破坏,限制滑动速度,限制轴承温升

二、简述分析题

1. 答:(1)接触疲劳强度和直径有关。 (3 分)

两对齿轮 $d_1 = d'_1$,其他条件均未变,则接触疲劳强度亦不变,即 $\sigma_H/\sigma'_H = 1$。

(2) 弯曲疲劳强度,两对齿轮的应力比为 (3 分)

$$\frac{\sigma_{F1}}{\sigma'_{F1}} = \frac{Y_{Fa1}Y_{Sa1}}{m} \cdot \frac{m'}{Y'_{Fa1}Y'_{Sa1}} = \frac{2.8 \times 1.56}{10} \times \frac{5}{2.42 \times 1.67} = 0.540\ 4$$

$$\frac{\sigma_{F2}}{\sigma'_{F2}} = \frac{Y_{Fa2}Y_{Sa2}}{m} \cdot \frac{m'}{Y'_{Fa2}Y'_{Sa2}} = \frac{2.42 \times 1.67}{10} \times \frac{5}{2.22 \times 1.77} = 0.514\ 3$$

即第二对齿轮比第一对齿轮的弯曲应力大,因它们许用弯曲应力相同,则甲对齿轮弯曲疲劳强度高。

2. 答:为了将扭矩 T 折合成当量弯矩,考虑到扭矩和弯矩引起的变应力性质不同,引入应力修正系数 α 。 (2 分)

α 是根据转矩性质而定的应力修正系数。 (2 分)

当扭转剪应力按对称循环变化时,$\alpha=1$,如频繁正反转的轴;当扭转剪应力按脉动循环变化时,$\alpha=0.6$,如一般转轴;当扭转剪应力不变化时,$\alpha=0.3$,如长期连续运转的轴。 (2 分)

3. 答:模数 $m = d_2/z_2 = 200/40\ \text{mm} = 5\ \text{mm}$

蜗杆直径 $d_1 = mq = 5 \times 10\ \text{mm} = 50\ \text{mm}$ (2 分)

传动比 $i_{12} = z_2/z_1 = 40/1 = 40$

中心距 $a = 0.5\,m(q + z_2) = 0.5 \times 5(10 + 40)\ \text{mm} = 125\ \text{mm}$ (2 分)

$$\tan\gamma = \frac{z_1}{q} = \frac{1}{10} = 0.1 \qquad \gamma = \arctan 0.1 = 5°42'38''$$

$$\eta = 0.955\frac{\tan\gamma}{\tan(\gamma + \rho_v)} = 0.526$$ (2 分)

三、

解:(1)绘制材料的极限应力图 根据各点坐标 $A(0,450)$,$B(350,350)$及 $S(800,0)$,绘制此图,如图 C-5 所示。 (2 分)

绘制零件的极限应力图 各点坐标为:$A'\left(0,\dfrac{K_N\sigma_{-1}}{(K_\sigma)_D}\right)$,$B'\left(\dfrac{K_N\sigma_0}{2},\dfrac{K_N\sigma_0}{2(K_\sigma)_D}\right)$及 $S(\sigma_s,0)$,代入数值后为:$A'(0,270)$,$B'(350,210)$,$S(800,0)$。 (3 分)

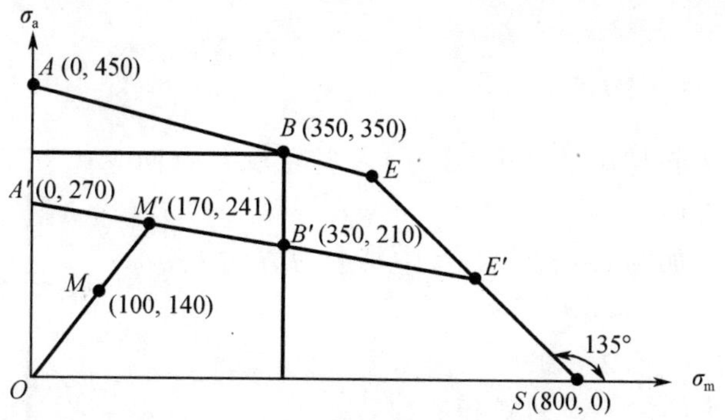

图 C-5

(2)由作图法求极限应力 σ_{ra},σ_{rm} 及安全系数 S_σ

$$\sigma_m=\frac{\sigma_{max}+\sigma_{min}}{2}=100\ \text{MPa}\quad \sigma_a=\frac{\sigma_{max}-\sigma_{min}}{2}=140\ \text{MPa}$$ (2 分)

$\sigma_{rm}=170$ MPa,$\sigma_{ra}=241$ MPa (2 分)

$$S_\sigma=S_{\sigma a}=\frac{OM'}{OM}=\frac{291}{170}=1.71$$ (1 分)

(3) 用计算法验证

$$\sigma_{ra}=\frac{K_N\sigma_{-1}}{(K_\sigma)_D+\psi_\sigma\cdot\sigma_m/\sigma_a}=240.5\ \text{MPa}$$ (2 分)

校核轴的疲劳强度

$$S=\frac{K_N\sigma_{-1}}{(K_\sigma)_D\sigma_a+\psi_\sigma\cdot\sigma_m}=\frac{450}{1.667\times140+0.2857\times100}=1.718>[S]=1.3$$ (2 分)

故此，轴疲劳强度达到安全要求。 (1 分)

四、

解：$S_1=\frac{F_{r1}}{2Y}=1\ 000$ N $\quad S_2=\frac{F_{r2}}{2Y}=2\ 500$ N (2 分)

$S_2+F_A=6\ 160>S_1$ 轴承 1 被压紧，故 (2 分)

$F_{a1}=S_2+F_A=6\ 160$ N $\quad F_{a2}=S_2=2\ 500$ N (2 分)

$\frac{F_{a1}}{F_{r1}}=1.8>0.37$ 得 $X_1=0.4,Y_1=1.7$

$\frac{F_{a2}}{F_{r2}}=0.29<0.37\quad X_2=1,Y_2=0$ (2 分)

载荷平稳 $f_d=1.1\quad P_{r1}=f_d(X_1F_{r1}+Y_1F_{a1})=13\ 015$ N

$P_{r2}=f_d(X_2F_{r2}+Y_2F_{a2})=9\ 350$ N (2 分)

$$L_h=\frac{16\ 670}{n}\times\left(\frac{59\ 200}{13\ 015}\right)^{\frac{10}{3}}=1\ 793\ \text{h}$$ (2 分)

五、

解:A. 低速级斜齿轮螺旋线方向(2 分)及各轮旋转方向(2 分)如图 C-6 所示。

B. 各受力方向如图 C-6 所示,其中每个力方向 1 分。(共 6 分)

C. $a = m_n(z_3 + z_4)/2\cos\beta$

初取 $\beta_0 = 15°, z_4 = i \cdot z_3$ 代入计算得

$$m_n z_1 = \frac{2a \cdot \cos\beta_0}{i+1} \approx 67.19$$

分配:$m_n = 2.5, z_3 = 27$,则 $z_4 = 97$,计算得

$$\beta = \arccos\frac{m_n(z_3 + z_4)}{2a} = 14°21'41'' \quad (2\text{ 分})$$

$m_n = 3, z_3 = 22$,则 $z_4 = 79$,计算得

$$\beta = \arccos\frac{m_n(z_3 + z_4)}{2a} = 18°76'48'' \quad (2\text{ 分})$$

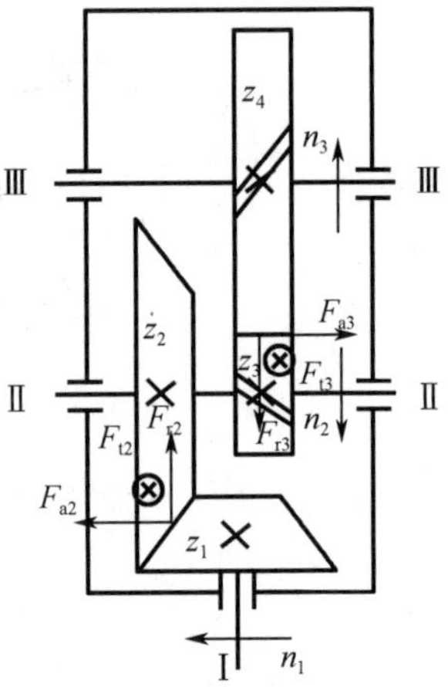

图 C-6

根据工作情况、期望的螺旋角 β、齿数 z_3 和模数 m_n,从中选择一组齿轮参数。本题结果应为:$m_n = 2.5, z_3 = 27, z_4 = 97, \beta = 14°21'41''$ (1 分)

六、

解:(1)

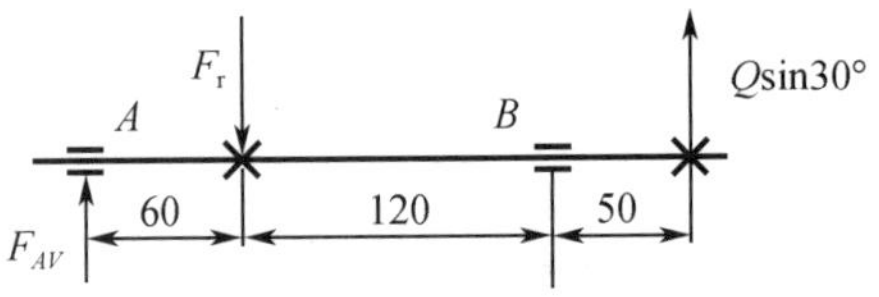

$$F_{AV} \cdot 180 = Q \cdot \sin30° \times 50 + F_r \times 120 \quad F_{AV} = 229\text{ N} \quad (3\text{ 分})$$

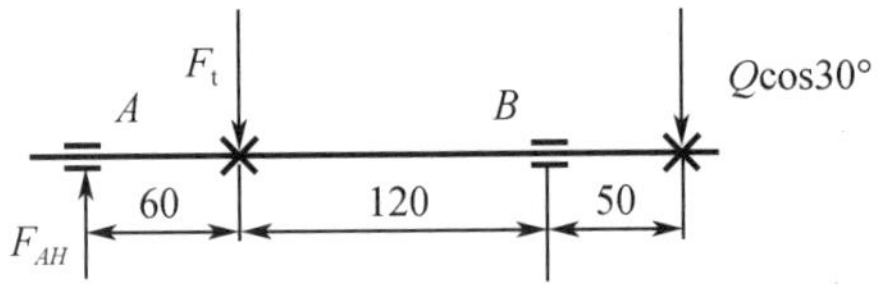

(2)

$$F_{AH} \cdot 180 = F_t \times 120 - Q \cdot \cos30° \times 50 \quad F_{AH} = 404\text{ N} \quad (3\text{ 分})$$

(3)单个螺栓受到的最大工作载荷 $F = \dfrac{F_{AV}}{2} + \dfrac{F_{AH} \times 70}{150} = 303\text{ N}$ (2 分)

由

$$zfF' = K_f F_{AH}$$

得

$$F' = 2\ 020\ \text{N} \qquad (2\ 分)$$

$$F_{总} = F' + \frac{C_1}{C_1 + C_2} \cdot F = 2\ 080.6\ \text{N} \qquad (2\ 分)$$

$$d_1 \geqslant \sqrt{\frac{4 \times 1.3F_{总}}{\pi[\sigma]}} = 5.87\ \text{mm} \qquad (3\ 分)$$

七、结构题

答:如图 C-7 所示,错误如下:(其中每改对一处错误得 1 分,改对 10 处以上得 10 分)

①轴与端盖(动件与静件相接触);

②套筒过高,无法拆卸轴承;

③套筒顶不住齿轮(过定位、缺“小窗口”);

④带轮轴向未定位;

⑤带轮周向未定位(缺键);

⑥轴端挡圈不需要;

⑦螺纹过长且装拆轴承不便;

⑧缺密封件;

⑨箱体端面加工面与非加工面没有分开;

⑩套筒没有顶住齿轮,无法定位;

⑪键过长,套筒无法装入;

⑫无垫片,无法调整轴承游隙。

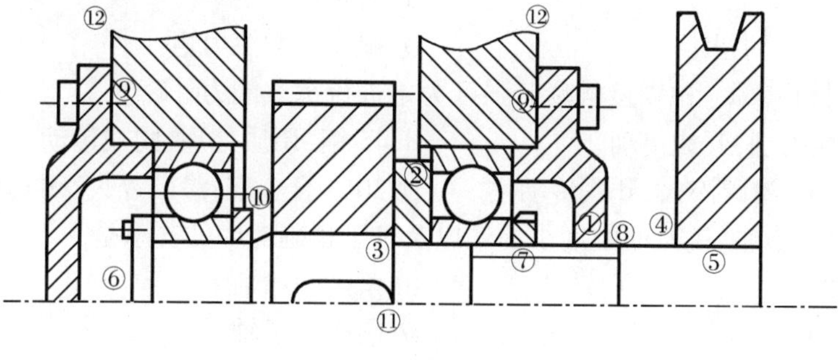

图 C-7

附录4 机械设计考试典型范卷D

机械设计试卷

系名________班级________姓名________学号________成绩________

题号	一	二	三	四	五	六	七	八	九	十	总计
得分											

一、基本题(共15分,每小题1分)

1. 普通V带横截面中两工作面之间的楔角为40°,所以带轮槽也是40°。 ( )
2. 为了提高轴的刚度,宜采用合金钢。 ( )
3. 变应力只能由变载荷产生。 ( )
4. 各种类型滚动轴承采用的润滑方式,通常是根据轴承的转速 n 来决定的。 ( )
5. 齿轮联轴器是一种无弹性元件的挠性联轴器,它对轴的安装精度要求不高,允许有一定的偏移量。 ( )
6. 轮毂与轴连接时不采用哪种连接? ( )

A. 花键连接 B. 螺纹连接 C. 过盈连接 D. 键连接

7. 蜗杆传动热平衡计算的目的是为了控制温升,防止什么? ( )

A. 蜗杆机械性能下降 B. 润滑油变性或齿面胶合
C. 传动效率下降 D. 蜗轮材料退火

8. 在预紧连接的螺栓上有剪应力,此应力由什么引起? ( )

A. 预紧拉力 B. 横向力
C. 螺母接触面上的扭矩 D. 螺纹中摩擦力矩

9. 下列齿轮材料,哪一种以接触疲劳强度为主进行承载能力计算? ( )

A. 45钢,调质处理,开式传动 B. 45钢,调质处理,闭式传动
C. 20Cr合金钢,渗碳淬火,开式传动 D. 20Cr合金钢,渗碳淬火,闭式传动

10. 适用于多支点轴、抗弯曲刚度小的轴以及难于精确对中的支承是 ( )

A. 深沟球轴承 B. 角接触球轴承
C. 调心球轴承 D. 圆锥滚子轴承

11. 为了初估轴径 d,下列哪个公式是根据限制轴的扭转剪应力得到的? ( )

A. $d=(110\sim100)\sqrt[4]{P/n}$ B. $d=(160\sim100)\sqrt[3]{P/n}$
C. $d=(0.8\sim1.2)D$ D. $d=(0.3\sim0.4)a$

式中,P 为传递功率;n 为轴的转速;D 为电机轴径;a 为低速级中心距。

12. V带传动中V带的主要失效形式是 ( )

A. 疲劳断裂 B. 弹性滑动
C. 疲劳断裂+打滑 D. 打滑

13. 为了保证装配质量，重要的螺栓连接的拧紧力矩，应由下列哪项决定？（　　）

A. 凭经验　　B. 按公式的计算值控制

C. 按残余预紧力控制　　D. 按工作载荷控制

14. 指出代号为 6210 向心球轴承的内圈孔径为（　　）

A. 10 mm　　B. 50 mm　　C. 100 mm　　D. 210 mm

15. 普遍平键连接中键的长度，参加下列哪项选取？（　　）

A. 按挤压强度条件设计　　B. 按剪切强度条件设计

C. 按轮毂宽度选取标准系列　　D. 按键的标准系列长度选取

二、简述分析题（本题 18 分）

1.（6 分）设有一对标准直齿圆柱齿轮，已知齿轮的模数为 $m=5$ mm，小、大齿轮的参数分别为：应力修正系数 $Y_{Sa1}=1.56$，$Y_{Sa2}=1.76$；齿形系数 $Y_{Fa1}=2.8$，$Y_{Fa2}=2.28$；许用应力 $[\sigma]_{F1}=314$ MPa，$[\sigma]_{F2}=286$ MPa，并算得小齿轮的齿根弯曲应力 $[\sigma]_{F1}=306$ MPa。试问：

（1）哪一个齿轮的弯曲疲劳强度较大？

（2）两齿轮的弯曲疲劳强度是否均满足要求？

2.（6 分）简述零件疲劳断裂的过程，并分析疲劳断裂与静力断裂的不同。

3.（6 分）试述动压油膜的定义及液体摩擦滑动轴承形成动压润滑需具备什么条件？

三、（本题 12 分）

轴受弯曲稳定变应力作用，最大工作应力 $\sigma_{max}=250$ MPa，最小工作应力 $\sigma_{min}=50$ MPa，已知轴的材料为合金调质钢，其对称循环疲劳极限 $\sigma_{-1}=450$ MPa，脉动循环疲劳极限 $\sigma_0=700$ MPa，屈服极限 $\sigma_s=800$ MPa，危险截面的 $K_\sigma=1.40$，$\varepsilon_\sigma=0.78$，$\beta=0.9$。试求：

（1）绘制材料的简化极限应力图及零件极限应力图，并在图上标出工作应力点的位置；

（2）若按简单加载（r 一定方式）和无限寿命考虑，材料的疲劳极限的平均应力 σ_{rm} 和极限应力幅 σ_{ra} 为何值（可用图解法解）；

（3）若取 $[S]=1.3$，校核此轴疲劳强度是否安全。

四、（本题 12 分）

图 D-1 为蜗杆-斜齿圆柱齿轮减速传动。已知输出轴Ⅲ的转向，齿轮 4 为右旋。

（1）欲使作用在轮 2 和轮 3 上的轴向力部分抵消，定出轮 2 和轮 3 上的轮齿旋向和轴Ⅱ的转向。

（2）定出蜗杆的旋向和轴Ⅰ的转向。

（3）画出蜗杆和蜗轮各自所受的圆周力、轴向力和径向力。

（4）写出蜗杆和蜗轮各自所受的圆周力、轴向力和径向力的公式。

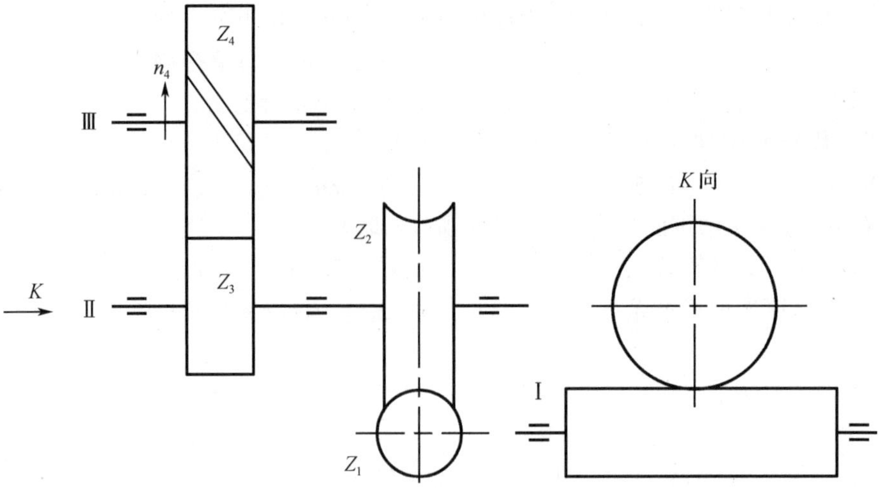

图 D-1

五、(本题 15 分)

如图 D-2 所示气缸盖螺栓连接,已知气缸中介质的最大压强为 $p=1.6\ \mathrm{N/mm^2}$,$D=260$ mm,$D_0=356$ mm,凸缘与垫片厚度之和为 50 mm。为保证气密性要求,剩余预紧力 $F''=1.6F$,螺栓间距不得大于 120 mm。初定螺栓材料为 35 钢,4.8 级,试确定螺栓的数目和尺寸。

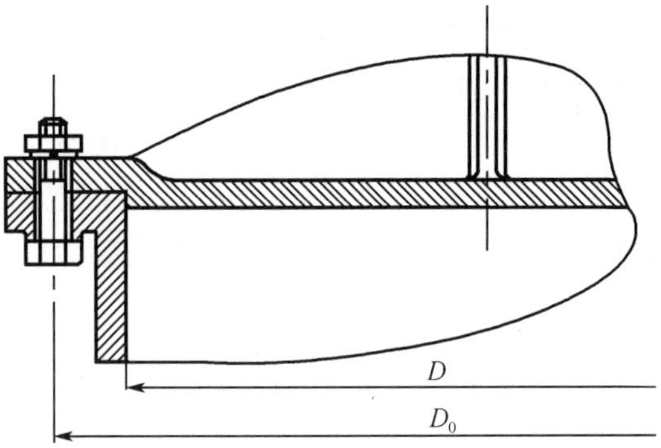

图 D-2

六、(本题 18 分)

减速器主动轴用两个圆锥滚子轴承 30208 支承,正向安装,如图 D-3 所示。传动功率 $P=4$ kW,转速 $n=960$ r/min。已知锥齿轮圆周力 $F_t=1\ 270$ N,径向力 $F_r=400$ N,轴向力 $F_A=230$ N,力的作用方向如图。求该轴轴承的寿命(L_h)。30208:$C=34\ 000$ N,$e=$

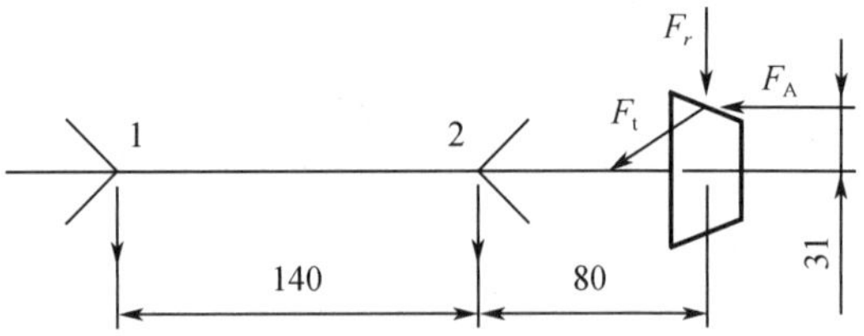

图 D-3

0.38, $X=0.4$, $Y=1.6$, $S=F_r/2Y$。

七、(本题 10 分)

指出图 D-4 结构设计中的错误,并简述原因。

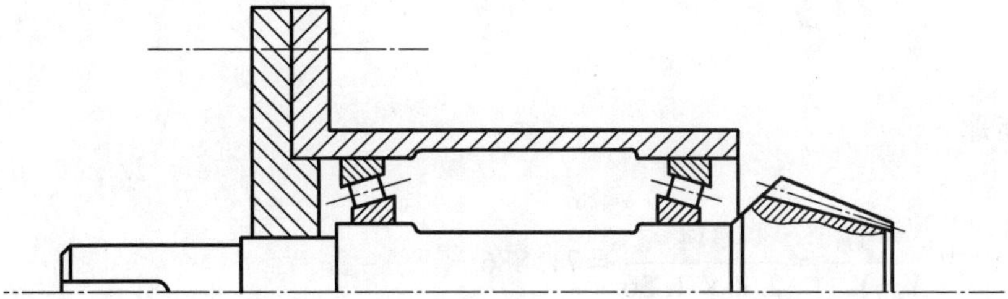

图 D-4

机械设计考试典型范卷D答案

一、基本题

1. × 2. × 3. × 4. × 5. √ 6. B 7. B 8. D 9. B 10. C 11. B 12. C 13. B 14. B 15. C

二、简述分析题

1. 答：(1)由 $\dfrac{[\sigma]_{F1}}{Y_{Fa1}Y_{Sa1}}=\dfrac{314}{2.8\times1.56}=71.886$

$$\frac{[\sigma]_{F2}}{Y_{Fa2}Y_{Sa2}}=\frac{286}{2.28\times1.76}=71.272$$

故小齿轮的弯曲疲劳强度大。 (3分)

(2)已知：$\sigma_{F1}=306\text{ MPa}<[\sigma]_{F1}=314\text{ MPa}$，故小齿轮的弯曲疲劳强度满足要求。而

$$\sigma_{F2}=\sigma_{F1}\frac{Y_{Fa2}Y_{Sa2}}{Y_{Fa1}Y_{Sa1}}=306\times\frac{2.28\times1.76}{2.8\times1.56}\text{ MPa}=281.1\text{ MPa}<[\sigma]_{F2}=286\text{ MPa}$$

故两齿轮的弯曲强度均满足要求。 (3分)

2. 答：表面无缺陷的金属材料，其疲劳断裂过程分为两个阶段：第一阶段是零件表面上应力较大处的材料发生剪切滑移，产生初始裂纹，形成疲劳源。第二阶段是在变应力的作用下，零件上的裂纹尖端在切应力作用下发生反复塑性变形，使裂纹扩展直至发生疲劳断裂。

(3分)

	疲劳断裂	静力断裂
应力	$\sigma_{\max}\ll\sigma_B$	$\sigma\geqslant\sigma_B$
断口	无颈缩，有光滑区	有颈缩
次数	与次数 N 有关	与次数 N 无关

(3分)

3. 答：利用轴颈本身回转时的泵油作用，把油带入摩擦面间，建立的压力油膜，从而把摩擦面分开。全部油膜压力之和即为油膜承载能力，在正常工作条件下，油膜承载能力与外载荷 F 相平衡。 (3分)

液体摩擦滑动轴承形成动压润滑需具备以下条件： (3分)

①润滑油要有一定的黏度，有足够充分的供油量；

②要有相当的相对滑动速度；

③相对滑动面之间必须形成收敛性油楔；

④符合雷诺方程。

三、

解：(1)绘制材料的极限应力图　根据各点坐标 $A(0,450)$，$B(350,350)$ 及 $S(800,0)$，绘制此图，如图 D-5 所示。(3 分)

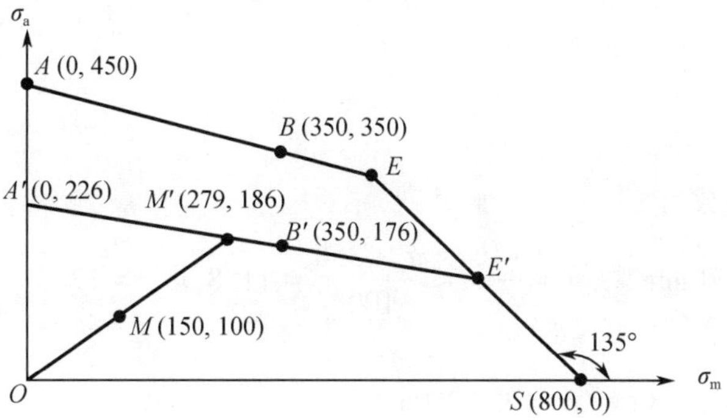

图 D-5

绘制零件的极限应力图　各点坐标为：$A'\left(0,\dfrac{K_N\sigma_{-1}}{(K_\sigma)_D}\right)$，$B'\left(\dfrac{K_N\sigma_0}{2},\dfrac{K_N\sigma_0}{2(K_\sigma)_D}\right)$ 及 $S(\sigma_s,0)$，代入数值后为：$A'(0,226)$，$B'(350,176)$，$S(800,0)$。(3 分)

$$\sigma_m=\frac{\sigma_{max}+\sigma_{min}}{2}=150\ \text{MPa}\qquad \sigma_a=\frac{\sigma_{max}-\sigma_{min}}{2}=100\ \text{MPa}\tag{2 分}$$

(2)由作图法求极限应力 σ_{ra}，σ_{rm} 及安全系数 S_σ

$$\sigma_{rm}=279\ \text{MPa},\sigma_{ra}=186\ \text{MPa}\tag{2 分}$$

(3)校核轴的疲劳强度　$S_\sigma=S_{\sigma a}=\dfrac{OM'}{OM}=\dfrac{186}{100}=1.86>[S]$

故此，轴疲劳强度达到安全要求。(2 分)

四、

答：(1)轮 2 和轮 3 上的轮齿旋向(2 分)和轴Ⅱ的转向(1 分)如图 D-6 所示。

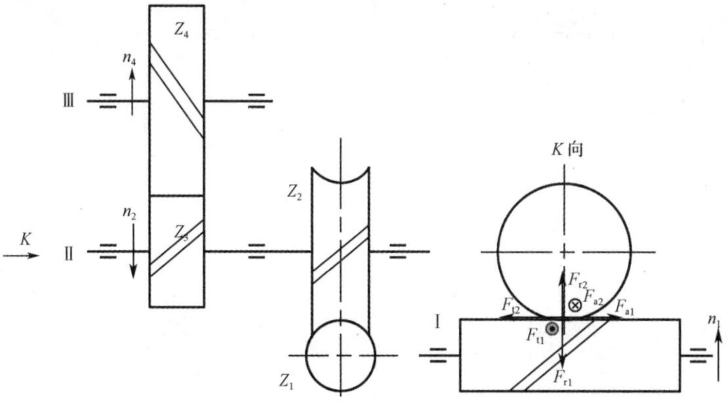

图 D-6

(2)蜗杆的旋向(2 分)和轴 I 的转向(1 分)如图 D-6 所示。

(3)蜗杆和蜗轮各自所受的圆周力,轴向力和径向力如图 D-6 所示。其中每个力方向 0.5 分(共 3 分)。

(4) $F_{t1} = F_{a2} = \dfrac{2T_1}{d_1}$ $F_{a1} = F_{t2} = \dfrac{2T_2}{d_2}$ $F_{r1} = F_{r2} \approx F_{t2}\tan\alpha$ (共 3 分)

五、

解:(1)确定螺栓数目 n

取螺栓间距 $t=100$ mm,则 $n = \dfrac{\pi D_0}{t} = \dfrac{\pi \times 356}{100} = 11.8$,取 $n=12$ (2 分)

(2)选择螺栓材料

螺栓材料为 35 钢,4.8 级,$\sigma_s=320$ MPa (1 分)

(3)计算螺栓载荷

①气缸盖最大载荷

$$F_{max} = \frac{\pi D^2}{4}P = \frac{\pi \times 260^2}{4} \times 1.6 = 84\ 949\ \text{N}$$ (2 分)

②螺栓工作载荷 $F = \dfrac{F_{max}}{n} = \dfrac{84\ 949}{12} = 7\ 079\ \text{N}$ (2 分)

③剩余预紧力 $F''=1.6\ F=1.6\times 7\ 079=11\ 326\ \text{N}$

④螺栓轴向总载荷 $F_0 = F+F''=7\ 079+11\ 326=18\ 405\ \text{N}$ (2 分)

(4)计算螺栓尺寸

估计螺栓尺寸为 M16~M30,安全系数 $[S_s]$ 取 3。

许用应力 $[\sigma] = \dfrac{\sigma_s}{[S_s]} = \dfrac{320}{3} = 106\ \text{N/mm}^2$ (2 分)

螺栓直径 $d_1 \geqslant \sqrt{\dfrac{4 \times 1.3F_0}{\pi[\sigma]}} = \sqrt{\dfrac{4 \times 1.3 \times 18\ 405}{\pi \times 106}} = 19.96\ \text{mm}$ (2 分)

由手册可知,M24 螺纹的小径 $d_1 = 20.752$,符合强度要求,又已知被连接件总厚度为 50 mm,故螺栓尺寸可定为 M24×70。 (2 分)

六、

解:

(1)计算轴承支反力

水平支反力

$F_{R1H} = \dfrac{F_t \times 80}{140} = 728\ \text{N}$ $F_{R2H} = \dfrac{F_t \times 220}{140} = 1\ 996\ \text{N}$ (2 分)

垂直支反力

$F_{R1v} = \dfrac{F_R \times 80 - F_A \times 31}{140} = 178\ \text{N}$ $F_{R2v} = \dfrac{F_R \times 220 - F_A \times 31}{140} = 578\ \text{N}$ (2 分)

$$F_{r1}=\sqrt{F_{R1H}^2+F_{R1v}^2}=749\ \text{N}\qquad F_{r2}=\sqrt{F_{R2H}^2+F_{R2v}^2}=2\ 078\ \text{N}\qquad (2分)$$

(2)计算轴承的轴向负荷

$$S_1=\frac{F_{r1}}{2Y}=234\ \text{N}\qquad S_2=\frac{F_{r2}}{2Y}=649\ \text{N}\qquad (2分)$$

$$S_2+F_A=879>S_1\quad 轴承1被压紧,故\qquad (2分)$$

$$F_{a1}=S_2+F_A=879\ \text{N}\quad F_{a2}=S_2=649\ \text{N}\qquad (2分)$$

$$\frac{F_{a1}}{F_{r1}}=1.17>0.38\quad 查表得X_1=0.4,Y_1=1.6$$

$$\frac{F_{a2}}{F_{r2}}=0.31<0.37\quad X_2=1,Y_2=0\qquad (2分)$$

考虑中等冲击载荷$f_d=1.5$。

(3)校核轴承的寿命

$$P_{r1}=f_d(X_1F_{r1}+Y_1F_{a1})=2\ 559\ \text{N}$$

$$P_{r2}=f(X_2F_{r2}+Y_2F_{a2})=3\ 117\ \text{N}\qquad (2分)$$

因为$P_{r2}>P_{r1}$,只校核轴承2的寿命

$$L_h=\frac{16\ 670}{n}\times\left(\frac{34\ 000}{3\ 117}\right)^{\frac{10}{3}}=5\times10^4\ \text{h}\qquad (2分)$$

七、

答:如图D-7所示,错误如下:(其中每改对一处错误得1分,改对10处以上得10分)

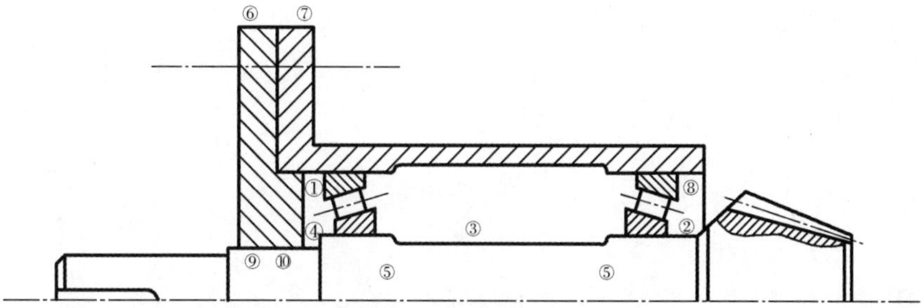

图D-7

①两轴承外圈均未固定,外圈极易松动脱落;

②齿轮和轴承内圈之间未定位,轴向力无法传递;

③ 两轴承内圈之间须加套筒,否则轴向力无法传递;

④ 轴承内圈未固定,无法传递向右的轴向力;

⑤ 此处应有台阶线;

⑥ 轴承间隙无法调整;

⑦ 轴系的轴向位置无法调整;

⑧ 两轴承外圈均未固定,外圈极易松动脱落;

⑨ 缺密封件;

⑩ 轴与端盖相接触(动件与静件相接触)。

附录5　是非判断题和单项选择题答案

第1章

1.4.1　是非判断题

1. × 2. × 3. √ 4. × 5. × 6. × 7. √ 8. × 9. √ 10. × 11. √ 12. ×

1.4.2　单项选择题

1. B 2. B 3. B 4. D 5. B 6. A 7. B 8. D 9. C 10. D

第2章

2.5.1　是非判断题

1. √ 2. √ 3. × 4. √ 5. × 6. √ 7. ×

2.5.2　单项选择题

1. A 2. D 3. A;C 4. C 5. D 6. A 7. C 8. B 9. A;C;B 10. A 11. C 12. C 13. B 14. A

第3章

3.5.1　是非判断题

1. √ 2. × 3. × 4. × 5. √ 6. × 7. √ 8. ×

3.5.2　单项选择题

1. A 2. B 3. D 4. A 5. B 6. A 7. B 8. A 9. A 10. A 11. D 12. C 13. C 14. B 15. D 16. D 17. C;D;A;B 18. A

第4章

4.5.1　是非判断题

1. √ 2. √ 3. √ 4. √ 5. ×

4.5.2　单项选择题

1. C 2. B 3. B 4. A 5. D 6. B 7. D 8. D 9. A 10. D 11. B 12. C 13. C 14. C

第5章

5.5.1　是非判断题

1. √ 2. √ 3. √ 4. × 5. √ 6. √ 7. ×

5.5.2　单项选择题

1. A 2. A 3. A 4. D 5. D 6. C 7. A 8. D 9. C 10. B 11. A 12. C 13. C 14. C 15. D 16. B

第 6 章

6.5.1 是非判断题

1. × 2. √ 3. √ 4. √ 5. × 6. √ 7. × 8. ×

6.5.2 单项选择题

1. B 2. C 3. C 4. D 5. B 6. C 7. A 8. C 9. A 10. D 11. B 12. B 13. D

第 7 章

7.5.1 是非判断题

1. √ 2. × 3. √ 4. × 5. √ 6. × 7. × 8. × 9. √

7.5.2 单项选择题

1. B 2. A 3. C 4. C 5. A 6. B;B;C;B;B 7. C 8. B 9. A 10. B 11. D 12. D 13. B 14. C 15. B 16. D 17. C 18. B

第 8 章

8.5.1 是非判断题

1. × 2. √ 3. × 4. × 5. √ 6. √ 7. × 8. × 9. × 10. √

8.5.2 单项选择题

1. C 2. D 3. B 4. A 5. D 6. B 7. C 8. B 9. B 10. D 11. C 12. D 13. B 14. C 15. C

第 9 章

9.5.1 是非判断题

1. × 2. √ 3. × 4. √ 5. × 6. √ 7. × 8. × 9. × 10. ×

9.5.2 单项选择题

1. C 2. D 3. B 4. B 5. C 6. B 7. A 8. B 9. B 10. A 11. A 12. B

第 10 章

10.5.1 是非判断题

1. × 2. × 3. √ 4. √ 5. √ 6. × 7. √ 8. √ 9. × 10. ×

10.5.2 单项选择题

1. A 2. B 3. B 4. B 5. B 6. A 7. B 8. D 9. C 10. D 11. D 12. C 13. A 14. B 15. C 16. C

第 11 章

11.5.1 是非判断题

1.× 2.√ 3.× 4.× 5.× 6.√ 7.× 8.× 9.√ 10.×

11.5.2 单项选择题

1.A 2.A 3.A 4.B 5.A 6.B 7.C 8.C 9.A 10.C 11.C 12.B 13.A 14.C 15.A 16.D 17.D 18.A

第 12 章

12.5.1 是非判断题

1.× 2.√ 3.× 4.√ 5.× 6.× 7.√ 8.×

12.5.2 单项选择题

1.A 2.D 3.A 4.A 5.C 6.A 7.B 8.D 9.A 10.C 11.D

参考文献

[1] 邱宣怀. 机械设计[M]. 4 版. 北京:高等教育出版社,1997.

[2] 濮良贵,纪名刚. 机械设计[M]. 8 版. 北京:高等教育出版社,2006.

[3] 吴克坚,于晓红,钱瑞明. 机械设计[M]. 北京:高等教育出版社,2003.

[4] 彭文生,李志明,黄华梁. 机械设计[M]. 北京:高等教育出版社,2002.

[5] 彭文生,黄华梁. 机械设计教学指南[M]. 北京:高等教育出版社,2003.

[6] 濮良贵. 机械设计学习指南[M]. 2 版. 北京:高等教育出版社,1992.

[7] 邱宣怀. 机械设计学习指导书[M]. 2 版. 北京:高等教育出版社,1992.

[8] 吴宗泽,黄纯颖. 机械设计习题集[M]. 3 版. 北京:高等教育出版社,2002.

[9] 傅燕鸣. 机械设计试题集[M]. 上海:上海大学出版社,2006.

[10] 王成焘. 现代机械设计:思想与方法[M]. 上海:上海科学技术文献出版社,1999.

[11] 彭文生. 机械设计考题选集[C]. 全国机械设计教学经验交流会,1993.

[12] 彭文生. 13 院校硕士入学考试试题选集[C]. 全国机械设计教学经验交流会,1993.

[13] 西南交通大学等九所重点高校. 机械设计 CAI 课件(全国)[M]. 北京:高等教育出版社,1999.

[14] 吴宗泽,黄纯颖. 机械设计试题库(全国)[M]. 北京:高等教育出版社,1999.